AF670772

Heiko Rech

Grundkurs Möbelbau

HolzWerken

Impressum

„Grundkurs Möbelbau“
2. korrigierte Auflage 2020

Fotos: Heiko Rech
Produktion: Buchdruck Zentrum, Prüm
Printed in the EU

ISBN: 978-3-86630-726-1
Best.-Nr.: 9014

HolzWerken
Ein Imprint von Vincentz Network GmbH & Co. KG
Plathnerstraße 4c, 30175 Hannover

www.HolzWerken.net

Das Arbeiten mit Holz, Metall und anderen Materialien bringt schon von der Sache her das Risiko von Verletzungen und Schäden mit sich. Autor und Verlag können nicht garantieren, dass die in diesem Buch beschriebenen Arbeitsvorhaben von jedermann sicher auszuführen sind. Vor Inangriffnahme der Projekte hat der Ausführende zu prüfen, ob er die Handhabung der notwendigen Werkzeuge und Maschinen beherrscht. Autor und Verlag übernehmen keine Verantwortung für eventuell entstehende Verletzungen, Schäden oder Verlust, seien sie direkt oder indirekt durch den Inhalt des Buches oder den Einsatz der darin zur Realisierung der Projekte genannten Werkzeuge entstanden.

Die Wiedergabe von Gebrauchsnamen, Warenbezeichnungen und Handelsnamen berechtigt nicht zu der Annahme, dass solche Namen ohne Weiteres von jedermann benutzt werden dürfen. Vielmehr handelt es sich häufig um geschützte, eingetragene Warenzeichen.

Weitere Materialien kostenlos online verfügbar!

http://www.holzwerken.net/bonus

Ihr exklusiver Bonus an Informationen!
Ergänzend zu diesem Buch bietet Ihnen HolzWerken Bonus-Materialien zum Download an.
Scannen Sie den QR-Code oder geben Sie den Buch Code unter www.holzwerken.net/bonus ein und erhalten Sie kostenfreien Zugang zu Ihren persönlichen Bonus-Materialien!

Buch-Code: TE29629M

Inhaltsverzeichnis

Inhalt

Vorwort

Die Arbeit mit Holz und vor allem der Bau von Möbeln ist für viele Menschen ein beliebtes und vor allem auch sehr befriedigendes Hobby. Mit den eigenen Händen Dinge für die eigene Wohnung herzustellen hat einen ganz besonderen Stellenwert. Es steht nicht nur der Nutzwert des fertigen Möbels im Vordergrund, sondern auch dessen Herstellung in der eigenen Werkstatt. Hat man einmal den Einstieg in dieses wundervolle Hobby gefunden, sind der eigenen Kreativität kaum noch Grenzen gesetzt. Allerdings ist gerade dieser Einstieg für viele Holzwerker der schwierigste Schritt auf dem Weg zum ersten selbst gebauten Möbelstück. Das Angebot an Werkzeugen ist schier unüberschaubar. Ebenso die Möglichkeiten eine eigene Werkstatt einzurichten. Dazu kommen noch unterschiedliche Materialien, Holzarten und Beschläge. Mit diesem Buch will ich Ihnen diesen Einstieg erleichtern. ich möchte Ihnen Möglichkeiten aufzeigen und wichtiges Grundlagenwissen vermitteln.

In den vergangenen Jahren habe ich vielen Menschen die Arbeit mit Holz und den dazu benötigten Werkzeugen beigebracht. Die Zusammenstellung der Themen in diesem Buch basiert daher auf meiner Erfahrung als Tischler, Autor und Kursleiter. Mit diesem Buch richte ich mich ganz gezielt an Menschen, die mit dem Möbelbau keine, oder nur wenig Erfahrungen haben. Die Vorgehensweisen, die ich Ihnen zeige, sind einfach gehalten, lassen sich mit überschaubaren Mitteln umsetzen und Sie können all das Gezeigte auch in einer kleinen Werkstatt umsetzen.

Sie können dieses Buch auf ganz unterschiedliche Arten nutzen. Sie können es von der ersten Seite bis zur letzten an einem Stück lesen. Sie können es aber auch als Nachschlagewerk nutzen. Da es in einen Grundlagenteil und einen Projektteil unterteilt ist, haben Sie auch die Möglichkeit mit den Projekten zu beginnen und sich während des Nachbaus immer wieder die passenden Grundlagenkapitel anzusehen. Es bleibt also ihnen überlassen, wie sie sich mit Hilfe meines Buches dem Thema Möbelbau nähern.

Die Grundlagen

Das Buch bietet acht Kapitel zu den Grundlagen an. Wo es sich anbietet, sind am Ende dieser Kapitel einige kleinere Projekte integriert, bei denen Sie kleinere Objekte bauen können, bevor Sie das erste „richtige“ Möbelstück in Angriff nehmen.

Ich lasse ganz bewusst einige Themen aus, um Sie als Einsteiger nicht zu überfordern. Zum Beispiel die Arbeit mit großen Stationärmaschinen wie Hobelmaschinen und Formatkreissägen. Diese Maschinen stellen auch viel höhere Ansprüche an Ihre Werkstatt und das notwendige Budget. Auch mit fertig gekauften Plattenwerkstoffen und einer überschaubaren Werkstattausstattung lassen sich beachtliche Ergebnisse erzielen. Einige Themen sind auch so umfangreich, dass ich sie in diesem Buch nur in den Grundzügen darlegen kann. Beispielsweise das Thema Handwerkzeuge oder die Oberfräse. Zu diesen Themen gibt es weiterführende Bücher, mit denen Sie Ihr Wissen nach und nach aufstocken können.

Möbelbau-Projekte

Damit der Einstieg in den Möbelbau nicht nur graue Theorie bleibt, wird der Grundlagenteil durch zwei ausführlich beschriebene Projekte ergänzt. Hier finden sich Themen, die besser praktisch vermitteln lassen. So zum Beispiel der Einbau von Beschlägen. Sehen Sie sich nicht dazu genötigt diese beiden Projekte 1:1 nachzubauen. Sie können die Maße beliebig ändern und auch andere Materialien verwenden. Wenn sie andere Maschinen und Werkzeuge in Ihrer Werkstatt haben, spielt das auch keine Rolle. Die beiden Projekte sind so angelegt, dass Sie mit einer soliden Grundausstattung umgesetzt werden können.

Bei vielen Arbeitsgängen ist es sinnvoll, erst einmal an einigen Reststücken zu üben. Beispielsweise wenn es um den Einbau von Scharnieren, die Arbeit mit dem Einhandhobel oder das Fräsen von Flachdübeln geht. Auch Probeschnitte und Probefräsungen an Reststücken sind in der Regel unerlässlich, wenn Sie sicherstellen wollen, dass Ihre Maschinen richtig eingestellt sind.

In den Stücklisten finden Sie alle Holzteile und Beschläge aufgeführt. Sie können problemlos andere Beschläge verwenden. Prüfen sie dann aber unbedingt alle Maße, denn nicht alle Beschläge, auch wenn sie ähnlich aussehen, haben die gleichen Einbaumaße. Die wichtigsten Schrauben und Verbindungsmittel sind ebenfalls in den Stücklisten enthalten. Dennoch sollten Sie einen gewissen Vorrat an Leim und unterschiedlichen Schrauben in der Werkstatt haben, bevor Sie mit einem Projekt beginnen.

Auf der beiliegenden DVD sind alle Zeichnungen und Stücklisten in Form von PDF-Dateien enthalten. Sie haben damit die Möglichkeit sich diese auszudrucken oder auf ein Mobilgerät wie Tablet, Laptop oder Smartphone zu kopieren. So können Sie alles mit in die Werkstatt nehmen und sich darauf auch Notizen machen.

Videos

Vieles lässt sich anhand von Texten und Bildern schwer vermitteln. Daher finden Sie noch weiter Informationen, vor allem zum Umgang mit Maschinen, in den Videos zum Buch.

Und spätestens wenn das erste Möbelstück aus der eigenen Werkstatt in Ihrer Wohnung steht, wird Sie dieses faszinierende Hobby nicht mehr loslassen. Und das ist auch gut so.

1 Die eigene Werkstatt

1 Die eigene Werkstatt

Bei der Bearbeitung von Holz entstehen Staub und Späne. Daher ist es ratsam, diese Tätigkeit nicht im Wohnraum auszuüben. Idealerweise steht Ihnen für Ihr Hobby ein eigener Raum zur Verfügung: ihre Werkstatt! Mir erging es wie vielen anderen Holzwerkern auch. Die erste eigene Werkstatt konnte ich einrichten, nachdem wir unser Eigenheim bezogen hatten. Das bietet sich an, da man als Hausbesitzer immer wieder mal Arbeiten erledigen muss, für die eine eigene Werkstatt optimal ist.
Es kann aber auch sein, dass Sie das Holzwerken einfach so gepackt hat und Sie nun einen Platz suchen, an dem Sie dieses wunderschöne Hobby ausüben wollen.

Jeder Holzwerker hat seine Traumwerkstatt bereits im Kopf. Leider fehlt es aber meist an den passenden Räumlichkeiten für eine solche Werkstatt.
Die meisten von Ihnen müssen mit den bereits vorhandenen Räumen vorlieb nehmen und daraus das Beste machen. Gleichwohl gehe ich auf den folgenden Seiten teilweise davon aus, dass Ihnen ein leerer, ausreichend großer Raum zur Verfügung steht, den Sie von Grund auf neu einrichten. Wenn sie dieses Glück nicht haben, so kann dieses Kapitel dennoch dazu dienen, Ihnen Anregungen für die Umgestaltung und Erweiterung der vorhandenen Werkstatt zu geben.

Und für all diejenigen, die nicht die Möglichkeit haben, eine feste Werkstatt einzurichten, gibt es wertvolle Tipps für eine mobile Werkstatt.

▶ Wohl dem, der eine Werkstatt mit großen Fenstern hat. Tageslicht gibt nicht nur Farben am natürlichsten wieder, sondern ist auch weniger ermüdend als Kunstlicht.

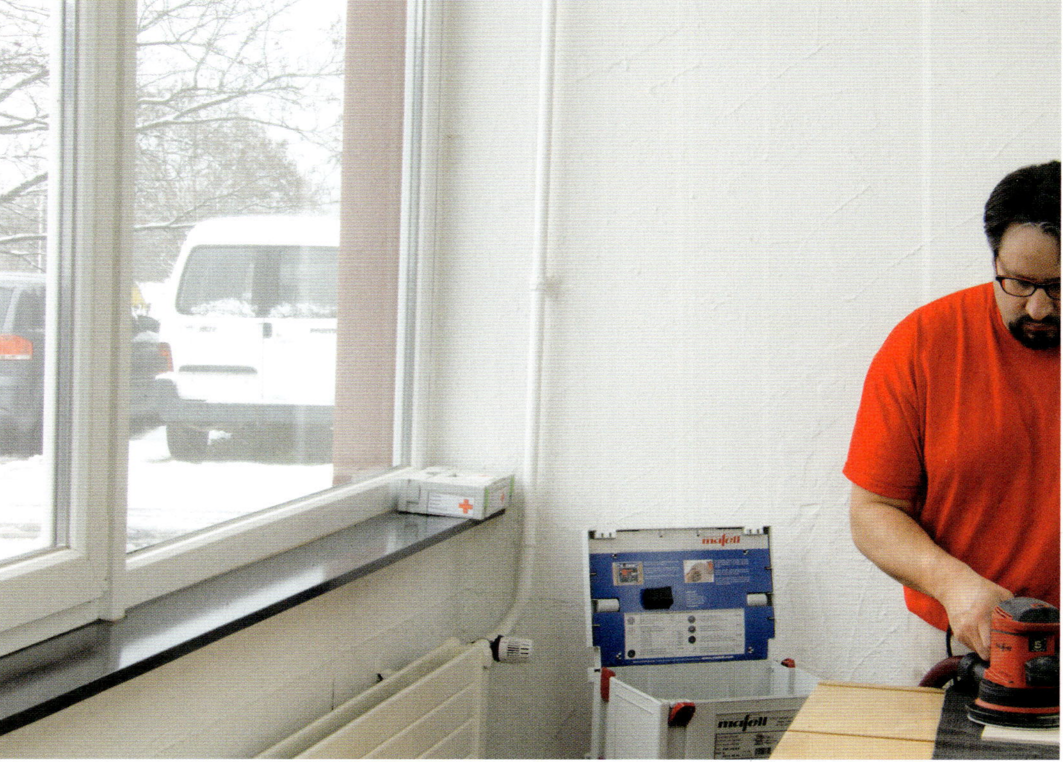

Anforderungen an den Raum

Holz ist ein Werkstoff, dessen Bearbeitung bestimmte Anforderungen an den Raum stellt. Holz nimmt Feuchtigkeit aus der Luft auf und gibt diese auch wieder ab. Dabei ändert es seine Dimensionen. In dem Raum, in dem Sie sich Ihre Werkstatt einrichten, sollten daher keine zu großen Feuchtigkeitsschwankungen vorkommen die größer als 30 Prozentpunkte sind. Er sollte frostfrei und beheizbar sein. Optimal ist, wenn Ihre zukünftige Werkstatt über einen breiten, möglichst ebenerdigen Zugang verfügt, denn Sie müssen mitunter sperrige Maschinen und vor allem auch Material in die Werkstatt bekommen. Schön ist es, wenn es Tageslicht in der Werkstatt gibt. Denn so gut Ihre Beleuchtung auch sein mag, Tageslicht ist für die meisten Arbeiten viel angenehmer.

Die Raumgröße

Was die Raumgröße angeht, so gibt es eine ganz einfache Aussage dazu: so groß wie möglich. Mit der Zeit wird jede Werkstatt zu klein, egal wie groß sie zu Anfang ist. Die meisten Räume in privaten Häusern, die sich für die Einrichtung einer Werkstatt eignen, dürften eine Grundfläche von 20 bis 40 Quadratmetern aufweisen, bei einer Deckenhöhe von 2,3 bis 2,5 Metern. Sie werden sehr schnell feststellen, wie wichtig der verfügbare Platz in einer Holzwerkstatt ist. Mit der Zeit werden sich mehr Werkzeuge ansammeln, es wird eventuell ein kleiner Holzvorrat angelegt werden. Oberflächenmittel, Kleber und Leim werden gelagert und nicht zuletzt benötigt man auch einen Platz, an dem man die Möbel, die man fertigt, auch einmal komplett aufbauen kann. Verständlich also, dass der Raum bestmöglich genutzt werden muss.

Mit Sicherheit geht es Ihnen nicht viel anders als den meisten Holzwerkern: Der Raum, der als Werkstatt dienen soll, ist bereits vorhanden und muss bestmöglich eingerichtet werden. Fast ebenso wichtig wie die eigentliche Größe des Raumes ist dessen Grundriss. Ein quadratischer Raum sollte anders eingerichtet werden als ein lang gezogener oder gar abgewinkelter Raum.

◀ Auch ein kleiner Raum eignet sich als Holzwerkstatt. Maschinen und Arbeitsplätze sollten Sie dann aber mobil halten.

► Eine Wandverkleidung aus OSB-Platten ist schnell gemacht und durchaus praktisch. Die dunkle Oberfläche der Platten schluckt allerdings sehr viel Licht.

► Die Luft muss auch hinter die Verkleidung gelangen können. Hinter unbelüfteten Wandverkleidungen kann sich sonst schnell Schimmel bilden.

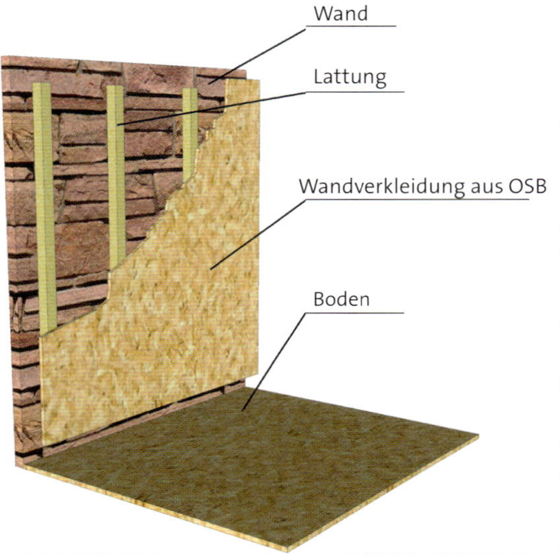

► Sind die Werkstattwände hell gestrichen, sparen Sie sogar Strom, da die Deckenbeleuchtung nicht ganz so üppig ausfallen muss.

Wandfarbe und Wandbeschaffenheit

Sie haben sich also entschieden, in welchem Raum Ihre zukünftige Werkstatt eingerichtet werden soll. Im Idealfall ist dieser Raum leer und Sie wollen voller Eifer an das Einrichten Ihrer neuen Werkstatt gehen. Warten sie aber lieber noch kurz damit und werfen sie zunächst einen Blick auf die Wände. Sind diese glatt und hell gestrichen? Stehen keine Haken oder andere Dinge hervor? Dann können sie weiter einrichten. Wenn das bei Ihnen nicht der Fall ist, sollten Sie sich wirklich ein Paar Gedanken über die Beschaffenheit der Werkstattwände machen.

Eine dunkle Wandfarbe schluckt Licht. Bevor Sie also mit der Optimierung oder Installation der Beleuchtung und der Elektrik beginnen, sorgen sie für helle Wände. Reines Weiß ist meist schon zu grell. Ein heller Grauton oder ein leicht abgetöntes Weiß sind für die Augen viel weniger anstrengend. Oft sieht man Werkstätten mit sehr vielen Holzplatten, meist OSB (Oriented Strand Board, also Grobspanplatte) an den Wänden. Das ist sehr praktisch. Man schlägt gleich zwei Fliegen mit einer Klappe. Zum einen werden unschöne Wände sauber verkleidet. Zum anderen kann man überall an diesen Platten ganz einfach Schränke und Werkzeughalterungen anbringen und diese Anordnung schnell wieder verändern. Die Verlockung ist daher groß, die lichtschluckende Wirkung des Materials in Kauf zu nehmen und dessen Vorteile zu nutzen. Ein guter Kompromiss ist es, nur eine Wand mit Holzplatten zu verkleiden. Da man dort mit Sicherheit viele Dinge aufhängen wird, empfiehlt es sich die Wand zu nutzen, an der die geringste Staubbelastung zu erwarten ist.

Bei der Anbringung einer solchen Verkleidung an Außenwänden muss für eine gute Luftzirkulation hinter der Platte gesorgt werden. Ansonsten kann sich Schimmel bilden. Am einfachsten erreichen Sie diese Hinterlüftung dadurch, dass die Platten auf einer Lattung angebracht werden und nicht direkt an die Wand. Außerdem muss darauf geachtet werden, dass zwischen Boden und Wandverkleidung sowie zwischen Decke und Wandverkleidung ein Spalt bleibt. So kann die Luft ungehindert hinter der Wandverkleidung zirkulieren. Eine Plattenstärke von 19 Millimetern ist eine gute Wahl. Die Platten haben ein nicht zu hohes Eigengewicht, erlauben aber eine stabile Verschraubung auch von schweren Gegenständen und sogar von Hängeschränken. Die Voraussetzung für eine solche Anordnung ist eine tragfähige Raumwand. Natürlich können Sie auch die vorgesetzten OSB-Platten in einer hellen Farbe streichen.

Der Boden

Der ideale Boden für eine Holzwerkstatt Wäre Hirnholzparkett, auch Holzpflaster genannt. Solche Böden werden in professionellen Werkstätten und Industriebetrieben verlegt. Leider sind sie sehr teuer. Vermutlich befindet sich aber in Ihrer zukünftigen Werkstatt ein Beton,- Estrich,- oder Fliesenboden. Ein solcher Belag ist erst einmal völlig in Ordnung und auch gut zu reinigen. Für den Bereich, in dem Sie vorwiegend stehend arbeiten, also an der Werkbank ist ein solch harter Boden jedoch nicht gut. Die Belastung für Ihre Gelenke ist hoch, das kann bis hin zu regelmäßigen Gelenkschmerzen führen. Legen Sie diesen Bereich mit einem weicheren Boden aus. Es gibt spezielle Matten, die für Arbeitsplätze gedacht sind, an denen vorwiegend im Stehen gearbeitet wird. Auf Ihnen können Sie auch über längere Zeit schmerzfrei stehen. Als nützlichen Nebeneffekt bieten diese Matten noch den Vorteil, dass herabfallende Werkzeuge nicht so schnell Schaden nehmen.

Für den Boden können Sie auch Grobspanplatten verwenden. Hier ist der Lichtverlust nicht so groß wie bei der Wandmontage. Allerdings ist es schwer, auf diesem stark strukturierten Boden Schmutz und kleine heruntergefallene Gegenstände zu sehen. Ungeschliffene Platten neigen leider dazu, partiell auszubrechen. Ein solcher Boden sollte also nach dem Verlegen einmal grob geschliffen werden. Legen Sie Wert auf eine sauber aussehende Werkstatt, sollten Sie den Holzboden noch versiegeln, damit er unempfindlicher gegen Schmutz wird.

Ein robuster Laminatboden ist eine weitere Möglichkeit. Zusammen mit einer Trittschalldämmung unter dem Laminat und geeigneter Dampfsperre hält ein solcher Boden auch aufsteigende Kälte ein wenig ab. Allerdings sind diese Böden von Haus aus recht glatt und werden noch glatter, wenn sich Holzstaub darauf legt. Regelmäßiges Fegen oder besser noch Saugen ist also hier Pflicht, damit der Werk-

◀ Statt solcher speziellen Arbeitsplatzmatten können Sie auch sogenannte „Stallmatten" verwenden, die zum Auslegen von Pferdeställen gedacht sind.

stattboden nicht zu rutschig wird. Gleiches gilt auch für Fliesen, die ebenfalls rutschig werden können.

Besonders in kleinen Werkstätten werden Maschinen und auch Arbeitstische gerne auf Rollen gestellt, um flexibel zu sein. Absätze und Stufen sind dann natürlich hinderlich. Umgehen kann man dieses Problem durch die Verwendung von Rollen und Rädern mit größerem Durchmesser. Die Umgestaltung von Absätzen und Stufen zu möglichst flachen Rampen ist auch eine Option.

Die Beleuchtung

Zu jeder Tätigkeit gehört das passende Licht. Während man im Wohnbereich oft angenehmes, warmes Licht möchte, ist eine kalte Lichtfarbe für eine Werkstatt durchaus angemessen. Kaltes Licht wirkt weniger ermüdend und beeinflusst die Farbwirkung von Gegenständen weniger als warmes Licht. Als Leuchtmittel haben sich Leuchtstoffröhren etabliert. Sie sind preisgünstig in der Anschaffung, leuchten große Flächen gut aus und haben einen relativ geringen Stromverbrauch. Die Montage erfolgt platzsparend und sauber an der Decke mit sogenannten Wannenleuchten. Achten Sie beim Kauf unbedingt auf zwei Dinge:

1. Es sollten Lampen mit elektronischem Vorschaltgerät sein. Im Gegensatz zu den früher üblichen Lampen mit einem Starter arbeiten diese ohne störende Brummgeräusche und flimmerfrei.
2. Die Ausführung sollte der Schutzklasse IP 54 entsprechen. Dies bedeutet, dass die Lampen gegen Staub und Spritzwasser geschützt sind.

Statt herkömmlicher Leuchtstoffröhren ist es auch möglich, moderne LED-Leuchtmittel zu verwenden. Diese Leuchtmittel können in der Regel problemlos in vorhandene Wannenleuchten mit elektronischem Vorschaltgerät eingesetzt werden. Die hohen Anschaffungskosten werden sich mit der Zeit amortisieren, da diese Leuchtmittel einen wesentlich geringeren Stromverbrauch als normale Röhren haben.

Was die Lichtmenge angeht, so sind bei herkömmlichen Leuchtstoffröhren und einer Deckenhöhe von 2,3 bis 2,5 Metern 20 Watt pro Quadratmeter ein guter Richtwert . Bei einer Werkstattgröße von 30 Quadratmetern entspricht das einer „Lichtleistung" von 600 Watt. Das klingt erst einmal enorm viel. Es entspricht allerdings lediglich sechs Wannenleuchten mit 1,5 Metern Länge und jeweils zwei Leuchtstoffröhren.

Am besten platzieren Sie die Röhren so, dass der Raum möglichst gleichmäßig ausgeleuchtet wird. Bei Bedarf installiert man noch ganz gezielt einige Leuchten an Arbeitsplätzen, an denen mehr Licht benötigt wird. Empfehlenswert ist auf jeden Fall auch noch eine Leuchte, die Sie nach Bedarf an jeder Stelle in der Werkstatt anbringen können. Eine Schreibtischlampe eignet sich zum Beispiel hervorragend dazu, einen kleinen Bereich ganz gezielt auszuleuchten.

► Wannenleuchten erfüllen alle Anforderungen, die in einer Holzwerkstatt an die Beleuchtung gestellt werden. Sie sind staubdicht und leicht zu reinigen, robust und einfach zu installieren.

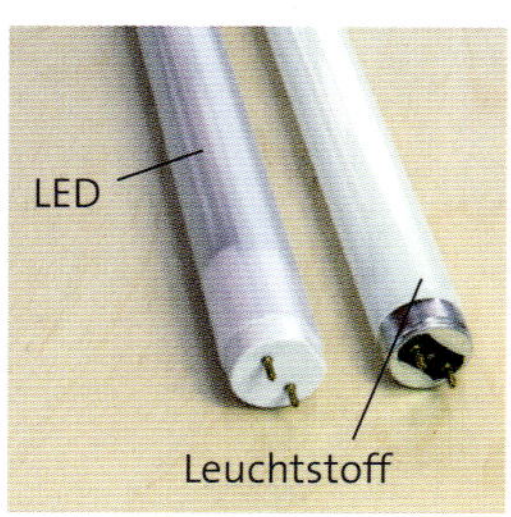

► Der Austausch der vorhandenen Leuchtstoffröhren gegen moderne LED-Leuchtmittel ist sehr einfach. Die modernen Lampen sparen sehr viel Energie, bei gleicher Lichtausbeute.

Eine frei positionierbare Büroleuchte ist oft sehr hilfreich. Sie bringt das Licht genau dorthin, wo man es benötigt. Mit einer Klemme kann die Lampe überall befestigt werden.

Ein gutes Lichtkonzept für eine Werkstatt zu finden ist sehr schwierig. Zu viele Leuchten verbrauchen unnötig viel Energie. Zu wenige wirken ermüdend und führen durch schlechte Sicht auf das Werkstück dazu, dass Ihre Arbeit nicht so genau wird, wie Sie es sich wünschen. Mit Sicherheit werden Sie im Laufe der Zeit Ihre Beleuchtung noch einmal ändern müssen. Zumindest ist meine persönliche Erfahrung genau diese. Sowohl in meiner kleinen Kellerwerkstatt als auch in der großen Werkstatt musste ich die Beleuchtung irgendwann anpassen. Das kommt daher, dass man meist auch irgendwann die Anordnung von Maschinen und Arbeitsplätzen ändert und somit die Position der Beleuchtung einfach nicht mehr passt. Aus diesem Grund ist es zu empfehlen, die komplette Installation der Beleuchtung so auszulegen, dass Änderungen problemlos möglich sind. Kabel werden nicht unter Putz oder in einer abgehängten Decke verlegt, sondern auf dem Putz in Kabelkanälen.

Die Elektrik

Bestimmt werden Sie mehr oder auch weniger mit elektrisch angetriebenen Werkzeugen arbeiten wollen. Entsprechend muss in Ihrer Werkstatt auch ein Stromanschluss vorhanden sein. Wenn Sie die Elektrik in Ihrer Werkstatt neu machen, ist es ratsam, einen Starkstromanschluss legen zu lassen. So sind Sie für die Zukunft gerüstet und können bei der Neuanschaffung größerer Maschinen auch solche in Betracht ziehen, die einen 400-Volt-Anschluss benötigen. Inzwischen gibt es aber auch viele Maschinen wie zum Beispiel Hobelmaschinen und auch kleine Tisch und Formatkreissägen, die an einem Lichtstromanschluss mit 230 Volt betrieben werden können. Verfügt Ihre Werkstatt also nicht über einen Starkstromanschluss, so können Sie dennoch irgendwann über die Anschaffung von kleinen Stationärmaschinen nachdenken.

Steckdosen kann man nie genug haben. Eine ausreichende Anzahl von Steckdosen erspart Ihnen die Nutzung von Verlängerungskabeln, die nur auf dem

◀ Wird die Elektroinstallation „auf Putz“ installiert, sind Änderungen jederzeit möglich. Die Kabel werden in Kanälen verlegt, dort sind sie vor Staub und Beschädigungen geschützt.

► Es gibt auch stationäre Holzbearbeitungsmaschinen, die keinen Starkstrom benötigen. Diese Bandsäge mit 350 Millimetern Rollendurchmesser läuft mit sogenanntem Lichtstrom (230 Volt).

▲ Wenn möglich, betreiben Sie stationäre Maschinen mit Starkstrom (400 Volt). Die Auswahl vor allem an gebrauchten Maschinen ist dann auch größer.

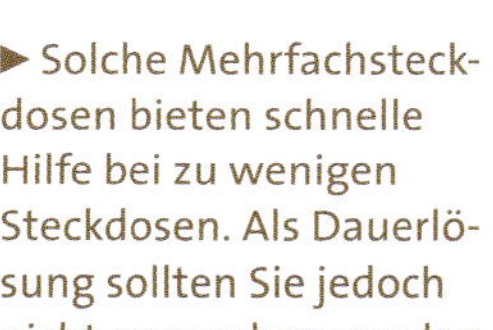

► Solche Mehrfachsteckdosen bieten schnelle Hilfe bei zu wenigen Steckdosen. Als Dauerlösung sollten Sie jedoch nicht angesehen werden.

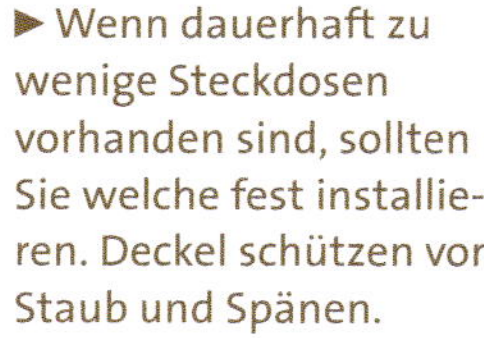

► Wenn dauerhaft zu wenige Steckdosen vorhanden sind, sollten Sie welche fest installieren. Deckel schützen vor Staub und Spänen.

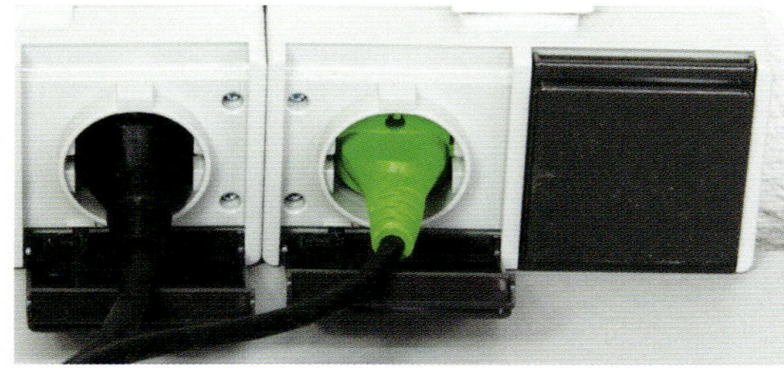

► Steckdosen, die von der Decke hängend montiert werden, sind sehr praktisch. Solche „Energieampeln" verhindern Kabelsalat auf dem Werkstattboden.

Boden herumliegen und als Stolperfalle dienen. Sie können Ihre Elektrowerkzeuge dann genau dort einstecken, wo sie benötigt werden.

Wenn zu wenige Steckdosen vorhanden sind oder die Steckdosen nicht dort sind, wo sie gebraucht werden, müssen Sie nicht gleich den Elektriker bestellen. Es gibt einige Möglichkeiten den Strom in Ihrer Werkstatt besser zu verteilen.

Die einfachste Lösung sind Mehrfachsteckdosen. Diese müssen für hohe Lasten ausgelegt sein und eine Leistungsaufnahme von 3.600 Watt vertragen. Das entspricht der Leistung, die eine in Privathaushalten übliche Elektroleitung auch verkraften soll. Und diese Leistung wird in einer Holzwerkstatt auch sehr schnell erreicht. Zum Beispiel dann, wenn eine Tischkreissäge mit 2.500 Watt und ein Werkstattsauger mit 1.100 Watt zeitgleich an einer Leitung betrieben werden.

Bei solchen Leistungsaufnahmen kann es vorkommen, dass eine Sicherung überlastet wird und herausspringt. Zu Ihrer eigenen Sicherheit sollte in einem solchen Fall das Licht noch anbleiben. Es ist also ratsam, in einer Werkstatt mindestens zwei Stromkreise zu haben: einen für die Steckdosen und einen für das Licht.

Das Raumklima

Der Werkstoff Holz reagiert sehr stark auf das ihn umgebende Klima. Die Temperatur ist dabei noch eher zu vernachlässigen, die Luftfeuchtigkeit wirkt sich viel stärker aus. Steigt die Luftfeuchte, so nimmt das Holz Feuchtigkeit auf und quillt. Es wird sozusagen größer. Nimmt die Luftfeuchte ab, so gibt auch das Holz Feuchtigkeit ab und zieht sich wieder zusammen, wird also kleiner.

Sie können sich vorstellen, wie schwierig es sein kann genau zu arbeiten, wenn die Bauteile ständig Ihre Abmessungen ändern. Erschwerend kommt noch hinzu, dass die Möbel, die Sie in Ihrer Werkstatt anfertigen, vermutlich irgendwann in einen anderen (Wohn-)Raum transportiert werden, in dem wieder eine andere Luftfeuchte herrscht. Der Idealzustand wäre also eine Werkstatt, in der das gleiche Raumklima vorherrscht wie in einem Wohnraum. Leider trifft dies nur auf wenige Werkstätten zu. Die meisten Werkstätten sind zu feucht, da sie in Kellern oder Garagen eingerichtet wurden.

Man kann jedoch einige Maßnahmen ergreifen, um die Schwankungen der Luftfeuchte zu verringern. Dazu gehört vor allem das richtige Lüften. Dummerweise entspricht die optimale Lüftungsstrategie so gar nicht dem, was wir als angenehm empfinden. So ist die Luft dann am trockensten, wenn sie kalt ist. Wird also an einem knackig kalten, aber trockenen Wintertag gelüftet, so sinkt die Luftfeuchte in der Werkstatt ab. Die kalte, trockene Winterluft gelangt von außen in die Werkstatt und senkt die relative Luftfeuchte in der Werkstatt. An einem lauen Sommerabend sollten Sie Ihre Werkstatt nicht lüften, da hierdurch warme, feuchte Luft in die Werkstatt gelangt.

Ungünstig ist auch, dass Werkstätten oft nur dann beheizt werden, wenn man darin arbeitet. Die daraus resultierenden, ständigen Temperaturschwankungen führen automatisch auch zu Schwankungen der relativen Luftfeuchte. Schnelles Aufheizen und ebenso schnelles Abkühlen der Raumluft ist somit das Schlimmste, was Sie Ihrem Holz antun können. Heizen Sie lieber langsam auf und sorgen sie für eine ebenso langsame Abkühlung. Auch wenn es mit höheren Heizkosten verbunden ist, so sollte die Raumtemperatur über einen längeren Zeitraum nicht unter 10°C sinken.

◀ Ideal ist eine konstante Temperatur von mindestens 10° Celsius in der Werkstatt. Ist das nicht möglich, lagern Sie ihr Holz, Lacke und den Leim besser nicht darin.

◀ Lacke, Leime und viele andere Chemikalien müssen frostfrei trocken und dunkel gelagert werden. Leim und Lack, der einmal gefroren waren, sind unbrauchbar.

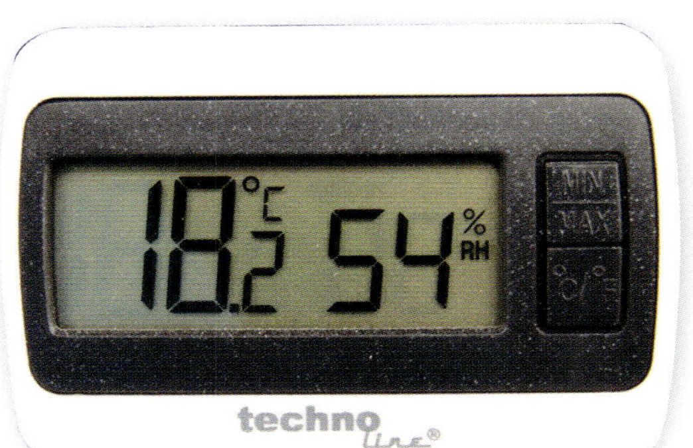

◀ Ein einfaches, digitales Hygrometer verschafft Ihnen einen guten Überblick über das Raumklima in Ihrer Werkstatt.

Ein Werkstattofen sorgt in diesem Zusammenhang übrigens nicht nur für angenehme, wohlige Wärme und eine sinnvolle Verwendung von Holzresten, sondern auch für schnell trocknende Raumluft durch die brennende Flamme. Schwierig ist jedoch die Kombination aus Werkstattofen in dem einen Raum und Staubabsaugung in einem anderen Raum. Die Absaugung würde einen Sog erzeugen, der dem Sog des Kamines entgegenwirkt. Lassen Sie sich dahin gehend von einem Fachmann (Schornsteinfeger) beraten, wenn Sie in einer solchen Situation sind. Denn im ungünstigsten Fall steigt durch falsche Luftzirkulation die Konzentration von Kohlenmonoxid in der Raumluft an. Denkbar schlecht als Werkstattheizung geeignet sind übrigens Gasbrenner. Sie erhöhen die Luftfeuchte drastisch.

Ganz vermeiden sollten Sie Temperaturen unter 5°C. Bei solch niedrigen Temperaturen nehmen viele Leime, Lacke und Öle Schaden. Und auch so mancher Werkzeugakku mag solch niedrige Temperaturen überhaupt nicht.

In diesem Zusammenhang ist ein einfaches Hygrometer/Thermometer eine sinnvolle Anschaffung. Solche elektronischen Geräte kosten nur ein paar Euro und sind, was die Genauigkeit angeht, vollkommen ausreichend. Mit einem solchen Gerät verschaffen Sie sich auf Dauer einen sehr guten Eindruck vom Klima in ihrer Werkstatt. Sie können das Gerät auch erst einmal einige Tage in Ihrem Wohnraum betreiben. So erhalten Sie sehr gute Vergleichswerte.

Lärmbelastung

Egal, ob Sie mit Maschinen oder mit Handwerkzeugen arbeiten: Bei der Holzbearbeitung entsteht nicht nur Schmutz in Form von Staub und Spänen, sondern auch Lärm. Die eigene Lärmbelastung kann man recht einfach durch einen geeigneten Gehörschutz reduzieren. Die Lärmbelastung der Nachbarn oder anderer Bewohner im Haus kann man jedoch viel schwieriger verringern.

Schallschluckende Materialien wie Stoffe, Teppiche oder Schallschutzplatten haben in der Regel den Nachteil, dass Sie eine große Oberfläche haben, in die sich Staub festsetzt. Das ist etwas, das man in der Holzwerkstatt nicht möchte.

Effektiv können Sie also nicht sehr viel gegen den nach außen dringenden Lärm tun. Möglichst schalldämmende Fenster und Türen sind oft die einzigen Maßnahmen, die sich umsetzen lassen. Da der Schall sich über feste Körper wie Wände und Boden hinweg besonders gut ausbreitet, hilft es allerdings ein wenig, wenn Sie Werkbänke und Maschinen von Boden und Wand entkoppeln. Am einfachsten geschieht dies durch das Unterlegen von Gummi unter die Werkbank- oder Maschinenfüße.

Jetzt, wo Sie wissen, dass sich der Lärm nur sehr schwer in Grenzen halten lässt, erkennen Sie das Problem, das viele Holzwerker haben. Das Hobby, das einem selbst zu Entspannung verhilft, geht ihren Mitmenschen oft ganz schön auf den Geist. Schnell kann eine sehr angespannte Situation entstehen. Vermeiden Sie diese Situation von Anfang an, indem Sie mit den Betroffenen reden. Fragen Sie Nachbarn und Mitbewohner danach, zu welchen Uhrzeiten der von Ihnen verursachte Lärm am besten zu erdulden ist und planen Sie Ihre Arbeitsschritte danach. Eine Hobelmaschine muss ja nicht zwingend um 22:00 Uhr angeschaltet werden.

Die höchste Akzeptanz Ihres Hobbys bei Ihren Mitmenschen erreichen Sie übrigens, wenn diese davon profitieren. Ein kleines selbst gemachtes Geschenk für den Nachbarn, der den Lärm der Kreissäge ertragen muss, wirkt oft Wunder. Im eigenen Haushalt sorgen schöne, selbst gebaute Möbel dafür, dass der Maschinenlärm erträglicher wird.

► Ein kleines Präsent aus der Holzwerkstatt lässt so manchen Nachbarn über den gelegentlichen Maschinenlärm hinweg sehen.

Die mobile Werkstatt

Auch wenn Sie keine feste Werkstatt einrichten können, weil Ihnen der nötige Platz fehlt, ist das kein Grund auf das Holzwerken zu verzichten. Es gibt platzsparende und mobile Lösungen für nahezu alle beim Möbelbau anfallenden Tätigkeiten. Eine mobile Werkstatt mit überschaubarer Ausstattung ist auch ideal, wenn Sie noch nicht wissen, wie intensiv Sie dieses Hobby einmal betreiben möchten.

Zunächst einmal benötigen Sie zwei Dinge: Eine Möglichkeit, Ihre Werkzeuge transportabel unterzubringen, sowie einen Arbeitsplatz, der entweder transportabel ist oder aber nur wenig Platz benötigt. Mit ein wenig Kreativität wird so aus einer Garagenecke, einem überdachten Carport, der Hauseinfahrt oder auch einem Kellerabteil eine vorübergehend eingerichtete Holzwerkstatt.

Am einfachsten gestaltet sich noch die mobile Unterbringung von Werkzeugen und Maschinen. Es gibt Werkzeugtrolleys und stapelbare Koffersysteme. Ein Werkzeugtrolley wie diese sogenannte „Rollende Werkstatt" ist sehr praktisch. Alle enthaltenen Werkzeuge sind in direktem Zugriff. Die integrierten Räder und der Handgriff sind sehr komfortabel.

Koffersysteme, egal ob herstellerspezifisch oder universell, sind da nicht immer so bequem. Zwar lassen sich die Koffer sehr gut stapeln und transportieren, der Zugriff auf die einzelnen Werkzeuge ist aber nicht so komfortabel. Sie wissen ja, was man gerade braucht, ist immer ganz unten.

Ideal ist daher eine Kombination aus beidem: Ein Werkzeugtrolley für das, was Sie ständig benötigen und im Zugriff haben wollen, und ein Koffersystem für alles andere.

Während eine mobile Werkzeugaufbewahrung kein großes Problem darstellt, wird es beim mobilen Arbeitstisch schon schwieriger. Solche komfortablen Lösungen, wie der im späteren Verlauf dieses Kapitels gezeigte Multifunktionstisch von Festool sind zwar sehr vielseitig, aber auch teuer. Dennoch ersetzen Sie keine Hobelbank. Denn für Tätigkeiten wie die Arbeit mit Handhobeln sind auch diese mobilen Tische nicht geeignet. Ich musste mich einige Zeit selbst mit einer solchen Lösung begnügen und war dann froh, eine solide Werkbank aufstellen zu können.

► In einer solchen rollenden Werkstatt können Sie viele Handwerkzeuge platzsparend und mobil unterbringen.

▼ Die „Systainer" der Firma Tanos und die „L-Boxx" von Sortimo sind die meistgenutzten Koffersysteme für Elektrowerkzeuge. Aber auch andere Werkzeughersteller bieten Koffersysteme an. Einige sind sogar untereinander kompatibel.

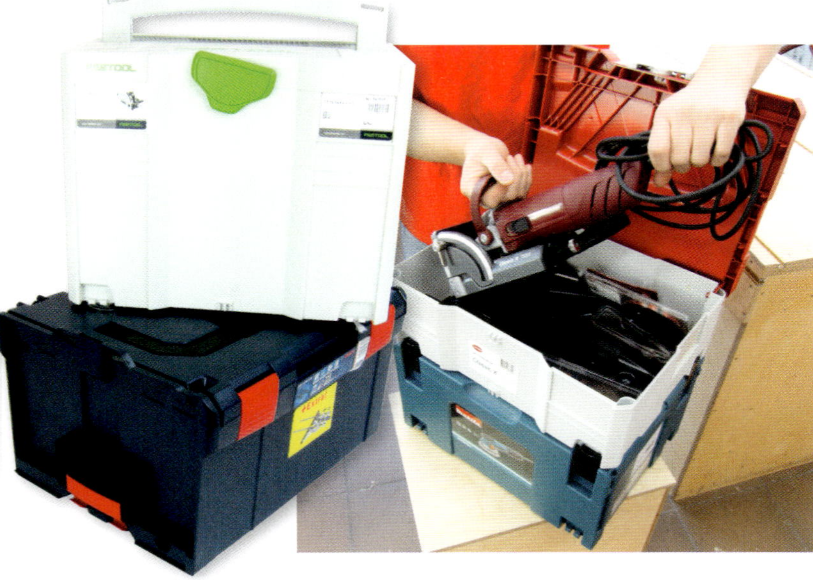

▲ Werkstattböcke aus Kunststoff tragen hohe Lasten und haben kein hohes Eigengewicht. Oft bieten sie zusätzliche Ablagen und sind höhenverstellbar.

▲ Selbst gebaute Werkstattböcke und Arbeitstische haben den Vorteil, dass sie ganz genau zu Ihren Anforderungen passend gebaut werden können.

Platzsparender und noch dazu preisgünstiger sind zusammenklappbare Werkstattböcke. Die etwas besseren Modelle bieten Ihnen einen deutlichen Mehrwert durch zusätzliche Ablagemöglichkeiten und zum Teil auch durch eine einstellbare Arbeitshöhe. Der klare Vorteil von solchen Arbeitsböcken als Minimallösung ist, dass sie solche Böcke auch noch gebrauchen können, wenn Ihre Werkstatt und deren Ausrüstung einmal wachsen sollte.

Inzwischen gibt es auch für viele sonst eher stationäre Maschinen transportable Lösungen. Mobile Tischkreissägen sind zum Beispiel auch in professioneller Qualität und großem Zubehörprogramm zu bekommen. Es gibt Dickenhobel und Frästische, die sich im Kellerregal verstauen lassen. Mobile kleine Absauglösungen bieten unterschiedliche Hersteller ebenfalls an.

Bei all den Vorteilen, die eine mobile Werkstatt Ihnen bieten kann, muss man aber auch einen Blick auf die Nachteile werfen. Eine mobile Werkstatt schränkt Ihre Möglichkeiten ein. Je nachdem, wo Sie arbeiten, sind sie vielleicht von der jeweiligen Witterung abhängig. Sie können nicht schnell etwas machen oder für eine halbe Stunde an einem Werkstück arbeiten. Denn Sie müssen ja erst einmal alles bereitstellen und hinterher wieder wegräumen. Auch Ihr Material und Ihre Werkstücke müssen Sie immer wieder beiseite räumen. Und bestimmte Arbeiten erfordern nun einmal einen wirklich stabilen Arbeitsplatz. So zum Beispiel viele Arbeiten, die mit Handwerkzeugen gemacht werden.

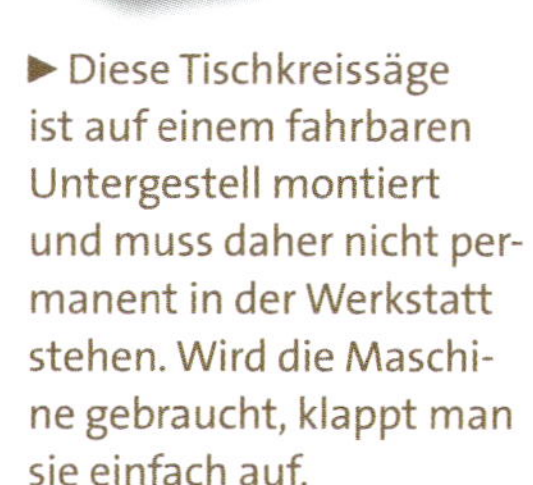

► Hobelbreiten von über 300 Millimetern sind auch bei den transportablen Dickenhobelmaschinen üblich. Zusammengeklappt nehmen die Maschinen nur wenig Platz weg. Die Maschinen wiegen allerdings meist um die 30 Kilogramm. Man wird sie demnach nicht ins obere Regalfach stellen können.

► Diese Tischkreissäge ist auf einem fahrbaren Untergestell montiert und muss daher nicht permanent in der Werkstatt stehen. Wird die Maschine gebraucht, klappt man sie einfach auf.

Es spricht aber auch nichts dagegen, das Konzept der mobilen Werkstatt ganz oder teilweise mit dem einer fest eingerichteten zu kombinieren. Vor allem dann, wenn Sie zwar einen eigenen Raum zur Verfügung haben, dieser aber sehr klein ist. Dann ergibt es durchaus Sinn, gewisse Maschinen oder Arbeitsplätze nur bei Bedarf einzurichten oder in die Werkstatt zu holen.

Werkstattplanung

Wie Sie sehen, gibt es sehr viele Aspekte, die bei der Einrichtung der eigenen Werkstatt berücksichtigt werden müssen. Aber lassen Sie sich nicht abschrecken. Eine solche Planung macht auch sehr viel Spaß. Man kann dabei kreativ sein und so mancher Holzwerker verbringt fast so viel Zeit damit, seine Werkstatt zu optimieren, wie mit dem Bau von Möbeln.

Aber: Die perfekte Werkstatt zu planen wird Ihnen einfach nicht gelingen. Im Laufe der Zeit werden sie immer wieder einmal etwas an der Werkstatt verändern und optimieren. Eventuell kommen Sie auch einmal an den Punkt, an dem Sie die vorhandene Einrichtung und Struktur komplett über den Haufen werfen und noch einmal fast von vorne beginnen. Auch das ist vollkommen normal. Glauben Sie mir, ich spreche aus Erfahrung. Es gibt nun einmal Dinge, die niemals fertig werden. Eine Werkstatt gehört definitiv zu diesen Dingen. Wichtig ist, dass man erst einmal einen Anfang findet. Alles Weitere ergibt sich dann von ganz alleine.

◀ Mobil absaugen: Werkstattsauger in Kombination mit Zyklonabscheidern kommen auch mit großen Mengen von Staub und Spänen zurecht.

Der Arbeitsplatz

In jeder Werkstatt gibt es verschiedene Arbeitsplätze. Den zentralen Arbeitsplatz bildet meist eine Hobelbank oder eine Werkbank. In kleinen Werkstätten kann dies auch ein sogenannter Multifunktionstisch sein. Hier werden Arbeiten mit Handwerkzeugen durchgeführt, es wird geschliffen, geschraubt, gebohrt und verleimt. Der zentrale Arbeitsplatz muss vielen unterschiedlichen Anforderungen gerecht werden. Wohl dem, der eine große Werkstatt hat und mehrere unterschiedliche Arbeitsplätze unterbringen kann! In den meisten Werkstätten ist allerdings nur Platz für einen einzigen Arbeitsplatz. Da heißt es oft genug Kompromisse eingehen.

Wird auch mit handgeführten Elektrowerkzeugen wie Handkreissäge, Oberfräse oder einer Schleifmaschine gearbeitet, gehört an den Arbeitsplatz auch ein Werkstattsauger. Steckdosen sollten in unmittelbarer Nähe sein und die oft benötigten Werkzeuge sind nicht zu weit weg. Wenn dann noch ein paar Ablageflächen da sind, fällt es auch nicht schwer, Ordnung am Arbeitsplatz zu halten.

▼ Wer gerne und viel mit Handwerkzeugen arbeitet, wird auf Dauer nicht an der klassischen Hobelbank mit ihren vielseitigen Spannmöglichkeiten vorbeikommen.

▲ Eine Werkbank steht am besten am Fenster, wo Tageslicht ist. Der Werkstattsauger kann als Ablagefläche genutzt werden. Ideal ist, wenn man von allen Seiten an der Werkbank arbeiten kann.

▲ Auf einem solchen Multifunktionstisch kann gesägt, gefräst, geschliffen und montiert werden. Er wird somit schnell zum Zentrum einer Werkstatt, in der wenig Platz ist.

Wie Sie Ihren zentralen Arbeitsplatz am besten gestalten, müssen Sie selbst entscheiden. Wie bei der Werkstatt selbst, wird sich auch der Arbeitsplatz immer wieder verändern. Er wird erweitert, umgebaut und vielleicht sogar irgendwann komplett erneuert. Aber irgendwann muss er das erste Mal eingerichtet werden und da stellt sich die Frage, ob der Arbeitsplatz besser eine Werkbank sein soll, eine Hobelbank oder doch besser ein Multifunktionstisch. Damit Sie sich selbst diese Frage beantworten können, müssen Sie die einzelnen Konzepte vergleichen. Wählen Sie die Lösung, die am ehesten zu ihrer angestrebten Arbeitsweise passt. Sie werden keine Einzellösung finden, die alle Anforderungen gleich gut erfüllt. Wählen Sie die Variante, bei der Sie die wenigsten Kompromisse eingehen müssen.

Werkbank, Hobelbank, Multifunktionstisch

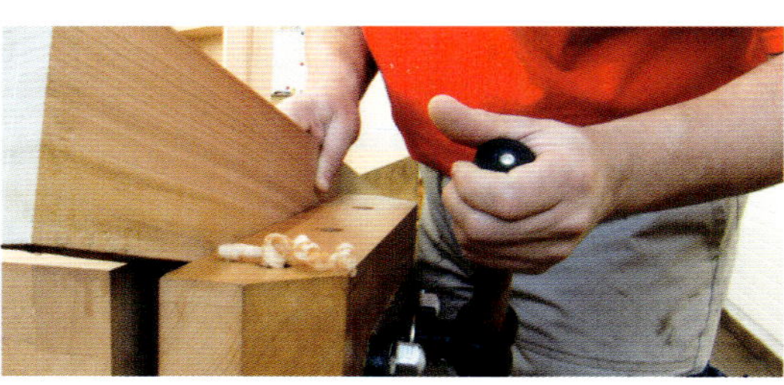

► Die Vorderzange einer Werkbank ist ideal, um Werkstücke so zu fixieren, dass die Kanten bearbeitet werden können. Auch kleine Werkstücke finden in der Vorderzange sicheren Halt.

► In einer Hinterzange können auch höhere Werkstücke wie diese Schublade eingespannt werden. Die Bankhaken aus Kunststoff beschädigen das Werkstück nicht.

Hobelbank

Wer kennt es nicht, das klassische Bild des Tischlers an der Hobelbank. Wie der Name schon vermuten lässt, ist die Konstruktion und Funktion einer Hobelbank auf die Arbeit mit Handwerkzeugen ausgelegt. Es gibt je nach Bauweise unterschiedliche Möglichkeiten, ein Werkstück zu befestigen.

In der Vorderzange können Werkstücke unterschiedlicher Größe eingespannt werden. Sie eignet sich hervorragend für die Kantenbearbeitung.

In der Hinterzange können Sie Ihre Werkstücke entweder direkt einspannen oder aber mittels Bankhaken auf der Oberfläche der Hobelbank fixieren. Ein sehr großer Vorteil dieser Spannmöglichkeit ist, dass keine Spannmittel wie Schraubzwingen oder Klemmen über das Werkstück überstehen oder direkt darauf befestigt werden. Somit kann die gesamte Werkstückfläche bearbeitet werden.

Meist sind Hobelbänke aus massivem Hartholz gefertigt. Die Oberfläche kann dadurch mehrmals nachbearbeitet werden. Das wird notwendig, wenn zu viele Beschädigungen in der Bankplatte sind oder wenn sich die Hobelbank durch starke Klimaveränderungen verzogen hat. Die Hobelbankplatte selbst sollte mindestens 40 Millimeter stark sein. Wenn Sie dicker ist, schadet das meist nicht. Im Gegenteil. Eine dicke Hobelbankplatte bringt zusätzliches Gewicht. Als Richtwert gilt: Die Hobelbank sollte mindestens so schwer sein wie ihr Benutzer. Vorsicht ist jedoch geboten, wenn die Bankplatte mehr als 100 Millimeter stark wird. Es gibt Spannelemente, die dann nicht mehr funktionieren.

Werkbank

Der Begriff „Werkbank" ist nicht ganz klar zu umreißen. Gemeint ist damit in der Regel ein Arbeitsplatz, der eben keine Hobelbank ist. Während man an der Hobelbank meist mit Handwerkzeugen arbeitet, kommen an der Werkbank auch Elektrowerkzeuge zum Einsatz. Aber auch dies stellt keine Regel dar. Die vielen Spannmöglichkeiten einer Hobelbank laden manchmal regelrecht dazu ein, sie auch zum Fräsen und Schleifen zu benutzen.

Die einfachste Werkbank stellen ein paar gute Werkstattböcke mit einer Platte darauf dar. Je stabiler und schwerer eine Werkbank ist, umso besser lässt sich aber darauf arbeiten. Die Werkstattböcke werden Sie also schnell durch etwas Solideres ablösen wollen.

Es ergibt auch bei einer Werkbank Sinn, verschiedene Spann- und Befestigungsmöglichkeiten zu haben. Dabei haben sich zwei Grundsysteme etabliert.

T-Nut-Schienen
Darin können spezielle Schraubzwingen eingesetzt werden, wie man sie auch für Führungsschienen von Handkreissägen benutzt. Mit Schrauben und Sterngriffen lassen sich allerlei Hilfsmittel daran befestigen. Der Vorteil dieser Schienen ist, dass man die Schraubzwingen in Schienenrichtung stufenlos verschieben kann.

Lochraster
Nutzt man ein Lochraster, in das man die gleichen Zwingen einsetzt, ist man an dieses Raster gebunden. Ein zu enges Raster, mit zu vielen Bohrungen schwächt die Platte. Außerdem darf die Platte nicht zu dick sein, damit sich die Zwingen noch einfädeln lassen. Eine Plattenstärke von 19 Millimetern ist hier ideal.

◄ Diese Niederhalter (sogenannte „Holdfast") sind genial einfach. Sie fixieren ein Werkstück auf der Hobelbankplatte. Allerdings funktionieren Sie nur bei einer Plattenstärke von 40 bis 100 Millimetern.

◄ Arbeiten Sie viel mit handgeführten Elektrowerkzeugen, ist eine Werkbank für Ihre Werkstatt meist besser geeignet als eine klassische Hobelbank.

◄ Während man Arbeiten wie Schleifen und Fräsen noch auf einer solch improvisierten Werkbank durchführen kann, wird es darauf schwierig werden, mit Handwerkzeugen vernünftig zu arbeiten.

▶ Auch an einer Werkbank muss es Möglichkeiten geben, ein Werkstück zu fixieren. Beliebt sind hierzu T-Nut-Schienen, in die Führungsschienenzwingen eingeschoben werden können.

▶ Das Anschlagsystem eines Multifunktionstisches erlaubt auch den Betrieb einer Oberfräse entlang der Führungsschiene.

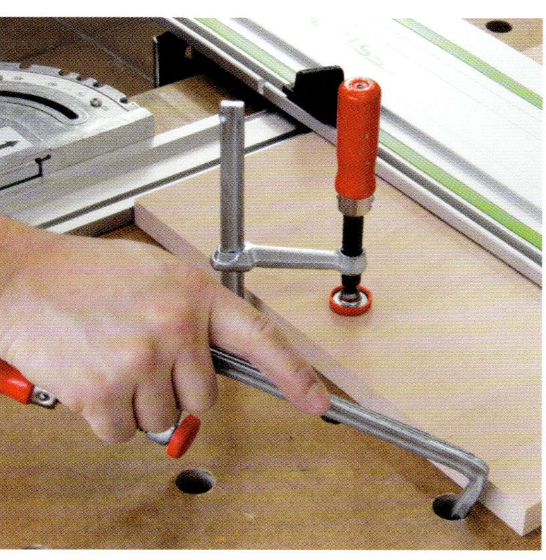

▶ Ein Lochraster in einer 19 Millimeter starken Arbeitsplatte ermöglicht das Befestigen von Werkstücken mit Führungsschienenzwingen.

Multifunktionstisch

Der Begriff „Multifunktionstisch" umreißt einen Arbeitsplatz, der möglichst vielen Anforderungen gerecht wird:

- Hier wird mit Hand- und Elektrowerkzeugen gearbeitet
- Es gibt unterschiedliche Spannmöglichkeiten
- Oft ist ein Schienensystem für die Führung von Elektrowerkzeugen integriert
- Sogar ein Frästisch oder eine kleine Tischkreissäge können Bestandteil eines solchen Tisches sein

Der bekannteste Vertreter dieser Gattung dürfte der MFT (Multifunktionstisch) der Firma Festool sein. Es gibt solche Tische aber auch von anderen Herstellern. Darüber hinaus kann man einen Multifunktionstisch auch nach den eigenen Bedürfnissen selbst bauen.

Der Multifunktionstisch eignet sich vor allem für kleine Werkstätten. Die Flexibilität eines solchen Tisches erkauft man sich jedoch durch recht lange Rüstzeiten. Will man auf dem Tisch größere Werkstücke verleimen, muss das Schienensystem eventuell abgebaut werden. Vielleicht muss auch der Fräsanschlag entfernt werden. Ein solch wandlungsfähiger Arbeitsplatz erfordert daher eine sehr gute Planung der Arbeitsabfolgen.

Staubabsaugung

Werkstattsauger werden in unterschiedliche Staubklassen unterteilt. Die Staubklasse gibt an, wie viel Staub das eingebaute Filtersystem des Saugers wieder in die Raumluft abgibt. Bei Staubklasse „L" ist dies mit einem Durchlasswert von 1% angegeben. Bei der wesentlich höher angesetzten Staubklasse „M" mit nur noch 0,1%. Die Klasse „L" wird außerdem noch so definiert, dass nur Stäube abgesaugt werden dürfen, die als „leicht gefährlich" eingestuft werden. Für als gefährlich eingestufte Materialien sollen Sauger der Staubklasse „M" genutzt werden. Hierunter fällt auch so mancher Holzstaub (zum Beispiel Buche und Eiche). Und wenn Asbest, Arsen und Blei ins Spiel kommen, nutzt man Sauger der Staubklasse „H", was aber bei der Holzverarbeitung nicht vorkommt.

Muss nun jeder, der mit Holz arbeitet, gleich zu einem teuren M-Klasse Sauger greifen? Eine schwierige Frage. Die Anschaffungspflicht gilt nur für Arbeitgeber, sofern für deren Arbeitnehmer die Berufsgenossenschaft zuständig ist. Als Hobbyanwender unterliegt man also dieser Pflicht nicht!

Aber ist es sinnvoll, einen solchen M-Klasse-Sauger zu verwenden? Auch dies ist schwierig zu beantworten. Denn viele Staubsauger der Staubklasse „L" verwenden das gleiche Filtersystem wie ein Sauger, der die Klassifizierung „M" hat. Der M-Klasse Sauger überwacht aber zusätzlich die Absaugleistung und macht sich optisch und/oder akustisch bemerkbar, wenn der Schlauch verstopft oder der Beutel voll ist. Das ist natürlich komfortabel. Wenn Sie sich als Hobbyanwender also diesen Luxus gönnen möchten, greifen Sie zu einem M-Klasse-Sauger. Aber prinzipiell reicht auch ein Modell mit gleichen Durchlasswerten, aber ohne M-Zulassung.

Die meisten Werkstattsauger verfügen über eine Funktion, welche den Sauger automatisch anschaltet, wenn das angeschlossene Werkzeug gestartet wird. Diese Einschaltautomatik ist sehr sinnvoll und sie werden sie schnell zu schätzen wissen.

Nicht immer haben Sauger mit Einschaltautomatik auch einen Nachlauf. Der Nachlauf sorgt dafür, dass der Sauger nach dem Abschalten des Elektrowerkzeuges noch einige Sekunden weiter saugt. Dadurch wird der Saugschlauch komplett entleert.

Eine Antistatik-Funktion ist sinnvoll, damit Sie zum Beispiel beim Schleifen keinen elektrischen Schlag bekommen. Denn unter ungünstigen Bedingungen kann sich der Saugschlauch statisch aufladen. Entlädt sich diese Aufladung am Anwender, ist das unangenehm. Suchen Sie sich Ihren Werkstattsauger gut aus und sparen Sie nicht am falschen Ende. Denn der Sauger ist das meistgenutzte Elektrowerkzeug in Ihrer Werkstatt.

◄ Bei hochwertigen Werkstattsaugern ist eine Staubklasse angegeben. Bewerten Sie diese Klassifizierung aber nicht zu hoch. Es gibt auch viele Sauger ohne Klassifizierung, die ebenso sauber arbeiten.

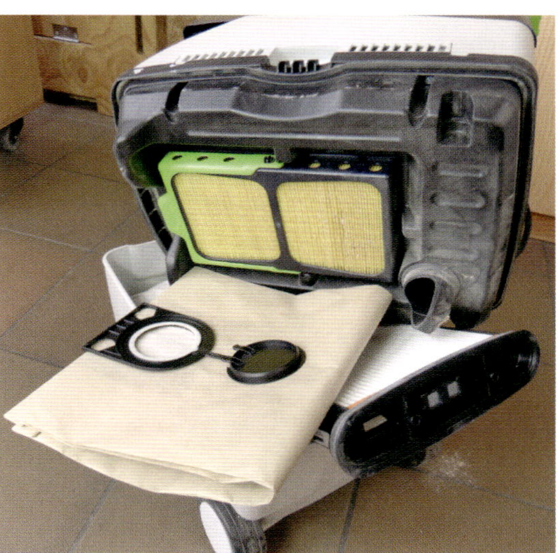

◄ Es gibt Werkstattsauger, die ohne Filterbeutel betrieben werden können. Ist der Sauger jedoch nicht dafür ausgelegt, verstopfen die teuren Hauptfilter und die Saugleistung wird geringer.

◄ Nützlich aber nicht zwingend notwendig. Bei diesem Sauger können Maschinenkoffer (-Systainer) auf dem Sauger befestigt werden. So wird der Platz auf dem Sauger noch sinnvoll genutzt.

Schränke, Truhen, Container – Werkzeugunterbringung

Werkzeugschränke

Mit der Zeit wird Ihr Werkzeugbestand wachsen. Das Werkzeug muss untergebracht werden. Offene Regale sind da zwar praktisch, weil man alles schnell im Zugriff hat. Aber sie verstauben auch schnell. Eine staubfreie Lagerung ist in Schränken möglich. Hinter Türen und in Schubladen sind ihre Werkzeuge weitgehend staubgeschützt. Rostanfällige Werkzeuge unterliegen hier nicht den schnellen Klimaschwankungen einer Kellerwerkstatt. Im Schrank verändert sich das Klima und vor allem die Luftfeuchte etwas langsamer als direkt an der Wand. Eine Unterbringung in einem Holzschrank ist also auch ein aktiver Beitrag zum Rostschutz.

Wenn Sie es bequem möchten, verzichten Sie unterhalb einer Höhe von 90 Zentimetern auf Türen an den Schränken und bauen dort lieber Schubladen ein. Diese Bereiche sind so wesentlich besser zugänglich als durch Türen. Für solche Werkzeugschränke eignen sich Rollenauszüge sehr gut. Sie tragen hohe Lasten, sind preisgünstig und weniger empfindlich gegen Staub als kugelgelagerte Auszüge. Ab einer Höhe von 90 Zentimetern sind Türen wieder von Vorteil. Schubladen wären dort schwerer zugänglich.

In kleinen Werkstätten hat es sich bewährt, Schränke und Arbeitsplätze durch Rollen mobil zu halten. So ist es möglich, dass Sie Ihre Werkstatt schnell den jeweiligen Bedürfnissen anpassen, oder einfach nur Platz schaffen, wenn Sie größere Werkstücke bearbeiten.

► Unten Schubladen, darüber Türen. So sind alle Bereiche eines Schrankes einfach zu erreichen. Der komplette Innenraum kann genutzt werden. Auch an den Innenseiten der Schranktüren können Werkzeuge aufgehängt werden.

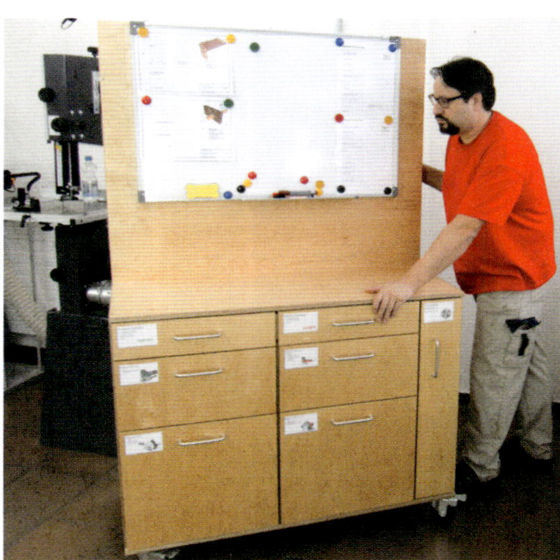

▲ Vor allem in kleinen Werkstätten ergibt es Sinn, die Einrichtung mobil zu halten. Fahrbare Schränke können dann schnell mal aus dem Weg gefahren werden, wenn große Werkstücke bearbeitet werden sollen.

Die Rollen müssen dabei großen Belastungen standhalten. Wenn der Werkstattboden uneben ist, benötigen Sie Rollen mit einem Durchmesser von mindestens 80 Millimetern. Von den vier Rollen unter einem fahrbaren Schrank sollten zwei, besser noch alle, mit einer Bremse ausgestattet werden. Die ideale Rollenausstattung besteht für einen fahrbaren Schrank oder Arbeitsplatz demnach aus vier lenkbaren Schwerlastrollen mit 80 Millimetern Durchmesser und Bremsen an allen vier Rollen.

Schränke für die Werkstatt sind auch ein ideales Übungsfeld. An ihnen können Sie neue Arbeitstechniken, Materialien oder Konstruktionen üben. Und so mancher Werkzeugschrank steht einem Möbelstück in der Ausführung kaum nach. Besonders bei der Unterbringung von Handwerkzeugen darf es ruhig ein wenig edler zugehen.

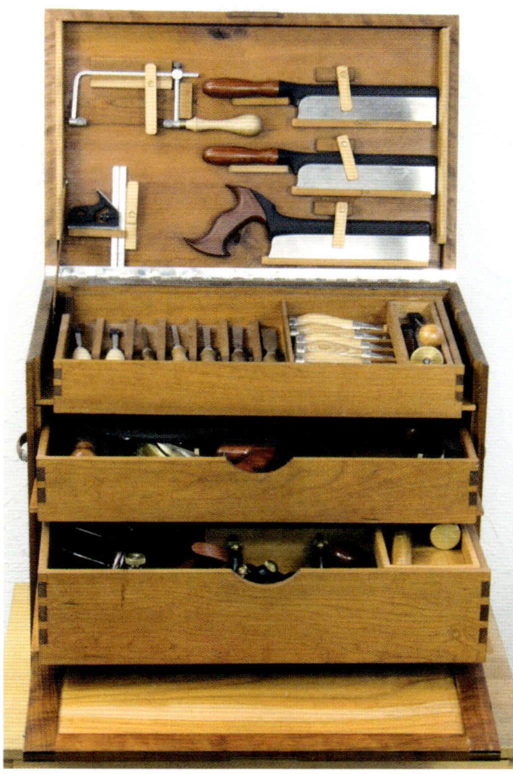

◀ Eine solche Werkzeugtruhe ist ein gutes Übungsprojekt, um beispielsweise die Arbeit mit Handwerkzeugen zu erlernen.

Rollcontainer

Ein oder mehrere Rollcontainer in der Werkstatt sind ungemein praktisch. Im Idealfall sind Rollcontainer etwa 25 bis 30 Zentimeter niedriger als Ihre Werkbank. Dadurch kann man sie darunter abstellen. In den Schubladen kann Werkzeug untergebracht werden. Der Rollcontainer übernimmt die Aufgabe eines Unterschrankes, kann aber bei Bedarf aus dem Weg gerollt werden. Neben der Werk- oder Hobelbank positioniert, bietet ein Rollcontainer eine Ablagefläche. Dadurch, dass diese niedriger ist als die Werkbankoberfläche, können Sie problemlos große Werkstücke auf der Werkbank verschieben. Die auf dem Rollcontainer abgelegten Dinge stören dabei nicht.

Schnell ist mit zwei Rollcontainern auch eine vorübergehende Arbeitsfläche geschaffen. Dazu müssen die fahrbaren Schränkchen natürlich stabil genug sein. Auch zum Transport von Werkstücken innerhalb der Werkstatt kann man Rollcontainer benutzen. Neben der Tischkreissäge oder dem Frästisch stehend bieten sie auch dort eine Ablagemöglichkeit in niedriger Position.

Die Einsatzmöglichkeiten dieses fahrbaren Werkstattmöbels sind so vielfältig, dass Sie sich nach kurzer Zeit schon nicht mehr vorstellen können, ohne auszukommen. Und dabei spielt es keine Rolle, ob der Rollcontainer selbst gebaut oder fertig gekauft ist.

◀ Ein Rollcontainer als tieferliegende Ablagefläche am Frästisch. Auch lange Werkstücke können bearbeitet werden, ohne dass der Container stört.

◀ Die Schubladen eines Rollcontainers bieten viel Stauraum auf einer kleinen Grundfläche. Wenn der fahrbare Schrank stört, findet er unter der Werkbank Platz.

2 Materialien

2 Das geeignete Material

Das beste Werkzeug ist nutzlos, wenn Sie nicht das richtige Material für Ihre Möbel verwenden. Aber welches Material ist das Richtige? Pauschal kann diese Frage einfach nicht beantwortet werden. Vieles ist einfach eine Frage des persönlichen Geschmacks. Was ich als schön empfinde, muss Ihnen nicht zwangsläufig auch gefallen. Der erste Punkt bei der Materialwahl sollte daher einfach nur die Optik sein.

Relativ unkritisch ist die Auswirkung der Materialwahl auf die Stabilität. Die meisten Massivhölzer sind so stabil, dass man aus ihnen sowohl kleine als auch große Möbel herstellen kann, die niemals zusammenbrechen. Vorausgesetzt, die Materialstärke ist passend gewählt. Das Gleiche gilt für die meisten Plattenwerkstoffe. Wichtiger als das konkret verwendete Material ist die Konstruktion des Möbels. Die Konstruktion wirkt sich viel stärker auf die Stabilität von Möbeln aus als die Materialwahl.

Die wichtigsten Materialien für den Möbelbau

Ich weiß nicht, ob ein Buch ausreichen würde, um alle Hölzer und Holzwerkstoffe aufzuführen und zu beschreiben. Es würde entweder ein sehr dickes Buch werden oder mehrere Bände umfassen müssen. Ein Buch über Holzwerkstoffe wäre vermutlich am Erscheinungstermin schon veraltet. Denn ständig werden neue Werkstoffe entwickelt und vorhandene miteinander kombiniert.

Ich führe daher an dieser Stelle nur die wichtigsten Materialien auf, die zum Teil auch im weiteren Verlauf dieses Buches Erwähnung finden. Bei der Materialauswahl habe ich auch darauf geachtet, dass es solche sind, die über den regulären Holzhandel gut zu beziehen sind.

Schnittholz, Blockware, Bretter und Bohlen

Als Schnittholz werden alle Holzerzeugnisse bezeichnet, die durch Heraussägen aus dem Stamm längs zur Stammachse gewonnen werden. Dazu zählen Kanthölzer, Dachlatten, Balken und natürlich auch das Holz, das für hochwertige Möbel verwendet wird. Ob es sich dabei um ein Brett, oder eine sogenannte Bohle handelt, ist in der DIN 68252 klar definiert. Bretter sind zwischen 8 und 40 Millimeter dick, Bohlen sind dicker als 40 Millimeter. So eng sehen es aber die wenigsten Tischler, Holzwerker und Holzhändler. Oft spricht man generell von Bohlen, oder einfach von Blockware, wenn von eingeschnittenem Holz für den Möbelbau die Rede ist.

Solches Holz ist nicht gehobelt, sondern nur gesägt. Es muss noch viel Arbeit hineingesteckt werden, bis daraus ein Teil eines Möbels werden kann. Bedingt durch den Trocknungsprozess kann solches Holz Risse aufweisen, es kann sich verzogen haben, ist also nicht gerade. Blockware trägt oft noch die so genannte Waldkante, also der Teil des Stammes mit der Rinde am Holz. Und nicht zu vergessen, es muss noch auf die benötigten Dimensionen gebracht werden.

▼ Dies ist die meist angewendete Einschnittart für Stämme. Zur Mitte hin wird die Maserung schlichter, die Seitenbretter sind auffälliger gemasert.

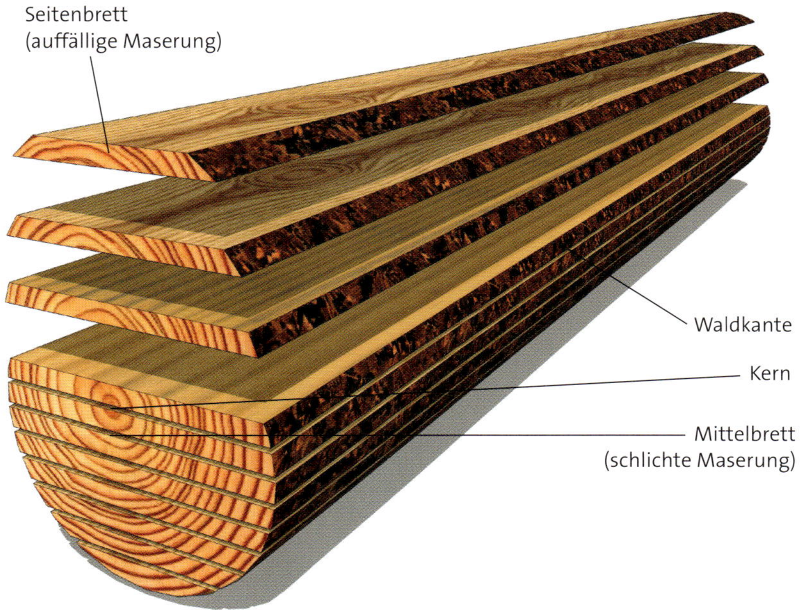

Meist geschieht die Bearbeitung dieses Rohmaterials mit entsprechenden Maschinen. Das Holz wird zugeschnitten, es muss mit dem Handhobel oder einer Hobelmaschine begradigt werden, was man „Abrichten" nennt. Danach wird es noch auf das benötigte, gleichmäßige Dickenmaß gehobelt. Das alles kostet Energie, Zeit und Platz. Und nicht zuletzt muss auch in entsprechende Werkzeuge investiert werden. Ganz zu schweigen von der Erfahrung, die notwendig ist, um aus einem roh zugeschnittenen Holz ein rechtwinklig und gerade ausgehobeltes Bauteil herzustellen.

Möbel aus selbst ausgehobeltem Holz sind wunderschöne Unikate. Durch die Holzauswahl kann man das Gesamtbild des Möbels stark beeinflussen. Neben der Verarbeitung stellt aber auch der Einkauf schon eine gewisse Hürde dar. Es bedarf einfach einer gewissen Erfahrung, um die benötigte Holzmenge zu bestimmen und das Holz unter optischen Gesichtspunkten auszuwählen. Einem Neuling in Sachen Holzbearbeitung würde ich davon erst einmal abraten. Durch Verwendung von Massivholzplatten (Leimholzplatten) erleichtern Sie sich den Einstieg sehr.

Da Holz ein Naturprodukt ist, gibt es sehr große Unterschiede im Bezug auf die Eigenschaften zwischen den einzelnen Hölzern. Es gibt schwierig zu bearbeitende Hölzer und solche, die sich schlecht mit Handwerkzeugen bearbeiten lassen. Es gibt Arten, die mehr oder weniger schwinden als andere, es gibt stabile und weniger stabile, harte und weiche. Einige Hölzer eignen sich meiner Meinung nach besser für den Neuling in Sachen Holz als andere. Machen Sie sich den Einstieg in den Möbelbau also nicht unnötig schwer, indem sie auch noch schwierig zu bearbeitendes Holz wählen. Einfach zu bearbeitende Hölzer sind zum Beispiel:

- Amerikanischer Nussbaum
- Amerikanischer Kirschbaum
- Erle
- Esche
- Yellow Poplar (Tulpenbaum)
- Nordische Kiefer
- Ahorn
- Eiche

Das sehr beliebte Buchenholz habe ich nicht aufgeführt. Es arbeitet sehr stark, ist mitunter spröde und lässt sich mit Handwerkzeugen nur schwer bearbeiten. Das ebenfalls beliebte Fichtenholz sollten Sie für Ihre ersten Möbel auch meiden. Es ist zum einen nicht einfach gute Qualität zu bekommen, zum anderen ist es sehr weich und neigt zu Ausrissen beim Fräsen und Hobeln. Die vielen Äste erschweren die Bearbeitung noch zusätzlich.

Holz arbeitet

Den Ausspruch „Holz arbeitet" haben sie sicherlich schon gehört. Konkret ist damit gemeint, dass es hygroskopisch ist. Es nimmt also Feuchtigkeit aus der Umgebungsluft auf oder gibt welche ab. Dabei verändert Holz auch seine Dimensionen. Leider tut es das nicht gleichmäßig und von Holzart zu Holzart auch noch unterschiedlich. Auch der Verlauf der Jahresringe innerhalb eines Brettes kann sich auf das genaue Schwund- und Quellverhalten auswirken. Folgende Angaben sind daher nur als Durchschnittswerte anzusehen:

- In Wuchsrichtung unter 0,5 %
- Quer zur Wuchsrichtung bis zu 5 %

Im Möbelbau muss meist nur das Schwinden in der Breite konstruktiv berücksichtigt werden.

▼ Eiche-Bohlen mit sehr auffälliger Maserung. Dieses Holz muss noch zugeschnitten, abgerichtet und ausgehobelt werden.

Im Zusammenhang mit Massivholz fällt oft der Begriff „stehende Jahresringe". Damit ist gemeint, dass der Verlauf der Jahresringe am fertigen Werkstück nahezu im 90°-Winkel zur Oberfläche verläuft. Diese Anordnung ist ideal für die Teile eines Rahmens. Ein Bauteil mit stehenden Jahresringen neigt weniger zum Verziehen. ◄

Ahorn
amerikanischeKirsche
amerikanischer
Nussbaum

Eiche
Erle
Esche

europäische Kirsche

Kiefer

Yellow Poplar

Leimholzplatten

► Leimholzplatten gibt es im gut sortierten Holzhandel in vielen unterschiedlichen Holzarten, Abmessungen und Qualitäten. Da findet sich für jeden Holzgeschmack das richtige Holz.

► Keilgezinktes Leimholz wirkt je nach Holzart und Sortierung sehr unruhig. Die Keilverbindung wird an den Kanten sichtbar.

Wenn Massivholzleisten zu Platten verleimt werden, spricht man in der Regel von Leimholz. Bei diesen Platten handelt es sich nach wie vor um Massivholz und die Platten haben alle dazugehörigen, typischen Eigenschaften. Lediglich die Verarbeitung ist einfacher als bei Schnittholz. Die Industrie hat Ihnen dabei schon eine Menge Arbeit abgenommen.

Es gibt zwei unterschiedliche Arten von Leimholzplatten. Die einfachste Qualität sind keilgezinkte Platten. Diese Platten sind aus kurzen Leisten zusammengesetzt, die auch in der Länge verleimt wurden. Es entsteht dadurch eine sehr unregelmäßige und unnatürliche Optik.

Bei den besseren Qualitäten werden diese vielen Holzteile vor dem verleimen farblich sortiert, sodass die Oberfläche nicht ganz so unruhig wirkt. Besonders bei diesem keilgezinkten Leimholz gibt es sehr große Qualitätsunterschiede. Bei den minderen Qualitäten wird entsprechend schlechtes Holz verarbeitet, Fehlstellen und schlechte Verleimung sind keine Seltenheit. Keilgezinktes Leimholz kann dennoch nicht generell als minderwertiger Werkstoff dargestellt werden. Letzten Endes spielt auch der eigene Geschmack eine wichtige Rolle. Platten aus keilgezinktem Leimholz sind in sehr unterschiedlichen Abmessungen im Handel zu bekommen. Das betrifft nicht nur die verfügbaren Plattenstärken, sondern auch deren Längen und Breiten. Keilgezinktes Leimholz ist wohl die einfachste Möglichkeit an Massivholz in kleinen Mengen zu gelangen.

Gängige Leimholzabmessungen und Holzarten

Stärken	18/26/40
Breiten	200/250/300/ 400/500/600
Längen	800/1200/ 2000/2500
Holzarten	Buche, Fichte, Eiche, Birke, Akazie, Robinie, Nussbaum, Kirschbaum
alle Maße in Millimeter	

Nur in ganzen Platten

Leimhölzer mit durchgehenden Lamellen werden meist nur als ganze Platten verkauft. Diese Platten sind in der Regel 1,2 Meter breit, aber in unterschiedlichen Längen zu bekommen. Je nach Hersteller können die verfügbaren Stärken etwas variieren. Fragen Sie also unbedingt vor der Planung eines Möbelstückes bei Ihrem Holzhändler nach den verfügbaren Plattenmaßen.

Die beste Leimholzqualität weisen Platten mit durchgehenden Leisten auf. Die auch Lamellen genannten Leisten ziehen sich also auf ganzer Länge durch die Platte. Es leuchtet ein, dass bei diesen Platten der Verschnitt, also der nicht nutzbare Materialanteil, für den Hersteller, wesentlich höher ist als bei keilgezinktem Holz. Entsprechend höher sind die Preise für diese hochwertigen Platten. Mit steigender Plattenlänge steigt der Preis noch einmal an. Meist muss man mit einem erheblichen Preissprung ab einer Plattenlänge von zwei Metern rechnen. Die Optik von Leimholzplatten mit durchgehenden Lamellen kommt aber schon sehr nahe an selbst verleimte Brettflächen aus eigenhändig ausgehobeltem Holz heran.

Die Verarbeitung von Leimholz ist sehr einfach. Daher ist es der ideale Werkstoff für alle, die nicht über die Möglichkeiten verfügen, Schnittholz zu verarbeiten. Denn so können sie dennoch mit „echtem" Holz arbeiten.

Lassen Sie sich aber nicht von der Plattenform in die Irre führen. Leimholz ist und bleibt Massivholz und verhält sich auch so. Möbel aus Leimholzplatten müssen daher so konstruiert sein, dass das Holz ungehindert quellen und schwinden kann.

Inzwischen sind Leimholzplatten in sehr vielen Holzarten erhältlich. Das Angebot reicht von den Standards wie Buche, Eiche und Nadelholz bis hin zu Nussbaum, Obstholz und exotischen Hölzern. Stärken bis zu 40 Millimetern sind auch problemlos zu bekommen.

◄ Leimholz mit durchgehenden Lamellen hat eine ruhigere Optik. Längsstöße kommen nicht vor. Bei einigen Holzarten sind keine Platten über 2,3 Meter Länge zu bekommen.

◄ Schematische Darstellung der Herstellung von Schälfurnier. Das Maserbild dieser Furniere wirkt eher unnatürlich und sehr wild.

Furnier

Furniere sind sehr dünne Massivhölzer. In der Hauptsache unterscheidet man drei Arten von Furnier: Sägefurnier, Schälfurnier und Messerfurnier. Beim Sägefurnier werden Lagen von bis zu mehreren Millimetern Dicke mit einer Säge in Längsrichtung aus dem Stamm geschnitten. Lange Zeit war dies die einzige Möglichkeit, Furniere herzustellen. Heute wird nur noch wenig Sägefurnier produziert. In der Regel wird es für die Restaurierung alter Möbel verwendet.

Sehr große wirtschaftliche Bedeutung haben Schälfurniere. Ähnlich wie bei einem Bleistiftspitzer wird hier ein kompletter Holzstamm an ein feststehendes Messer herangeführt und dabei gedreht. Es entsteht eine sehr lange Furnierbahn. Schälfurniere

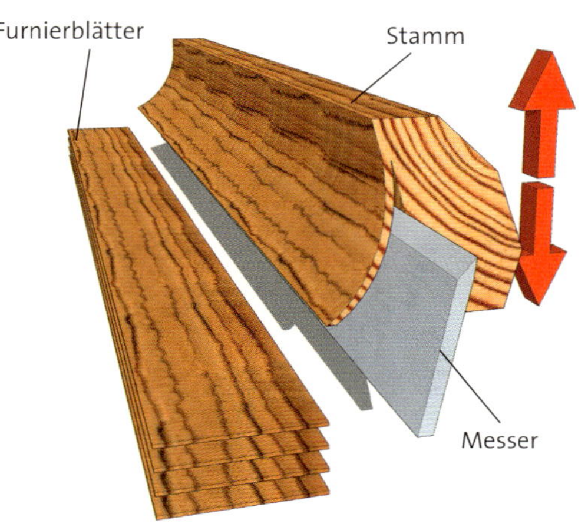

◄ Schema der Herstellung von Messerfurnieren. Bei dieser Art der Herstellung kann durch den Zuschnitt des Holzes das entstehende Furnierbild beeinflusst werden.

sehen, bedingt durch den Herstellungsprozess, sehr stark gemasert und daher unnatürlich aus. Sie finden daher meist bei der Herstellung von Plattenmaterialien wie Sperrholz und Tischlerplatten Verwendung.

Hochwertige Furniere werden „gemessert". Das bedeutet, dass ein speziell zugeschnittener Holzstamm immer wieder linear an einem feststehenden Messer entlang geführt wird. Der Vorgang ähnelt dem Schnitt an einer Brotschneidemaschine. Bei jedem dieser Schnitte entsteht ein einzelnes Furnierblatt. Diese einzelnen Blätter können dann zu größeren Flächen zusammengesetzt werden. Das ergibt ein wesentlich natürlicheres Erscheinungsbild, als es bei Schälfurnier der Fall ist. Durch die Größe und den Zuschnitt des Holzes kann das Erscheinungsbild – von schlicht bis stark gemasert – ganz gezielt beeinflusst werden. Die Stärke dieser Furniere beträgt je nach Holzart meist zwischen 0,5 und 0,7 Millimetern bei Laubhölzern. Bei Nadelhölzern werden Dicken von bis zu einem Millimeter hergestellt.

Die Verarbeitung von Furnieren macht großflächiges Pressen erforderlich. Das erschwert die Verarbeitung in der heimischen Werkstatt. Viele der nachfolgend vorgestellten Holzwerkstoffe wie zum Beispiel Sperrholz und Tischlerplatten werden ganz oder teilweise aus Furnieren hergestellt. Auf indirektem Wege werden Sie also sicherlich doch früher oder später Furniere in Form von Platten verarbeiten.

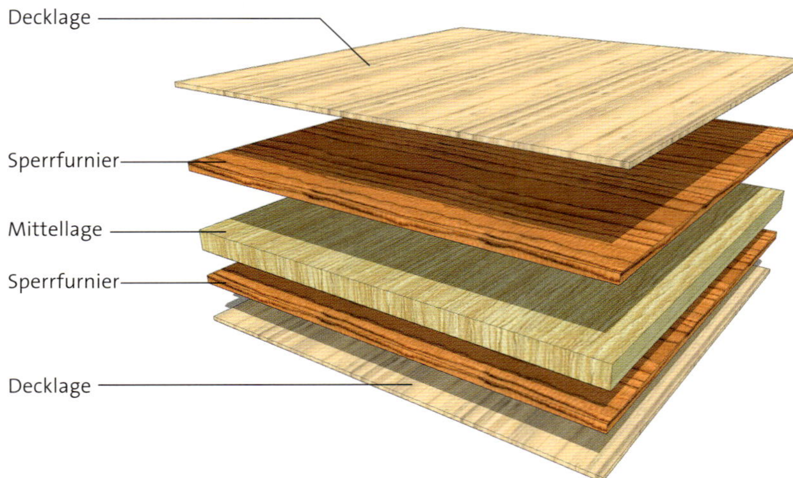

▼ Der Aufbau einer Sperrholzplatte. Die Anzahl der Lagen muss immer einer ungeraden Zahl entsprechen. Je nach Materialstärke der fertigen Platte sind mehr oder weniger Lagen möglich.

Sperrholz

Sperrholz ist vereinfacht gesagt ein Plattenwerkstoff, der durch das Übereinanderleimen mehrerer Furniere entsteht. Die Furnierlagen werden hierbei immer im 90°-Winkel zueinander verleimt. Dadurch hebt sich das unterschiedliche Schwund- und Quellverhalten des Holzes in Längs- und Querrichtung auf. Sperrhölzer bestehen immer aus einer ungeraden Anzahl an Furnierlagen, bei denen die inneren Lagen in der Regel dicker sind als die Außenlagen. Die Eigenschaften der Platten können die Hersteller durch die Holzauswahl und die Stärke der einzelnen Lagen beeinflussen.

Eine Sonderform des Sperrholzes ist die Multiplexplatte. Sie besteht durchgehend aus gleich dicken Furnierlagen. Dadurch werden die Platten stabiler, enthalten aber auch einen höheren Anteil an Klebstoff als andere Sperrhölzer. Sperrhölzer sind auch mit Decklagen aus hochwertigem Messerfurnier in vielen, teils recht edlen Holzarten erhältlich. Diese Platten eignen sich dann hervorragend für Schrankrückwände, Schubladenböden oder auch als Türfüllungen.

Die Verarbeitung von Sperrhölzern erfordert keine speziellen Werkzeuge. Der enthaltene, sehr harte Kleber beansprucht die Werkzeugschneiden jedoch stärker als massives Holz. Für einen ausrissfreien Schnitt quer zur Holzfaser sind fein gezahnte Sägeblätter von Vorteil.

▲ Dreischichtige Spanplatten wie diese dienen meist als Träger für Furniere und Kunststoffbeschichtungen. Unbeschichtet werden sie nur selten verwendet.

Spanplatten

Die Spanplatte ist wohl der Holzwerkstoff, der mit den meisten Vorurteilen belastet ist. Inzwischen sind Spanplatten ein hochmoderner Werkstoff, der in der Regel nur noch sehr schwach mit Schadstoffen belastet ist. Die geringste Schadstoffbelastung haben Platten, die der Emissionsklasse E1 entsprechen. Bei ausreichend langer Ablagerung und Absperrung durch Beschichtungen wie Furnier oder Melaminharz sind die verbleibenden Ausdünstungen nur noch marginal.

Das Vorurteil, dass Spanplatten aus Resten hergestellt werden, ist nicht haltbar. Zwar versuchen die Hersteller schon einen gewissen Teil Altholz zu verarbeiten, dieser Anteil ist aber eher gering. Der größte Rohstoffanteil bei Spanplatten entfällt auf Nadelhölzer. Dabei können auch schlechte Holzqualitäten verwendet werden, wodurch der wertvolle Rohstoff Holz sehr gut ausgenutzt werden kann. Der Anteil an Klebstoffen ist inzwischen unter zehn Prozent der verwendeten Rohstoffmenge gesunken.

Spanplatten bestehen, wie der Name vermuten lässt, aus Holzspänen. Die im Möbelbau zumeist eingesetzten Flachpressplatten haben drei Lagen Späne. Die mittlere Lage besteht aus groben Spänen, die beiden Außenlagen aus feineren Spänen. Die Außenlagen sind dadurch fester. Außerdem wird die Oberfläche durch die Verwendung feinerer Späne glatter. Beschichtungen lassen sich dann besser aufbringen. Minderwertige Spanplatten haben keine drei Lagen, man erkennt das sehr gut an der unebenen Oberfläche.

◀ Melaminbeschichtete Spanplatten sind bei Tischlern und in der Industrie sehr beliebt. Sie sind robust, günstig und erlauben die Umsetzung sehr unterschiedlicher Farbkonzepte.

Die Vorteile von Spanplatten liegen in den geringen Herstellungskosten und der Tatsache, dass Spanplatten kaum schwinden und quellen. Die Oberfläche kann mit vielen Materialien belegt werden. Gängig sind Furniere und Kunststoffbeschichtungen in vielen Farben und Dekoren. Inzwischen bieten die Hersteller eine schier unüberschaubare Bandbreite an fertig beschichteten Platten an.

Die Platten haben aber auch einige nicht zu unterschätzende Nachteile. Ein Nachteil ist das hohe Gewicht bei nur geringer Biegesteifigkeit. Jedes Nadelholz schlägt die Spanplatte in dieser Hinsicht um Längen. Noch dazu haben Flachpressplatten eine geringe Festigkeit an den Kanten. Schrauben und Verbinder halten nur mäßig darin. Auch wenn beispielsweise ein Flachdübel gut eingeleimt werden kann, so ist das Gefüge innerhalb der Spanplatte bei Weitem nicht so stabil wie bei Tischlerplatten oder gar bei Massivholz.

Auch wenn der Anteil an Klebstoffen inzwischen recht klein ist, so reicht er dennoch aus, um Werkzeugschneiden sehr schnell abstumpfen zu lassen. Bei der Verarbeitung entstehen sehr feine Späne, die sich nicht so gut absaugen lassen wie die größeren Späne von massivem Holz. Auch der Geruch, der bei der Verarbeitung frei wird, ist nicht jedermanns Sache.

MDF

Mitteldichte Faserplatten (MDF) ähneln den Spanplatten. Die enthaltenen Späne sind aber wesentlich feiner als bei einer herkömmlichen Spanplatte. Daher eignet sich dieser Werkstoff sehr gut, um farbig lackiert zu werden. Die Kanten müssen dann nicht noch einmal gesondert mit Anleimern belegt werden. Die feine Struktur kann direkt lackiert werden. Da die Kanten aber sehr stark saugen empfehlen die Lackhersteller in der Regel das Auftragen eines speziellen Füllgrundes. MDF-Platten sind noch schwerer als Spanplatten, haben aber in vielerlei Hinsicht ähnliche Eigenschaften, was die Verarbeitung angeht. Bei der Verarbeitung entstehen sehr feine Stäube, die nur schwer abgesaugt werden können.

Tischlerplatten

Massivholzmöbel sind eine wirklich tolle Sache und massives Holz ebenfalls. Aber nicht immer ist Massivholz der beste Werkstoff für ein Möbelstück oder Teile eines Möbels. So lassen sich zum Beispiel große freitragende Flächen nicht ohne weiteres verzugsfrei aus Massivholz herstellen. Problematisch sind auch Schiebetüren oder einfach nur schlichte Schranktüren ohne Rahmen. Je nach gewählter Holzart wird eine Ausführung aus Massivholz für Möbel oder Bauteile auch einfach zu schwer und zu teuer. Hier kommen dann Tischlerplatten ins Spiel.

Der Kern einer Tischlerplatte besteht aus leichtem, kostengünstigem Nadelholz. Diese Innenlage wird beidseitig mit einem dicken Schälfurnier belegt. Diese beiden Furnierlagen aus einem preisgünstigen Holz werden im rechten Winkel zur Mittellage aufgeleimt. Darüber kommt dann oft eine dünnere Schicht hochwertigen Furniers, das wiederum in Maserrichtung der Innenlage verläuft. So entsteht eine sehr stabile Platte mit geringer Tendenz zum Quellen und Schwinden. Darüber hinaus neigen die so hergestellten Platten weniger zum Verzug als Massivholz. Preisgünstiger als massives Holz sind sie allemal.

Der Name „Tischlerplatte" ist nicht die offizielle Handelsbezeichnung. Jeder Holzhändler und Tischler weiß zwar, was damit gemeint ist, offiziell heißen diese Plattenwerkstoffe jedoch Stab- oder Stäbchenplatten. Bei einer Stabplatte besteht die Mittellage aus 24 bis 30 Millimeter breiten, parallel zueinander liegenden Leisten, die mit den Furnierlagen, nicht aber untereinander verleimt sind.

Der Aufbau einer Stäbchenplatte ist etwas anders. Bei ihr besteht die Mittellage aus nur ungefähr acht Millimeter breiten Schälfurnier-Streifen. Dadurch ergeben sich nur stehende Jahresringe in der Mittellage. Diese dünnen Lagen sind auch untereinander verleimt. Während sich bei einer Stabplatte durchaus einmal die einzelnen Stäbe durch die Furnierlagen hindurch abzeichnen können, geschieht das bei den teureren Stäbchenplatten nicht. Die Stäbchenplatten sind insgesamt hochwertiger und neigen auch noch weniger zu Verzug, Quellen und Schwinden als Stabplatten. Sie sind also erste Wahl für Möbelfronten, während die preisgünstigeren Stabplatten für den Korpus eines Möbels vollkommen ausreichend sind.

◄ MDF bietet einen guten Untergrund zum Lackieren. Die Verarbeitung und das Behandeln der Oberfläche stellen aber mitunter hohe Ansprüche an die Werkstatt und das Werkzeug.

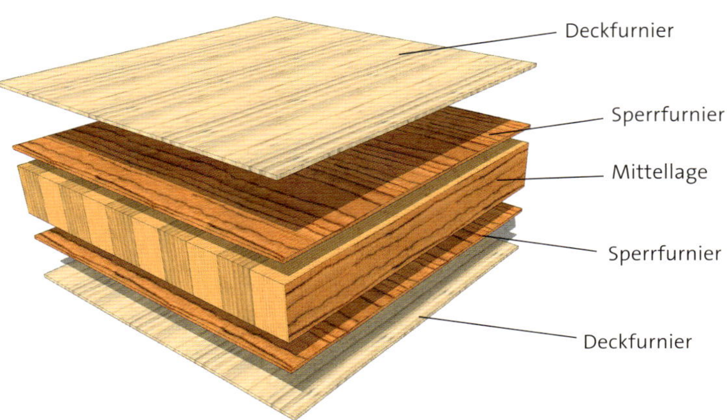

▲ Der Aufbau einer Tischlerplatte ist drei- oder fünfschichtig. Die Plattendicke wird durch die Stärke der Mittellage bestimmt.

◄ Eine Stabplatte mit hochwertigem Deckfurnier. Unabhängig von der Holzart der Sperr- und Deckfurniere besteht die Mittellage immer aus Nadelholz.

▲ Die Deckschichten von Stabplatten müssen nicht aus Furnier bestehen. Auch MDF oder Spanplatten als Deck- und Sperrschicht werden angeboten.

Die Kanten der Platten zeigen deren Aufbau und werden, sofern sie sichtbar sind, mit Anleimern aus Furnier oder Massivholz versehen. Im Vergleich zu furnierten Spanplatten sind Tischlerplatten viel leichter. Und: In den Kanten von Tischlerplatten halten Schrauben, Dübel und Verbinder viel besser als bei Spanplatten.

Neben den furnierten Tischlerplatten gibt es noch spezielle Varianten, die meist ein Schattendasein führen, aber als Werkstoffe doch sehr interessant sind. Zum einen wären da die Tischlerplatten mit Span-Decklage, sogenannte Span-Tischlerplatten. Es gibt sie in roh oder auch direkt mit einer Beschichtung, meist Melaminharz. Diese Platten vereinen die Vorteile der sehr homogenen Oberfläche von hochwertigen Spanplatten mit der gewichtssparenden und stabilen Innenlage einer Tischlerplatte (Stabplatte).

Eine Abwandlung dieser Plattenart ist eine Stabplatte mit einer Decklage aus MDF (Mitteldichte Faserplatte). MDF ist schwer, kann schlecht in den Kanten verschraubt oder verbunden werden, lässt sich jedoch sehr gut lackieren und beschichten. Die Kombination aus einer Stab-Innenlage mit einer Decklage aus MDF ist daher ideal für Möbel oder Möbelteile, welche deckend lackiert werden sollen. Auch hier müssen sichtbare Kanten belegt werden. Das Belegen der Kanten geschieht entweder mit speziellen Grundierkanten oder mit Furnierkanten aus einem sehr schlichten Holz.

Die Verarbeitung von Tischlerplatten ist sehr unproblematisch. Damit das Deckfurnier nicht ausreißt, sollten Sie ein scharfes Sägeblatt benutzen. Bei der Anzahl der Zähne gelten die gleichen Empfehlungen wie für Massivholz: wenige Zähne für den Längsschnitt, viele Zähne für Querschnitte.

Materialkombinationen

Die vorgestellten Materialien können Sie auch miteinander kombinieren. Die Kombination von unterschiedlichen Materialien kann viele Vorteile bieten. So sind Plattenwerkstoffe sehr praktisch, da sie Ihnen viel Arbeit ersparen können und einfach zu verarbeiten sind. In der Regel sind Plattenwerkstoffe auch preisgünstiger als massives Holz. Für Rückwände und Schubladenböden bieten sich Sperrhölzer an. Ein Korpus kann aus Tischlerplatten oder Leimholz hergestellt werden. Die Holzoptik kommt sehr nahe an Massivholz heran, die Haptik ist die gleiche, da die Oberfläche ja aus Echtholz besteht.

Auch die Kombination unterschiedlicher Hölzer ist meist kein Problem. Besonders schön wirkt so ein Materialmix, wenn Hölzer mit sehr unterschiedlichen Farben kombiniert werden. Auch ein Mix aus einem farbig gestalteten Korpus aus MDF mit Türen und Schubladenfronten aus Massivholz ist möglich. Ihrer Fantasie sind hierbei nur wenige Grenzen gesetzt.

Ist Massivholz im Spiel, muss jedoch dessen Quell- und Schwundverhalten berücksichtigt werden. Während sich die Abmessungen von Massivholz je nach Luftfeuchte ändern, schwinden und quellen Plattenwerkstoffe nur sehr wenig. Sie müssen also bei jeder Materialkombination das jeweilige Schwundverhalten der Werkstoffe berücksichtigen. So ist es beispielsweise recht riskant, eine massive Brettfläche, quer zur Maserung mit einem Plattenwerkstoff fest zu verbinden. Es kann im Extremfall zu Rissen im Massivholz oder dem Aufplatzen von Leimfugen kommen.

Ein Materialmix ist aber nicht nur mit unterschiedlichen Holzwerkstoffen möglich. Auch andere Materialien lassen sich sehr gut mit Holz und Holzwerkstoffen kombinieren. Der Klassiker schlechthin dürfte Glas sein (Vitrinen, Türen, Fenster).

Stein, Leder, Linoleum, Mineralwerkstoffe, Kunststoffe, Papier und nicht zuletzt Metall, Farben und Lacke bieten Ihnen weitere Möglichkeiten, Ihre

Sägeblätter für Quer- und Längsschnitt

Sobald massives Holz mit einer Kreissäge geschnitten wird, spielt die Anzahl der Zägezähne eine große Rolle für das Schnittbild. Die genaue Anzahl der Zähne bei Längs- und Querschnittsägen ist auch vom Durchmesser abhängig. Bei einem typischen Blatt einer Handkreissäge mit 160 Millimetern Durchmesser wären 12 bis 16 Zähne für den Längsschnitt gut geeignet. Für Querschnitte sollten es aber schon 48 Zähne sein. Bei Tischkreissägen haben die Sägeblätter oft einen Durchmesser von 250 Millimetern. Dann hätte ein Blatt für den Längsschnitt 24 Zähne, eines für Querschnitte 60 Zähne.

◄ Die Schublade ist aus Multiplex, die Front aus massivem Nussbaum und der Außenkorpus aus Birke-Leimholz. Dieser Materialmix spart Materialkosten und erleichtert das Anfertigen des Möbelstückes.

◄ Die Kombination unterschiedlicher Hölzer kann sehr bewusst als Gestaltungselement herangezogen werden. Bei diesem Kästchen wurden Esche und Bubinga kombiniert. Die Zinkenverbindung betont den Farbkontrast zusätzlich.

Möbel zu gestalten. Denn seien wir mal ehrlich, Holz ist ein toller Werkstoff, aber es kann auch zu viel des Guten sein. Material- und Farbkombinationen lockern vor allem großflächige Möbel auf und machen diese weniger erdrückend.

Der Holzeinkauf

Nun habe ich Ihnen all diese tollen Materialien, aus denen man Möbel bauen kann, vorgestellt. Es stellt sich jetzt aber die Frage, woher man als privater Holzwerker diese Platten und das schöne Massivholz bekommen kann. Der Baumarkt um die Ecke scheidet meist aus. Massivhölzer werden dort in der Regel nur in Form von keilgezinkten Leimholzplatten in teilweise schlechter Qualität verkauft. Am besten stehen Ihre Chancen, dort Plattenmaterial wie zum Beispiel MDF und Sperrholz zu bekommen.

Hochwertige Materialien erhalten Sie im Holzfachhandel. Nun ist es aber leider so, dass es regional sehr unterschiedlich ist, wie viele Holzhändler in Ihrer Umgebung ansässig sind und welches Sortiment an Hölzern und Holzwerkstoffen geführt wird. Es lohnt sich auf jeden Fall, sich nach einem guten Händler umzusehen, auch wenn der Weg etwas weiter sein sollte.

Der Holzkauf selbst ist Vertrauenssache. Vor allem bei Ihren ersten Einkäufen fehlt ihnen die Erfahrung, mit der Tischler und erfahrene Holzwerker ihr Material einkaufen. Umso wichtiger ist es für Sie, dass Ihr Holzhändler sie gut berät. Dazu müssen sie ihm aber auch ganz genau erklären, wofür sie die Materialien benötigen. Nehmen Sie eine Skizze Ihres geplanten Möbels oder Werkstückes mit zum Händler. Kaufen Sie ruhig ein wenig mehr Material ein als Sie benötigen, so haben Sie immer noch eine Reserve für den Fall, dass etwas schiefgeht. Und schief gehen kann immer etwas. Eventuell haben Sie nach der Fertigstellung des Projektes einige Holzreste übrig. Das macht nichts, denn als Holzwerker haben sie immer wieder Verwendung für diese Reste.

Den ersten Besuch bei einem Holzhändler sollten sie nicht mit falschen Erwartungen angehen. Viele Händler verkaufen in erster Linie an gewerbliche Kunden. Es gibt auch welche, die überhaupt nicht an Privatkunden verkaufen. Das sollten sie vor Ihrem Besuch telefonisch erfragen. Viele Händler verkaufen nur ganze Platten, andere wiederum schneiden Ihnen auch Platten zurecht und verkaufen Kleinmengen. Der Kauf ganzer Platten ist meist auch die preiswertere Variante. Bei Materialien, die in Plattenform angeboten werden, sollten sie die Preise daher immer ganz genau vergleichen.
Bei Schnittholz-Verkauf gibt es auch einige Fallstricke. Es werden in der Regel nur ganze Bohlen und Bretter verkauft, keine Anschnitte. Ob Sie sich das Holz selbst aussuchen dürfen, ist von Händler zu Händler unterschiedlich. Wichtig beim Kauf von Schnittholz ist die Holzfeuchte. Sie sollte für Möbel in zentralgeheizten Räumen zwischen acht und

► Beim Holzhändler kann man sich das Holz direkt ansehen und auswählen.

zehn Prozent liegen. Die Messung der Holzfeuchte kann der Händler beim Kauf durchführen, er hat dafür ein spezielles Messgerät. Ist die Holzfeuchte höher als zehn Prozent, können sie es nicht sofort verarbeiten. Es muss sich dann noch akklimatisieren. Am besten in einem Raum, der eine ähnliche Luftfeuchte hat, wie der Raum, in dem das Möbel später stehen soll.

Die wichtigsten Abmessungen

Diese Tabelle soll Ihnen bei der Planung und beim Einkauf eine Hilfe sein. Sie enthält die wichtigsten Plattenabmessungen und -stärken der vorgestellten Materialien. Obwohl sich inzwischen gewisse Standards etabliert haben, sind diese Maße keine geltende Norm. Es steht den Herstellern frei, auch andere Abmessungen und Stärken anzubieten. Auf Nummer sicher gehen Sie also, wenn Sie vor der Bestellung oder dem Einkauf noch einmal bei Ihrem Händler nachfragen.

Material	Standard-abmessungen	übliche Stärken
Spanplatten	2800 x 2070 4110 x 2070	8,10,12,13,16,19,22,25,28,30,32,38
MDF	2800 x 2020 4100 x 2070	8,10,12,16,19,22,25,28,30,38
Tischlerplatten	2500 x 2050 2800 x 2050	19,27,40
Multiplex	3000 x 1500 2500 x 1250	6.5, 9,12,15,18,21,24,27,30,38
Sperrholz	1830 x 2500	5,6,8,10,12,15,18,22,25
Leimholzplatten (durchgehende Lamellen)	Breite 1210 Länge 1250 – 5000	19,26,40,45
Schnittholz	keine	27,35,52,65,80
alle Maße in Millimeter		

3 Handwerkzeuge

3 Warum Handwerkzeuge?

Maschinen sind effizient und präzise. Warum also noch auf altertümliche Handwerkzeuge wie Stemmeisen oder Hobel zurückgreifen? Ganz einfach, weil Handwerkzeuge ebenso effizient und präzise sein können wie eine Maschine. Vorausgesetzt, man nutzt sie richtig. Dann können Handwerkzeuge eine enorme Bereicherung für die Werkstatt sein. Darüber hinaus sind sie leiser als Maschinen, verursachen kaum Staub und Spaß machen sie auch noch.

Es geht dabei nicht um eine komplette Ausrüstung an stromlos betriebenen Werkzeugen, sondern um einige wenige, die jeder Holzwerker haben sollte. Ob Sie später einmal weiter in dieses Thema einsteigen möchten, bleibt natürlich Ihnen überlassen. Sie wären auf jeden Fall nicht der Erste, den die Handwerkzeugbegeisterung packt.

Es ist ja auch kein Wunder. So ein gut geschärfter Hobel, der einen hauchdünnen Span schneidet und dabei eine seidig glänzende und glatte Holzoberfläche hinterlässt - das hat schon was.

Wenn Sie sich auf Handwerkzeuge einlassen, müssen Sie sich aber auch im Klaren darüber sein, dass für den sinnvollen Einsatz ein solider Arbeitsplatz notwendig ist. Das muss aber nicht zwingend eine schwere Hobelbank sein.

Ein Punkt, der ebenfalls während der ersten Begeisterung für Handwerkzeuge gerne einmal übersehen wird, ist das Schärfen. Nicht nur, dass Ihre Werkzeuge abstumpfen werden. Seien Sie sich auch darüber im Klaren, dass die wenigsten Werkzeuge im Lieferzustand so scharf sind, dass man mit Ihnen vernünftig arbeiten kann.

Lassen Sie sich aber davon nicht abschrecken. Das Schärfen von Stemm- und Hobeleisen ist keine Geheimwissenschaft.

Auf den folgenden Seiten werde ich Ihnen eine kleine Grundausstattung an Handwerkzeugen und deren Einsatz vorstellen. Dabei sind auch die wichtigsten Messwerkzeuge. Und das Schärfen zeige ich Ihnen auch.

Eine sinnvolle Grundausstattung

Dieser Vorschlag für eine sinnvolle Grundausstattung basiert auf einem Werkzeugsatz, den ich auch in meinen Handwerkzeugkursen verwende. Mit dieser Grundausstattung können schon viele Arbeiten mit Handwerkzeugen, wie zum Beispiel die klassische Schwalbenschwanzzinkung, gemacht werden. Ein Streichmaß können Sie damit übrigens auch selbst bauen. Am Ende dieses Kapitels finden Sie eine Bauanleitung für ein einfaches Streichmaß. Der vorgestellte Werkzeugsatz ist überschaubar und findet in einer Schublade oder einem Fach Ihres Werkzeugkoffers Platz

Die Grundausstattung besteht aus folgenden Werkzeugen:

- Stemmeisen 8 Millimeter breit
- Stemmeisen 16 Millimeter breit
- Stemmeisen 26 Millimeter breit
- Flachwinkel-Einhandhobel (Bettungswinkel 12°)
- Zweites Hobeleisen für den Einhandhobel
- Holzklüpfel
- Anreißmesser
- Kombinationswinkel 150 Millimeter
- Japansäge Dozuki 180 Millimeter lang
- Japansäge Kataba 180 Millimeter lang
- Streichmaß

Ein langer Winkel, ein Zollstock, Bleistift, ein 30 Zentimeter langes Lineal und ein Schleifklotz aus Kork sind ebenfalls sehr sinnvoll.
Zum Schärfen benötigen Sie:

- Japanischer Wasserstein als Kombistein, Korn 1000/6000
- Zweibacken-Schleifführung
- Granitfliese oder Glasplatte
- Nassschleifpapier Korn 120
- Pflanzensprühflasche
- Gummifußmatte

Stemmeisen und Klüpfel

Stemmeisen sind im Möbelbau kaum wegzudenken. Egal, ob man nun damit feinste Holzverbindungen ausarbeitet oder auch einfach nur Leimreste entfernt. Die Auswahl an Stemmeisen ist inzwischen sehr groß. Sie reicht von einfachen, traditionell europäischen Modellen bis hin zu japanischen Varianten. Sogar Hybridformen zwischen beiden werden angeboten. Traditionelle englische Typen und chinesische Stemmeisen mit konischen Schneiden machen das Angebot komplett.

Für den gelegentlichen Gebrauch und für eine sinnvolle Grundausstattung reichen allerdings einfache Stemmeisen guter Qualität vollkommen aus. Es gibt komplette Sätze mit fünf oder mehr Stemmeisen, oft in einer Rolltasche oder einer Holzkiste. Diese Sätze bieten in der Regel auch eine gute Zusammenstellung der unterschiedlichen Breiten. Wenn Sie sich erst einmal weniger Stemmeisen anschaffen möchten, greifen Sie zu drei Eisen in den Breiten 8, 16 und 26 Millimeter. Damit decken Sie ein sehr breites Anwendungsspektrum ab.

Mit der Zeit werden Sie feststellen, welche zusätzlichen Breiten Sie noch benötigen und ob Sie an den vorhandenen Stemmeisen etwas stört. Dies berücksichtigen Sie dann einfach bei den Stemmeisen, die Sie sich noch nachkaufen.

Bei feinen Arbeiten werden Stemmeisen nur mit der Hand geführt und nicht geschlagen. Wenn mehr Material entfernt werden soll, schlägt man auf das Ende des Stemmeisens mit einem Hammer oder einem Klüpfel. Die Aussage, dass man keinen Eisenhammer benutzt, muss in diesem Zusammenhang ein wenig relativiert werden. Wenn das Stemmeisen am hinteren Ende des Griffes (auch *Heft* genannt) eine Zwinge hat, kann man es auch mit einem Hammer aus Eisen schlagen. Der als Zwinge bezeichnete Stahlring verhindert, dass der hölzerne Griff aufplatzt und unbrauchbar wird. Stemmeisen ohne hintere Zwinge werden daher nicht mit einem Hammer aus Eisen benutzt.

Mit einem Holzhammer oder einem runden Bildhauerklüpfel können Sie sowohl auf Stemmeisen mit als auch ohne hintere Zwinge schlagen. Bildhauerklüpfel sind hier besonders zu empfehlen, da sie aufgrund ihrer komplett zylindrischen Form sehr gut zu handhaben sind. Auch wenn sich ein solcher Klüpfel einmal in ihrer Hand verdreht, trifft er dennoch.

► Stemmeisen nach westlicher Bauart mit vorderer und hinterer Zwinge.

▼ Ein solcher Bildhauerklüpfel eignet sich sehr gut zum Treiben von Stemmeisen. Unabhängig davon, ob die Eisen über eine hintere Zwinge verfügen.

Stemmeisen, Beitel, Stechbeitel

Heißt es nun Stemmeisen, Stechbeitel oder nur Beitel? Eine ganz eindeutige Definition habe auch ich nicht gefunden. Es gibt mit Sicherheit auch regionale Unterschiede. In Werkzeugkatalogen werden die Begriffe auch nicht einheitlich verwendet. Lassen Sie sich davon nicht verwirren. Gemeint ist immer das gleiche Werkzeug. Im Verlauf dieses Buches bleibe ich beim Begriff „Stemmeisen“.

Einhandhobel

Ein sogenannter Einhandhobel ist ein guter Einstieg in die Welt der Handhobel. Er eignet sich zwar nicht für die Bearbeitung von großen Werkstücken, spielt seine Stärken aber dafür an Kanten und Kleinteilen voll aus. Mit ein wenig Übung glätten Sie damit Kanten viel schneller als mit jeder Schleifmaschine. Eine kleine Fase oder Abrundung ist damit schneller angebracht, als Sie eine Oberfräse auch nur einrichten können. Und was nicht passt, kann unter Umständen mit einem solchen Hobel sehr schnell passend gemacht werden. Meist werden Einhandhobel in Metallausführung angeboten. Das ist auch sehr sinnvoll, da man gewisse Details wie ein verstellbares Hobelmaul oder einen flachen Schnittwinkel an einem Holzhobel kaum realisieren könnte. Der Einhandhobel aus Metall, entworfen nach Vorbild des klassischen Modells „Stanley Typ 60 ½" sind sehr einfach einzustellen.

Mit der Schraube am Ende des Hobeleisens ① stellt man die Spandicke ein. Eine Drehung im Uhrzeigersinn führt dazu, dass das Hobeleisen weiter aus dem Hobelkörper herausragt, der abgenommene Span wird dicker. Dreht man in die andere Richtung, so wird das Hobeleisen zurückgezogen, der Span wird dünner.

Die Schraube direkt über dem Hobeleisen ② fixiert dieses im Hobelkörper. Diese Schraube darf nicht zu fest angezogen werden. Die Spandickeneinstellung muss trotz angezogener Spannschraube immer noch gut zu bewegen sein.

Der offene Bereich vor der Schneide wird als Hobelmaul bezeichnet. Bei diesem Hobeltyp kann die Größe des Hobelmauls verstellt werden. Dazu muss die vordere Schraube ③ gelöst werden, Mit dem kleinen Hebel ④ wird das Hobelmaul weiter geöffnet oder geschlossen. Für eine möglichst glatte Fläche wird das Hobelmaul nur so weit wie unbedingt notwendig geöffnet.

Es erfordert ein wenig Übung, bis Sie mit Ihrem ersten Handhobel die ersten guten Ergebnisse erzielen. Lassen Sie sich davon aber nicht abschrecken. Es lohnt sich durchaus, dass Sie sich auch in unserer modernen Zeit mit diesem klassischen Handwerkzeug auseinandersetzen. An anderen Stellen dieses Buches werden Sie den Einhandhobel noch im Einsatz sehen.

Zu Ihrem ersten Einhandhobel sollten Sie sich unbedingt auch gleich ein Ersatzhobeleisen zulegen. Der flache Schnittwinkel, mit dem dieser Hobel meist ausgeliefert wird, ist zwar ideal für die Bearbeitung von Hirnholz, aber das kommt selten vor. Mit einem steileren Schnittwinkel tun Sie sich am Anfang meist leichter. Da es keinen Sinn ergibt das Hobeleisen ständig mit einem anderen Winkel zu versehen, ist ein zweites Hobeleisen die bessere Lösung. Dieses kaufen Sie entweder direkt im passenden Winkel (von etwa 35°) oder aber sie schleifen es passend um. Wie das geht und wozu das alles gut ist, verrate ich Ihnen im weiteren Verlauf dieses Kapitels.

▲ Die Bedienelemente an einem Einhandhobel

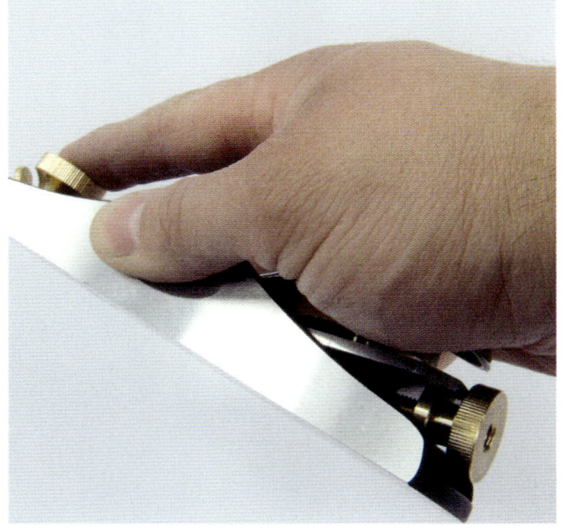

◀ Der Name sagt es schon, dieser Hobel kann mit einer Hand geführt werden. Die andere Hand hält das Werkstück fest.

Anreißmesser

Mit einem Anreißmesser können Sie feine und sehr genaue Markierungen auf dem Holz herstellen – viel feiner als mit einem Bleistift jeglicher Art. Im Prinzip können Sie jedes Messer hierzu benutzen. Spezielle Anreißmesser zeichnen sich jedoch durch einen ganz speziellen Schliff und eine sehr angenehme Form des Griffes aus. Der Anschliff dieser Messer ist nur einseitig. Dadurch können sie mit der geraden Seite direkt an einer Kante entlang geführt werden. Das erhöht die Genauigkeit. Viele Anreißmesser sind spitz angeschliffen, sodass sie sowohl für Rechts- als auch für Linkshänder gut zu benutzen sind. Diese Spitze erlaubt aber auch das Anreißen in jeder beliebigen Position.

Der Nachteil eines Anreißmessers gegenüber einem Stift ist jedoch, dass das Holz durch den Anriss regelrecht beschädigt wird. Das Anreißen mit dem Messer sollte also mit Bedacht erfolgen und nur dann geschehen, wenn es sinnvoll ist. Ein Anreißmesser ist kein Ersatz für einen gut gespitzten Bleistift, sondern eine sinnvolle Ergänzung.

▲ Ein Kombinationswinkel mit einer Länge von 150 Millimetern ist handlich und vielseitig einsetzbar.

▲ Mit dem Kombiwinkel können Tiefen gemessen werden.

▼ Durch den speziellen Anschliff kann ein Anreißmesser an einer Kante entlang geführt werden. Und das von allen Seiten.

Ein Riss mit dem Messer erlaubt beispielsweise das Ansetzen eines Stemmeisens genau in diesem Riss. Das Stemmeisen kann dann nicht mehr verrutschen. Auch beim Umwinkeln, also dem Übertragen einer Linie von einer Werkstückfläche auf eine angrenzende Fläche, hat ein Messer viele Vorteile. Nachdem der Riss auf einer Fläche gemacht ist, setzt man die Messerschneide an die Kante, genau ins Ende des Risses. Nun wird der Winkel oder das Lineal an die flache Seite des Messers herangeschoben. Der zweite Riss kann gemacht werden. Diese Methode ist viel genauer und noch dazu einfacher als das genaue Platzieren des Winkels an einem Strich.

Kombinationswinkel

Im Vergleich zu den normalen Anschlagwinkeln kann man mit einem Kombinationswinkel viel mehr machen.

Ein Grund für diese Vielseitigkeit ist das verschiebbare Lineal. Mit einem Kombinationswinkel kann man zudem sowohl 90°-Winkel als auch 45°-Winkel messen und anzeichnen. Als Zubehörteile sind Winkelköpfe und Zentrumsfinder für die großen Modelle verfügbar. Ich möchte an dieser Stelle aber nur auf die kleine Version des Kombinationswinkels eingehen.

Arbeiten mit dem Kombinationswinkel

Tiefen messen

Mit einem Kombinationswinkel können Sie die Tiefe einer Nut, eines Falzes oder einer anderen Aussparung messen bzw. kontrollieren. Dazu wird die Klemmung des Lineals gelöst, der Winkel aufgesetzt, das Lineal in die Vertiefung geschoben und anschließend die Klemmung wieder angezogen. Nun können sie die gemessene Tiefe an der Skala ablesen.

Um hingegen zu überprüfen, ob eine Vertiefung, wie im Bild eine Bohrung, die zuvor definierte Tiefe erreicht hat, gehen Sie ein wenig anders vor. Stellen Sie den Winkel auf das gewünschte Maß ein, legen Sie den Winkel an und prüfen Sie, ob die Anschlagseite auf der Fläche und das Lineal in der Vertiefung genau aufsitzen.

Anreißen mit dem Kombinationswinkel
Mit einem Kombinationswinkel können Sie auch eine parallele Linie zu einer bestehenden Kante ziehen oder Maße im Bezug zu einer vorhanden Kante anzeichnen. Stellen Sie den Winkel auf das gewünschte Maß ein, legen Sie ihn an der Kante an und schon können Sie wiederholgenau immer wieder das gleiche Maß anzeichnen. Um eine parallele Linie zu einer bestehenden Kante zu zeichnen, legt man einen Bleistift mit der Spitze am Ende des Lineals an und führt den Winkel an der Kante entlang.

Materialstärke prüfen
Bei dieser Anwendung stellt man das Maß ein, das der gewünschten Materialstärke entspricht. Ist das Ende des Lineals genau bündig mit der Werkstückkante, stimmt die gewünschte Materialstärke. Diese Methode zum Messen und Kontrollieren funktioniert sehr gut, wenn zum Beispiel mehrere gleiche Teile gesägt oder gehobelt werden sollen.

Gehrmaß
Durch den integrierten 45°-Anschlag ist es sehr leicht, mit dem Kombinationswinkel auch genaue 45°-Gehrungen zu messen und anzuzeichnen: eine sehr hilfreiche Funktion, wenn man beispielsweise eine Zinken- oder eine Schlitz und Zapfenverbindung auf Gehrung absetzt. Aber auch für alle anderen Anrisse im Winkel von 45° ist diese Funktion sehr nützlich. Ebenso einfach, wie man diese Gehrungen anreißen kann, können Sie auch überprüft werden. Je nach Anwendung können Sie den 45°-Anschlag und das Lineal sogar miteinander kombinieren, was gelegentlich sehr nützlich sein kann.

Das sind nur einige Beispiele, was mit einem Kombinationswinkel möglich ist. Achten Sie beim Kauf jedoch auf Qualität und meiden Sie Ausführungen aus Aluminium. Die Genauigkeit kann hier nicht über lange Sicht gewährleistet werden. Andererseits muss es auch keine Ausführung mit gehärteten Anschlagflächen sein. Das ist im Holzbereich mit Sicherheit ein wenig übertrieben.

◄ Auf ein bestimmtes Maß eingestellt, zeichnet man sehr genau immer wieder dieses Maß an.

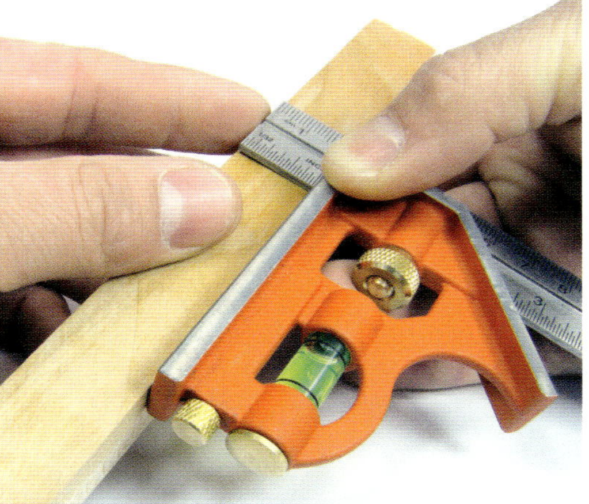

◄ Durch Abtasten wird die Materialstärke, beispielsweise beim Dickenhobeln, geprüft.

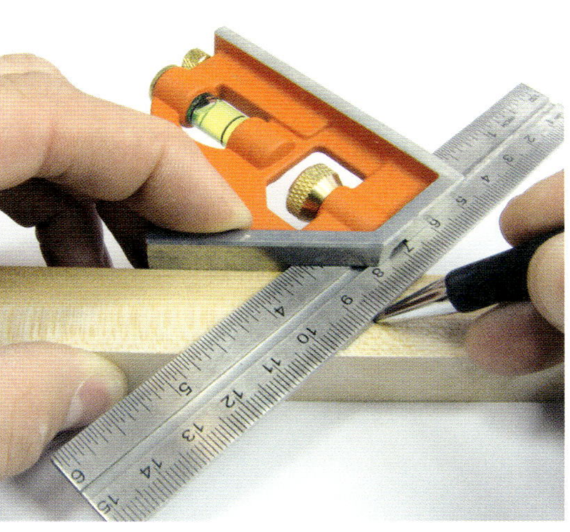

◄ Viele Kombinationswinkel eignen sich auch zum Anzeichnen von 45°-Winkeln.

Gehrungen

Als Gehrung wird ein Winkelschnitt am Ende eines Werkstückes bezeichnet. Treffen beispielsweise zwei Werkstücke, deren Enden einen 45°-Anschnitt aufweisen aufeinander, entsteht eine 90°-Ecke. Man spricht dann davon, dass die Ecke „auf Gehrung“ gesägt wurde.

Japansägen

Auch in Zeiten von elektrischen Sägen aller Art haben Handsägen noch ihre Berechtigung. Und das nicht nur dann, wenn es darum geht, Schnitte bei Holzverbindungen wie zum Beispiel Schwalbenschwanzzinken durchzuführen. Schnell mal eine Leiste abschneiden, einen überstehenden Dübel bündig abschneiden oder eine Ausklinkung machen: All das geht schnell und leise mit einer guten Handsäge.

Das Lager der Handsägen-Anwender ist in zwei Gruppen gespalten. Es gibt die Fans japanischer Sägen und dann die Freunde westlicher Sägen, welche auf Stoß schneiden. Japanische Sägen arbeiten auf Zug und können daher mit viel dünneren Sägeblättern gefertigt werden. Der eigentliche Vorteil dieser Sägen ist jedoch der, dass sie gebrauchsfähig sind, wenn man sie kauft. Die traditionellen europäischen Sägen sind das oft nicht. Sie müssen erst geschärft werden – und Sägen zu schärfen ist eine Wissenschaft für sich! Wenn Sie sich also nicht auch noch mit dem Schärfen von Handsägen beschäftigen wollen, greifen Sie zu einer japanischen Säge. Diese gibt es in mehreren Ausführungen:

Dozuki: eine Säge mit Rücken. Die Schnitttiefe ist zwar begrenzt, dafür ist es wohl die am einfachsten zu handhabende japanische Säge.

Kataba: eine Säge ohne Rücken für tiefe Schnitte. Sie ist schwieriger in der Handhabung, als eine Dozuki, ergänzt diese aber sehr gut.

Ryoba: die wohl am schwierigsten zu handhabende japanische Säge. Eine Seite hat eine Bezahnung für Längsschnitte, die andere für Schnitte quer zur Faser. Sie hat keinen stabilisierenden Rücken.

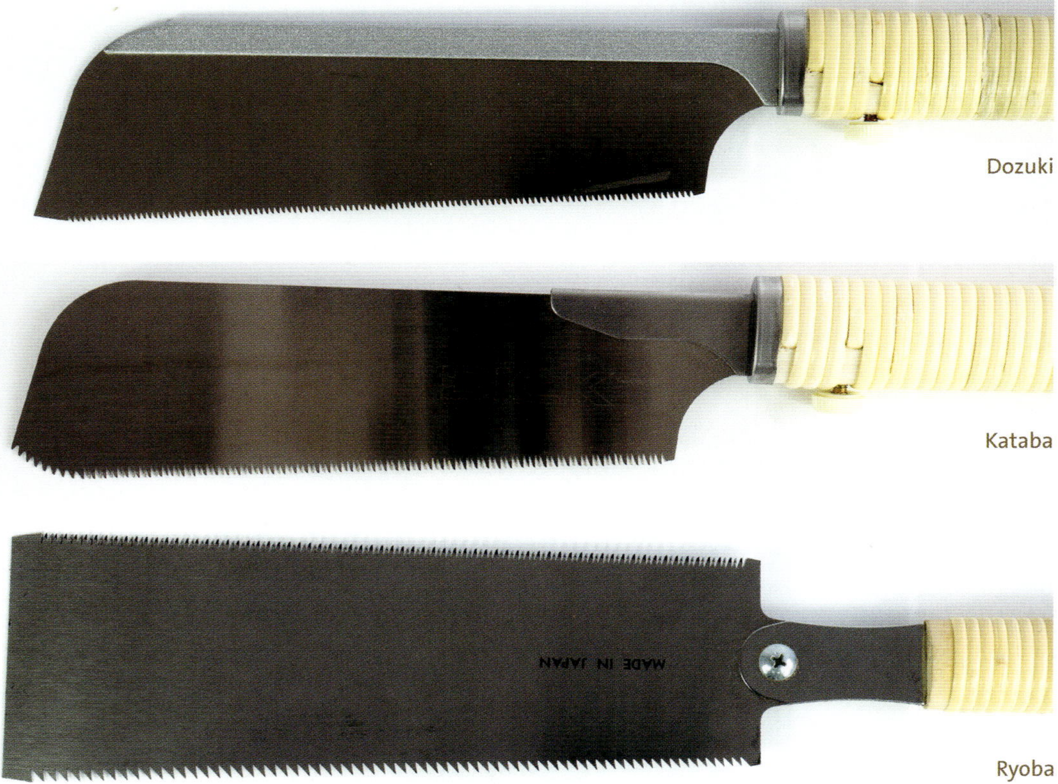

► Dies sind die drei wichtigsten Typen der japanischen Sägen. Darüber hinaus gibt es noch einige sehr spezielle Sägen und auch noch Variationen dieser drei Grundtypen.

Greifen sie für den Anfang zu einer Dozuki und einer Kataba. Es gibt diese Sägen in unterschiedlichen Zahnungen für Längs- und Querschnitte. Man kann sie aber auch mit einer Universal-Bezahnung kaufen. Solche Bezahnungen sind ein guter Kompromiss, wenn Sie nicht gleich zu viele verschiedene Sägen kaufen wollen. Alle diese Sägen können Sie auch in unterschiedlichen Längen erwerben. Die kompakten Sägen mit einer Blattlänge von etwa 180 Millimetern sind für die meisten Anwendungen vollkommen ausreichend. Sie verlaufen weniger als die langen Modelle und passen zudem auch noch besser in die Werkzeugkiste.

Meine Empfehlung für den Kauf der ersten Handsägen lautet daher noch etwas präziser: jeweils eine Dozuki und eine Kataba, in einer kompakten Ausführung mit Universal-Bezahnung. Wenn Sie sich später einmal tiefer mit dem Thema Handsägen auseinandersetzen möchten, können Sie dies ja immer noch tun. Mit den genannten Sägen können Sie sich jedoch erst einmal auf das wichtigste konzentrieren. Und das ist der Umgang mit den Handsägen.

▲ Einfacher zu starten und oftmals viel handlicher sind diese kompakten Japansägen mit einer Blattlänge von 180 Millimetern.

▲ Ein klassisches Streichmaß aus Holz (hinten) erzeugt keinen so feinen und präzisen Riss wie ein modernes Streichmaß (vorne) mit rundem Messer und Feineinstellung.

Streichmaß

Mit einem Streichmaß können Sie einen sehr genauen Anriss parallel zu einer bestehenden Kante erzeugen. Es gibt viele unterschiedliche Bauformen. Die hierzulande bekannteste Variante ist aus Holz und hat eine Spitze, mit der die Markierung auf dem Holz erzeugt wird. Japanische Modelle hingegen haben ein Messer, welches eine sehr gut sichtbare und feine Linie im Holz erzeugt. Einige Streichmaße haben Schneidräder, statt einfacher Messer. Ein Schneidrad verläuft im Holz viel weniger als eine Spitze. Gegenüber einem einfachen Messer bietet das runde Schneidrad noch den Vorteil, dass es vollkommen egal ist, wie das Werkzeug gehalten wird.

Moderne Streichmaße haben sehr häufig eine Feineinstellung. Das ist praktisch und sehr komfortabel. Schließt das Messer des Streichmaßes bündig mit dem Ende des Stabes ab, an dem es montiert ist, kann man sehr gut Maße einfach abgreifen, statt zu messen.

Was bedeutet ‚Anreißen'?

Der Begriff „Anreißen" wird oft gleichgesetzt mit „Anzeichnen". Beim Anzeichnen, zum Beispiel mit einem Bleistift, wird das Holz jedoch nicht beschädigt. Beim Anreißen erzeugt man hingegen mit einem Streichmaß oder einem Anreißmesser kleine Beschädigungen im Holz. Diese Beschädigungen bezeichnet man als „Risse". Sie müssen später wieder entfernt werden. In der Praxis bedeutet dies, dass man sie durch Hobeln oder Schleifen der betroffenen Flächen entfernt.

Kleinkram

Neben den aufgeführten Werkzeugen, welche eine gute Grundausstattung darstellen, werden Sie noch einiges an „Kleinkram“ benötigen. Da es ärgerlich ist, seine Arbeit wegen solch fehlendem Kleinkram zu unterbrechen, sollte er von vornherein an Ihrem Arbeitsplatz liegen.

Bleistift und Spitzer
Zum Beschriften von Bauteilen und für eher grobe Anrisse benötigt man einen Bleistift. Alle anderen Stifte, mit Tusche oder Tinte gefüllt, sind eher ungeeignet für die Arbeit auf Holz. Die Tinte zieht in die Fasern ein und ist schwer wieder zu entfernen. Der Härtegrad des Bleistifts sollte „HB“ sein. Ein Anspitzer sollte auch immer in Griffweite liegen.

Druckbleistift
Zum genauen Anzeichnen besser geeignet als normale Bleistifte sind Druckbleistifte. Sie haben eine immer gleich breite Spitze und sie machen einen wesentlich feineren Strich als ein herkömmlicher Bleistift. Die Minenstärke sollte 0,5 Millimeter betragen. 0,7 Millimeter sind bereits zu dick und dünnere Minen brechen auf Holz zu schnell. Der Härtegrad, der sich auf Holz gut bewährt hat, ist „HB“. Zu harte Minen hinterlassen keinen gut sichtbaren Strich auf Holz, zu weiche brechen schnell ab.

Zeichendreieck
Auch Geodreieck genannt. Es ersetzt erst einmal einen teuren Winkelmesser und man kann mit ihm auch an kleinen Werkstücken sehr genau anzeichnen. Sie werden es zu schätzen lernen.

Gliedermaßstab
Meist Zollstock oder einfach nur Meterstab genannt; er gehört in jede Werkzeugkiste. Achten Sie aber auch hier auf Qualität. Die Gelenke sollten noch nicht zu verbraucht sein und die Beschriftung muss noch gut erkennbar sein.

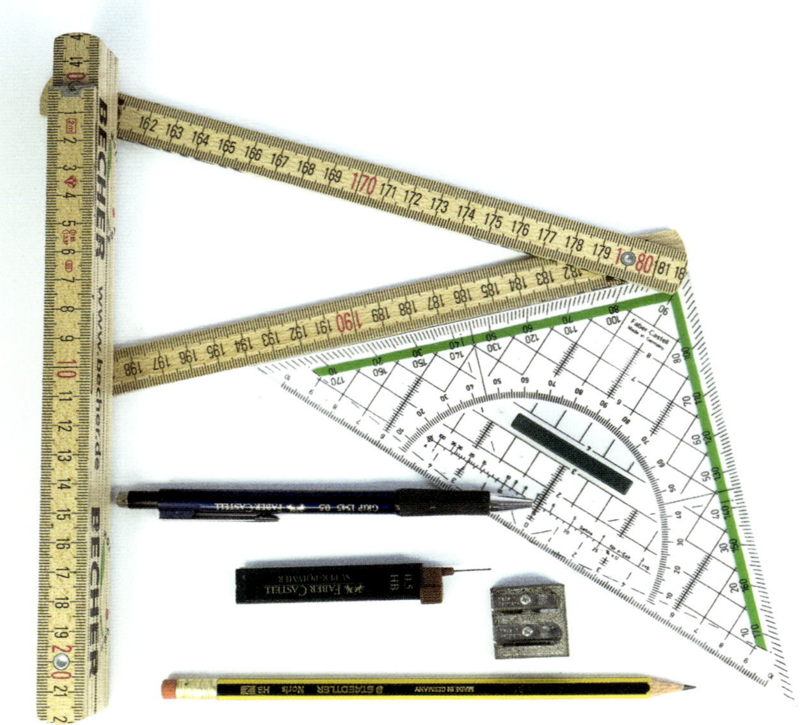

► Vom Büro in die Werkstatt. Es müssen nicht immer Spezialwerkzeuge sein.

Leim und Pinsel
Natürlich benötigt man Holzleim. Für die meisten Anwendungen reicht ein ganz einfacher D2-Leim. Er besteht aus Wasser und Polyvinylacetat (PVAC) und ist als Weißleim bekannt. Er muss nicht wasserfest sein, das wäre dann ein D3- oder D4-Leim. Sie werden sicherlich keine großen Mengen benötigen. Eine gefüllte Leimflasche oder ein Gebinde mit maximal einem Kilogramm Leim ist vollkommen ausreichend. Denn Leim ist nur begrenzt haltbar. Zum Verteilen des Leims eignet sich ein Borstenpinsel sehr gut. Kürzen Sie die Borsten etwas, damit der Leim sich damit gut verteilen lässt. Nach der Arbeit weichen Sie den Pinsel in einem Marmeladenglas mit Wasser gut ein und trocknen ihn anschließend wieder gut ab.

Küchenrolle
Unverzichtbar in der Werkstatt sind Baumwolltücher (alte T-Shirts) oder eine Küchenrolle. Leim abwischen, Werkzeuge einölen, überflüssiges Öl entfernen, Werkzeuge nach dem Schärfen trocknen – all das erledigen Sie damit.

Klebeband
Vor allem doppelseitiges Klebeband ist oft ein Problemlöser schlechthin. Sie fixieren damit Teile, die wieder gelöst werden sollen, bauen damit Schablonen, fixieren Kleinteile beim Bearbeiten und vieles mehr. Mit transparentem Klebeband können Sie Bauteile verleimen und andere Teile (zum Beispiel Leimzulagen) vor anhaftendem Leim schützen.

Messer
Irgendetwas gibt es immer mal abzuschneiden. Legen sie sich daher ein Taschenmesser oder ein Messer mit Abbrechklingen (Cuttermesser) in Ihre Werkzeugkiste. Sie werden es brauchen.

Und jetzt wird's scharf

Das beste Werkzeug ist unnütz, wenn es stumpf ist. Schneller, als Ihnen vielleicht lieb ist, müssen Sie sich also mit dem Thema Werkzeugschärfen beschäftigen. Und das wird schwer werden. Denn jeder Schreiner oder Holzwerker hat so seine eigene Methode zu scharfem Werkzeug zu kommen. Die

◀ Immer wieder nützlich, Klebeband, Messer, Marmeladenglas, Pinsel und Dosierflasche

Bandbreite reicht von simplen, auf Glasplatten geklebten Schleifpapieren bis hin zu vielen Hundert Euro teuren Maschinen. Dabei verliert man schon mal den Überblick. Lassen Sie sich nicht verwirren.

Der Weg zur scharfen Schneide ist erst einmal unwichtig, solange das Ergebnis stimmt. Mit der Zeit werden auch Sie ihre ganz eigene Methode finden, zu einer scharfen Schneide zu kommen. Mein Rat: Starten Sie mit einem japanischen Kombi-Wasserstein.

Warum Wassersteine?

Wassersteine sind ein guter Einstieg, wenn es um das Schärfen von Werkzeugen geht. Sie bieten folgende Vorteile:

- Sie sind kostengünstig.
- Man kann damit jede beliebig geformte Schneide bearbeiten
- Sie benötigen nicht viel Platz.
- Sie brauchen keinen Strom.
- Das Schärfen geht schnell.
- Werkzeuge werden damit wesentlich schärfer als mit so mancher Maschine.

Vor allem aber ist die zu erreichende Schärfe wesentlich besser als mit manch anderer Methode.

Wenn man nicht täglich mehrere Werkzeuge schärft, ist ein sogenannter Kombistein eine gute Wahl. Eine Seite ist grob und eine ist fein. Ein Kombistein mit den Körnungen 1.000/6.000 ist ideal für das Schärfen von Stemm- und Hobeleisen. Ein solcher Stein sollte nicht zu klein sein. Über einen zu klein gekauften Stein werden Sie sich irgendwann ärgern. Nämlich dann, wenn Sie versuchen ein breites Werkzeug zu schärfen. Die Länge sollte mindestens 200 Millimeter betragen, die Breite 60 Millimeter. Einige Steine bieten noch den Mehrwert, dass die Aufbewahrungsbox gleichzeitig als Halterung für den Stein während des Schärfens dient. Das ist sehr praktisch.

Wie der Name schon sagt, werden diese Steine mit Wasser benutzt. Das Wasser sorgt dafür, dass der beim Schärfen entstehende Abrieb aus den winzigen Zwischenräumen des Steines gespült wird. Außerdem bilden Wasser und sich auslösende Schleifkörner eine Art Paste, die für einen besseren Schliff sorgt. Der Stein muss während des gesamten Schärfvorganges immer wieder mit Wasser

▼ Eine Schärfausrüstung für Holzbearbeitungswerkzeuge. Einiges davon finden Sie vielleicht schon in Ihrem Haushalt.

Körnungen

Ob ein Stein grob oder fein ist, wird mit der sogenannten Körnung angegeben. Die Körnung gibt dabei die Größe der Schleifkörner an, aus denen der Stein gemacht ist. Je größer die Zahl, umso kleiner sind die Schleifkörner. Bei einem japanischen Wasserstein mit der Körnung 8000 sind die Schleifkörner gerade einmal 0,0012 Millimeter groß. Bei Körnung 1000 hat so ein Schleifkorn die Größe von 0,016 Millimetern. Ein Stein mit der Körnung 8000 ist also nicht acht Mal feiner, als ein Stein dessen Körnung mit 1000 angegeben wird. Für Steine und Schleifpapiere gelten zudem noch unterschiedliche Regelungen in Bezug auf die Körnung. Und sei das nicht schon verwirrend genug, sind diese Regelungen nicht weltweit einheitlich. Lassen Sie sich aber von diesen vielen Zahlen nicht durcheinanderbringen. Für den Anfang reicht es erst einmal zu wissen, dass Sie mit einem Schärfstein Korn 1000 und einem Abziehstein Korn 6000 gut versorgt sind.

benetzt werden. Am einfachsten geht das mit einer Sprühflasche.

Würde man einen trockenen Stein benetzen, so würde dieser das Wasser gleich aufsaugen und wäre wieder trocken. Japanische Wassersteine müssen daher mit Wasser vollgesogen sein, um richtig zu funktionieren. Entweder wässert man die Steine etwa zehn Minuten vor der Benutzung, oder aber man lagert sie gleich im Wasser. Aber Vorsicht: Nicht alle Steine dürfen permanent im Wasser liegen. Halten sie sich hierbei unbedingt an die Vorgaben des Herstellers, damit Sie lange Freude an den Steinen haben.

Gute Führung für scharfe Schneiden

Beim Schärfen von Werkzeugen wie Stemm- oder Hobeleisen müssen diese immer wieder im gleichen Winkel über die Oberfläche des Steines bewegt werden. Das ist viel schwieriger als man denkt. Zum Glück gibt es aber Hilfsmittel, die ihnen dabei helfen können. Schleifführungen gibt es in unterschiedlichen Ausführungen. Eine ganz einfache, aber sehr gut funktionierende Führung ist die Zweibacken-Führung. Das Werkzeug wird wie in einem Schraubstock zwischen zwei Backen gehalten. Mit einer Rolle wird die Führung immer wieder über den Stein bewegt. Der Winkel, in dem die Schneide geschliffen wird, ist dabei abhängig davon, wie weit das Werkzeug über die Vorderkante der Spannbacken übersteht. Zu einer solchen Führung muss man sich eine kleine Schablone selbst anfertigen. Es ist nicht mehr als ein Brett mit einigen Leisten als Anschlag darauf (siehe auch „Fasenwinkel ändern, Seite 57). Die Abstände für die meist benötigten Winkel (25° und 30°) sind praktischerweise auf der Führung angegeben.

Da man Werkzeuge in zwei unterschiedlichen Positionen einspannen kann, benötigt man je Winkel und Position auch einen Anschlag auf der Schablone.

Bei all den Vorteilen gibt es natürlich auch Nachteile. Mit einer solchen Führung können nur Werkzeuge mit geraden Schneiden geschliffen werden. Außerdem führt die Rolle zu einem erhöhten Verschleiß der Schärfsteine und man muss diese dann öfter plan schleifen (siehe „Auch Steine brauchen Pflege“, Seite 58).

▼ Schärfstein und Abziehstein. Jeweils mit praktischem Steinhalter und Nagura- Reinigungsstein.

◀ Für die ersten Schärfversuche sollten Sie eine solche Führung verwenden. Damit sind scharfe Schneiden fast schon garantiert.

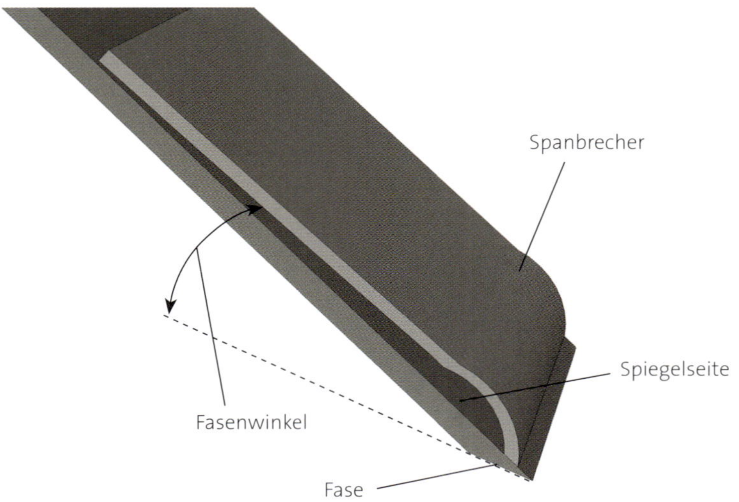

▲ Die wichtigsten Begrifflichkeiten bei einem Hobeleisen. Bei einem Stemmeisen werden die gleichen Bezeichnungen verwendet, lediglich der Spanbrecher ist dann nicht vorhanden.

So schärfen Sie richtig

Es ist keine Kunst, ein Stemm- oder Hobeleisen zu schärfen. Es ist eine handwerkliche Tätigkeit. Je mehr Übung sie haben, desto schneller werden Sie schärfen Mit merh Übung wird es Ihnen leichterfallen und die Ergebnisse werden besser.. Ganz ohne Übung wird es also nicht gehen. Wenn Sie das erste Mal ein Werkzeug schärfen und sich an diese Anleitung halten, werden Sie am Ende ein scharfes, gut zu benutzendes Werkzeug erhalten. Wenn Sie weiter üben, werden Sie noch schärferes Werkzeug erhalten. Vermutlich schärfer, als Sie es in Wirklichkeit benötigen.

1

▲ Bei einem neuen Werkzeug sollte immer die Spiegelseite einmalig vorbereitet werden. Die Schleifspuren des Herstellungsprozesses sind meist zu grob. Die tiefen Schleifspuren setzen sich bis zur Schneide selbst fort. Dort haben diese den Effekt einer feinen Sägezahnlinie. Damit ist keine wirklich scharfe Schneide möglich. Die Spiegelseite, also die Rückseite der Schneide, muss feiner geschliffen werden. Aber nicht auf voller Länge. Es reicht, wenn die ersten zwei Zentimeter fein geschliffen werden.

2

► Beginnen Sie auf einem gut gewässerten Stein mit der Körnung 1000. Legen Sie das Werkzeug mit der Spiegelseite plan auf die Steinoberfläche auf. Bewegen Sie es in möglichst langen Zügen vor und zurück. Wenden Sie so viel Druck von oben an, wie sie sich zutrauen. Der Stein wird immer wieder gedreht, damit er möglichst gleichmäßig abgenutzt wird.

3

► Die groben Schleifspuren verschwinden und es entsteht ein gleichmäßiges, mattes Schleifbild. Wenn die Spiegelseite etwas hohl ist, erkennt man dies am Schleifbild. Es wird so lange geschliffen, bis der gesamte vordere Bereich den gleichen Glanzgrad mit dem gleichen Schleifbild hat.

◀ Erst jetzt wird auf dem feinen Stein weiter geschliffen. Je nachdem, welchen Stein Sie verwenden, entsteht eine mehr oder weniger glänzende Oberfläche. Auf einem sehr feinen Stein ab Körnung 6.000 entsteht sogar eine Politur, in der man sich spiegeln kann. Die Vorbereitung der Spiegelseite ist nun abgeschlossen.

◀ Es geht weiter mit der Fase. Wenn Sie mit einer Schleifführung arbeiten, muss die Fase einmalig passend zu Ihrer Führung und der Schablone eingeschliffen werden. Ziel ist es, ab diesem Zeitpunkt immer wieder den gleichen Winkel zu schleifen und somit möglichst wenig Metall beim Schleifen entfernen zu müssen. Das Schärfen wird dadurch beschleunigt. Das Stemmeisen wird in die Führung eingespannt.

◀ Die Schleifführung mit dem eingespannten Werkzeug wird jetzt vor und zurück über die gesamte Länge des Steines bewegt. Die Rolle liegt dabei auf dem Stein auf. Ihre Finger üben aber nur Druck auf die Schneide selbst aus. Versuchen Sie auch hierbei den Stein möglichst gleichmäßig zu nutzen. Umso weniger müssen Sie die Steine später plan abrichten.

▲ Es wird so lange geschliffen, bis die Fase ein gleichmäßiges Schleifbild zeigt. Je nach Breite des Werkzeuges und der Winkelabweichung kann dies mehrere Minuten in Anspruch nehmen. Bedenken Sie aber, dass Sie diesen Schleifgang nur einmal in dieser Intensität durchführen müssen.

▲ Beim Schleifen der Fase ist auf der Spiegelseite ein Grat entstanden. Dieser wird auf dem feinen (!) Stein entfernt. Dazu wird die Spiegelseite wieder plan aufgelegt. Es reichen wenige Züge auf dem Stein und der Grat ist entfernt. Das Werkzeug kann dabei in der Führung bleiben.

9

◄ Die Fase wurde nur auf dem groben Stein geschliffen, deshalb ist das Werkzeug noch nicht sehr scharf. Für die Schärfe sorgt der feine Abziehstein (Körnung 6.000 – 8.000). Es wäre recht mühsam, die komplette Fase auf diesem feinen Stein zu polieren. Es ist ausreichend, einen sehr kleinen Teil direkt vorne an der Schneide so fein zu schleifen. Dazu wird das Werkzeug in der Führung rund zwei Millimeter zurückgezogen. Besorgen Sie sich ein Stück dicken Karton oder etwas aus Kunststoff dieser Stärke. Legen Sie es zwischen den Anschlag Ihrer Schablone und die Schneide des Werkzeuges. So stellen Sie sicher, dass Sie die Schneide in der Führung immer um den gleichen Wert zurückziehen. Das erleichtert das Nachschärfen enorm.

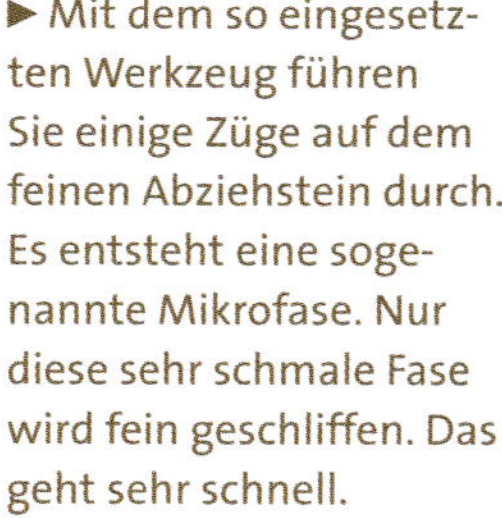

► Mit dem so eingesetzten Werkzeug führen Sie einige Züge auf dem feinen Abziehstein durch. Es entsteht eine sogenannte Mikrofase. Nur diese sehr schmale Fase wird fein geschliffen. Das geht sehr schnell.

10

12

► Wieder entsteht ein feiner Grat auf der Spiegelseite. Er wird wieder auf dem Abziehstein entfernt. Danach ist das Werkzeug scharf.

11

▲ Für das Nachschärfen gibt es nun mehrere Möglichkeiten: Bei der ersten Möglichkeit wird immer nur die Mikrofase neu abgezogen, diese wird dann immer breiter und das Schärfen dauert dann länger. Eine weitere Möglichkeit besteht darin, die komplette Fase wieder auf dem groben Stein zu schleifen. Die Mikrofase wird dabei entfernt und anschließend erneut angezogen.

Schneiden schützen

Fasenwinkel ändern

Manchmal ist es erforderlich, den Winkel der Fase zu ändern. Vor allem bei Hobeleisen für sogenannte Flachwinkelhobel kann das sehr sinnvoll sein. Nur wenige Hersteller von Hobeln bieten Ersatzeisen mit unterschiedlich angeschliffenen Winkeln an. Meist muss der Anwender ein Hobeleisen mit sehr flach angeschliffener Fase selbst umschleifen. Das hört sich nach viel Arbeit an, dem ist aber nicht so. Denn auch hier gilt: Richten Sie das Augenmerk auf den Teil der Schneide, der die Arbeit macht, also die ersten Millimeter der Fase. Nur dieser Teil des Hobeleisens muss umgeschliffen werden.

Bei einer Zweibackenführung ist es im Vorfeld oft notwendig, sich eine weitere Schablone anzufertigen, um das zu schärfende Eisen in der richtigen Länge einspannen zu können. Der Abstand kann per Winkelfunktion errechnet werden, dazu muss aber die Führung erst einmal genau vermessen werden. Das ist nicht ganz einfach und fehlerträchtig. Praktischer ist da der Weg über eine einfache Winkelschablone aus Pappe. Auf einem Stück fester Pappe wird der benötigte Winkel mit Hilfe eines Geodreieckes aufgezeichnet. Die Pappschablone wird ausgeschnitten.

Mit Hilfe der Schablone wird das Hobel- oder Stemmeisen in der Führung positioniert. In der Regel kommt es hierbei nicht auf ein halbes Grad an. Anhand des so positionierten Eisens in der Führung wird die Schablone aus zwei Resthölzern angefertigt. Vergessen Sie nicht, die neue Schablone auch zu beschriften.

Weshalb umschleifen?

Bei einem Hobel, bei dem die Fase oben liegt, kann man durch verändern des Fasenwinkels den Hobel an die jeweilige Aufgabe anpassen. So verlangt das Hobeln von Hirnholz nach einem sehr flachen Winkel von 20° bis 25°. Sehr wild gewachsenes Holz zeigt beim Hobeln gerne tiefe Ausrisse. Das kann durch einen sehr steilen Fasenwinkel von 50° verhindert werden. Bei Stemmeisen macht es Sinn einen steileren Winkel zu wählen, wenn sehr hartes und astiges Holz bearbeitet wird. Eine Schneide mit einem steilen Fasenwinkel von 35° wird dann nicht so schnell abstumpfen wie mit einem Winkel von 25°. Im Gegenzug dazu eignet sich ein Stemmeisen mit einem flachen Fasenwinkel von 25° besser dazu feine Nacharbeiten ohne Klüpfel durchzuführen.

◄ Wie lange das Umschleifen eines Werkzeuges dauert ist von seiner Breite abhängig und davon, wie hart der verwendete Stahl ist.

◄ Wird ein anderer Fasenwinkel angeschliffen, müssen Sie nicht die komplette Fase umschleifen. Es reicht, wenn das vordere Viertel der Fase einen neuen Winkel bekommt.

► Eine Pappschablone erspart das Zeichnen und Rechnen. Den Winkel werden Sie dennoch genau genug treffen.

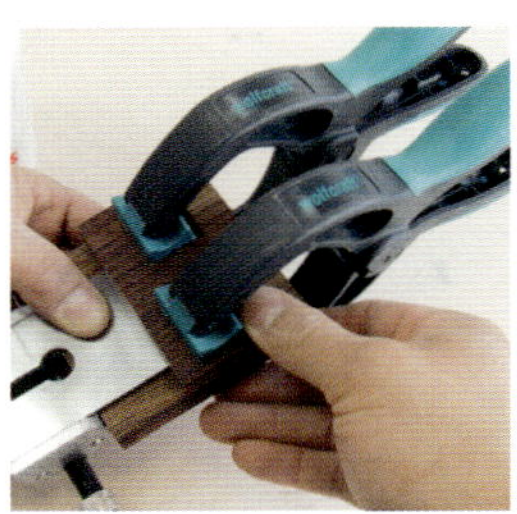

▲ Aus zwei Holzklötzen entsteht eine Schablone zum Einstellen der Schleifführung.

► Schleif- und Abziehsteine müssen plan sein. Mit einer Diamantplatte geht das Planen auch bei harten Steinen schnell und einfach.

▲ Ihre frisch geschärften Werkzeuge sollen möglichst lange scharf bleiben. Die meisten Werkzeuge werden mit Schutzhüllen oder Schutzkappen ausgeliefert. Nutzen Sie diese auch ruhig in der Werkstatt. Wenn ein Werkzeug nicht benutzt wird, stecken Sie die Kappe auf oder verwenden Sie die Schutzhülle. Kommen sich zwei Werkzeuge einmal zu nahe, sind die Schneiden vor Beschädigungen gut geschützt. Sogar einen Sturz von der Werkbank überstehen die Werkzeuge so sehr gut. Und als Nebeneffekt sorgen gut umhüllte Schneiden auch noch für mehr Sicherheit in der Werkstatt. Denn auch Handwerkzeuge können schwere Verletzungen herbeiführen. Schutzkappen und Hüllen bewahren Sie davor, in eine scharfe Werkzeugschneide zu greifen.

Auch Steine brauchen Pflege

Durch den Gebrauch nutzen sich Ihre Schärf- und Abziehsteine ab und das meist ungleichmäßig. In der Regel werden die Steine hohl, da in ihrer Mitte mehr geschliffen wird als im Außenbereich. Diese eingeschliffene Form überträgt sich 1:1 auf die Schneide des Werkzeuges, was man natürlich nicht möchte. Daher werden die Steine bei Bedarf plan geschliffen.

Zu diesem Zweck kann man eine spezielle Abrichtplatte benutzen, eine diamantbeschichtete Schleifplatte. Als kostengünstige Alternative kann aber auch eine möglichst plane wasserfeste Unterlage dienen. Das kann eine dicke Glasplatte oder auch eine Steinfliese sein. Auf diese Unterlage wird ein zuvor auf der Rückseite befeuchtetes Schleifpapier aufgelegt. Das Papier muss für den Nassschliff geeignet sein und sollte eine Körnung von 120 haben. Das angefeuchtete Schleifpapier haftet auf der glatten Unterlage. Es muss nicht anderweitig befestigt werden. Damit die Oberfläche auch wirklich plan ist, entfernen sie das Etikett auf der Rückseite des Schleifpapieres, wenn eines vorhanden ist.

Auf dieser planen Schleiffläche wird nun der Wasserstein aufgelegt und in kreisenden Bewegungen abgeschliffen. Der Metallabrieb verschwindet mit der Zeit. Wenn Sie sich nicht sicher sind, ob Ihr Schleifstein wirklich plan ist, zeichnen Sie ein Gitter mit einem Bleistift auf die Steinoberfläche. Ist das Gittermuster vollständig entfernt, ist der Stein wieder Plan. Der Steinabrieb auf dem Schleifpapier wird mit Wasser entfernt. Wie oft man einen Stein abrichten muss, hängt von vielen Faktoren ab. Es kommt auf den Druck an, mit dem man schleift, darauf, wie gleichmäßig man versucht den Stein abzurichten und auch darauf, was geschliffen wird. Und nicht zuletzt auch darauf, wie hart der Stein ist. Richten Sie lieber öfter ab, als zu wenig.

Beim Abrichten sollten Sie auch immer wieder die scharfen Außenkanten der Wassersteine leicht verrunden, oder anfasen. So verhindern SieAusbrüche an den Kanten der Steine.

Sollten Sie das Gefühl haben, dass der Stein einfach nicht mehr richtig schleift, kann es daran liegen, dass die Räume zwischen den Schleifkörnern mit feinstem Metallabrieb gefüllt sind. Der

Stein nimmt dann kaum noch Material ab. Nun kann man durch Abrichten wieder eine Oberfläche ohne Metallabrieb erzeugen, nutzt aber dadurch den Stein unnötig ab. Es gibt für diesen Zweck Reinigungssteine unter dem Namen „Nagura". Damit reibt man über die Oberfläche der Wassersteine. Der Nagura macht die Steinoberfläche wieder griffig, indem er den Metallabrieb herauslöst. Gleichzeitig erzeugt er eine Schleifpaste aus ausgelösten Schleifkörnern und Wasser, die für einen besseren Fortschritt beim Schärfen sorgt. Bei einigen Wassersteinen wird der Nagura bereits mitgeliefert, meist muss man ihn aber gesondert kaufen.

Wassersteine, die nicht permanent im Wasser lagern, müssen gut trocknen. Nicht richtig getrocknete, aber verpackte Steine können regelrecht schimmeln. Wenn die Steine permanent im Wasser lagern, tauschen sie dieses aus hygienischen Gründen regelmäßig aus. In lichtdurchlässigen Behältern können sich Algen bilden, welche sich auch auf den Steinen ansiedeln. Und natürlich sollten Wassersteine, die nicht zu 100 Prozent trocken sind, frostfrei gelagert werden.

Mit der Zeit werden die Steine immer dünner werden. Es kann dann passieren, dass ein Stein bricht. Dem können Sie vorbeugen und den vollständig getrockneten Stein mit einem Epoxidharz auf eine wasserfeste Unterlage (Glasplatte oder Stein) kleben. Dann kann ein solcher Wasserstein noch lange weiter benutzt werden.

◄ Statt einer teuren Diamantplatte können Sie auch Schleifpapier auf einer ebenen Unterlage verwenden.

▲ Das Abrichten harter Steine dauert auf Schleifpapier länger als mit einer Diamantplatte. Bei weichen Steinen ist kaum ein Unterschied vorhanden.

▲ Gefaste oder abgerundete Steinkanten verhindern unschöne Ausbrüche.

◄ Achtung: Nicht alle Wassersteine dürfen dauerhaft im Wasser gelagert werden. Achten Sie auf die Herstellerangaben.

► Der Metallhobel No. 62 ist ein sehr vielseitig einsetzbares Werkzeug.

Der Hobel

Kaum ein anderes Werkzeug steht so für die Tradition im Tischlerhandwerk wie der Handhobel. Er ist neben dem Zirkel und dem Winkel Bestandteil des Zunftzeichens und dient unzähligen Tischlerbetrieben als Erkennungszeichen und ist oft Bestandteil ihres Firmenlogos. Es ist also nicht verwunderlich, dass gerade dieses Werkzeug sich im Hobbybereich wachsender Beliebtheit erfreut. Und das obwohl das Zurichten sägerauer Bretter meist auch dort auf einer Hobelmaschine geschieht.

Im Laufe der Jahrhunderte wurden Hobel für vielfältige Zwecke entwickelt. Es gibt Schrupp-, Schlicht- und Putzhobel zur Bearbeitung von Flächen, Hobel zur Erstellung von Falzen, Nuten und Profilen, Raubänke zur Bearbeitung großer Werkstücke sowie eine schier undurchschaubare Anzahl von Hobeln für sehr spezielle Aufgaben. Da kann man als Einsteiger sehr schnell den Überblick verlieren.

Hinzu kommt noch die Tatsache, dass die meisten Hobel sowohl aus Holz als auch aus Metall gibt. Was ist besser? Das ist dann auch die erste Frage, die man sich selbst stellen muss, wenn man einen Hobel kauft. Diese Frage ist leider auch eine der Fragen, die am schwierigsten zu beantworten ist. Beide Hobelarten haben ihre Vor- und Nachteile. Ein klarer Vorteil des Metallhobels ist die einfache Einstellung des Hobels gegenüber einem Holzhobel mit Keil. Der Holzhobel muss immer wieder neu eingestellt werden, da er nicht mit angezogenem Keil längere Zeit gelagert werden soll (dadurch kann sich der Hobelkörper verziehen). Beim Metallhobel ist dies anders, er kann in eingestelltem Zustand weggelegt werden und ist bei der nächsten Benutzung sofort einsatzbereit.

Der klare Vorteil der Holzhobel liegt im Gewicht. Gerade wenn man länger hobelt, kann ein Hobel aus Holz angenehmer sein, da er wesentlich leichter ist als ein Metallhobel. Holzhobel bieten auch einen sehr preisgünstigen Einstieg in die Thematik, da man sie gebraucht schon für wenige Euro bekommen kann. Man muss dann allerdings in der Regel noch ein wenig Arbeit investieren, bis aus einem solchen Schnäppchen ein brauchbares Werkzeug wird. Eine eindeutige Empfehlung, ob Holz- oder Metallhobel gibt es nicht. Die Entscheidung ist einfach zu sehr abhängig von den persönlichen

Der Stanley No. 62

Der Stanley No.62 gilt als einer der vielseitigsten Metallhobel überhaupt. Er ist lang genug, um mit ihm Flächen und Kanten zu begradigen. Gleichzeitig ist er aber auch nicht zu lang, so dass man ihn auch zum Glätten der Holzoberfläche benutzen kann. Da es sich bei diesem Hobel um einen Flachwinkelhobel (siehe Seite 62) handelt, kann er sowohl für die Bearbeitung von Hirnholz als auch für sehr schwierig gewachsenes Holz herangezogen werden.

Der seit 1905 von der Firma Stanley produzierte No. 62 diente auch anderen Herstellern als Vorbild. Viele moderne Flachwinkelhobel basieren auf seiner Konstruktion.

▼ Holz oder Metall? Das ist eine Frage, die Sie selbst beantworten müssen. Saubere Ergebnisse können beide Hobelarten erziehen.

Ansprüchen und Vorlieben. Wer den Vorteil der Hobel mit Fase oben nutzen will, ist auf die Metallhobel beschränkt, da es diese sogenannten Flachwinkelhobel (siehe Seite 62) nicht aus Holz gibt.

Vorteile von Holzhobeln

- Sie sind leicht.
- Ein Holzhobel gleitet gut auf Holz.
- Holzhobel sind gebraucht oft günstig zu bekommen.
- Bei Beschädigungen kann man sie leicht instandsetzen.

Nachteile von Holzhobeln

- Sie müssen nach längerem Nichtgebrauch neu eingestellt werden.
- Das Einstellen verlangt mehr Übung als bei einem Metallhobel.

Vorteile von Metallhobeln

- Sie sind leicht einzustellen.
- Die Hobelsohle ist sehr robust.
- Die Einstellung des Hobels kann auch bei langem Nichtgebrauch beibehalten werden.

Nachteile von Metallhobeln

- Sie sind schwerer als Holzhobel.
- Sie gleiten nicht so gut auf dem Holz.

Im Handel werden die Metallhobel meistens mit Nummern bezeichnet. Diese Nummern stammen ursprünglich von der Firma Stanley und haben sich bis heute gehalten. Die wichtigsten Nummern sind wie folgt: No.3 bis No.8 werden für die Bankhobel verwendet, wobei die No. 3, 4 und die No.5 die kurzen Putzhobel bezeichnen. Mit größer werdenden Nummern, werden auch die Hobel größer. Somit bezeichnet die No. 8 eine lange Raubank. Halbe Nummern, also zum Beispiel 5 ½, bezeichnen die jeweiligen Modelle in einer breiteren Ausführung. Bei der Vielzahl der Hobel gibt es entsprechend eine Vielzahl von Nummern. So ist die No. 10 ein Bank-Simshobel, die No. 78 ein Grundhobel oder die No. 62 ein Schlichthobel mit obenliegender Eisenfase. Alles in allem ist das Stanley-Nummernsystem in sich reichlich unübersichtlich und zum Teil auch unlogisch. Es genügt für den Anfang völlig, die genannten Nummern zu kennen. Welchen Hobel man unbedingt benötigt, hängt sehr stark von der eigenen Arbeitsweise ab. Wer auf Dauer auf den Einsatz von Maschinen verzichten will, benötigt andere und meist mehr Hobel als jemand, der die Handwerkzeuge als Ergänzung zu seinen Maschinen ansieht. Letzterer kommt in der Regel mit zwei Hobeln schon sehr weit: einem Schlicht- oder Putzhobel und einem Einhandhobel mit möglichst flachem Bettungswinkel. Auf die Metallhobel und deren Nummerierung bezogen wäre ein No. 5 ein guter Einstieg. Er ist kurz genug zum Putzen, also zum Glätten vor der Oberflächenbehandlung, aber schon so lang, dass man mit ihm kleinere Flächen und kurze Kanten gerade hobeln (abrichten) kann.

Der Einhandhobel kann zum Bearbeiten von Hirnholz, zum Anbringen von Fasen und Rundungen, zum Entfernen von überstehenden Kanten und ebenfalls zum Verputzen genommen werden.

▲ Bankhobel unterschiedlicher Größe für verschiedene Aufgaben. Von links nach rechts: Flachwinkel-Raubank, Kurze Raubank, Schlichthobel, Putzhobel.

Bankhobel

Als „Bankhobel" bezeichnet man Schrupphobel, Schlichthobel, Putzhobel und Raubank. Also alle die Hobel, die benötigt werden, um ein rohes krummes Brett in ein glattes und gerades Brett zu verwandeln.

Fase oben oder unten?

Bei Holzhobeln und klassischen Metallhobeln ist die Fase am Hobeleisen nach unten gerichtet. Sie bildet einen Freiraum zwischen Schneide und dem zu bearbeitenden Holz. Ohne diese Fase würde der Hobel nicht arbeiten können. Bei sogenannten Flachwinkelhobeln ist die Eisenfase jedoch nach oben gerichtet. Der oft benutzte Begriff „Flachwinkelhobel" bezieht sich hierbei auf den Winkel, in dem das Hobeleisen im Hobelkörper liegt, nicht auf den Schnittwinkel. Dieser Winkel, den man „Bettungswinkel" nennt beträgt in der Regel 12°. Der Name alleine führt oft zu der Annahme, dass diese Hobel einen sehr flachen Schnittwinkel haben. Das Gegenteil ist jedoch oft der Fall.

▼ Schnitt durch einen Flachwinkelhobel, auch Fase-Oben-Hobel genannt.

Sie können bei einem Flachwinkelhobel den Schnittwinkel durch das Verändern des Fasenwinkels am Hobeleisen verändern. So können Sie Ihren Hobel auf die jeweils zu erfüllende Aufgabe anpassen. Sie wählen einen flachen Fasenwinkel von 20° bis 25° für das Bearbeiten von Hirnholz. Ein sehr steiler Winkel von 50° ermöglicht Ihnen die Bearbeitung von sehr wild gewachsenem Holz. Die meisten Aufgaben werden Sie jedoch mit einem auf 35° geschliffenen Hobeleisen erledigen können.

Hobel mit untenliegender Fase haben oft einen Spanbrecher, der direkt hinter der Schneide sitzt. Der Spanbrecher hat die Aufgabe den abgenommenen Span direkt nach dem Abtrennen zu brechen und so das weitere Einreißen des Holzes an dieser Stelle zu verhindern. Das Ergebnis sind weniger Ausrisse in der gehobelten Fläche.

Bei Hobeln mit obenliegender Fase ist die Verwendung eines Spanbrechers aufgrund seiner Bauart nicht möglich. Stattdessen haben diese Hobel ein verstellbares Hobelmaul, mit dem man den vorderen Teil der Hobelsohle sehr eng an die Schneide heranschieben kann. Die Hobelsohle drückt dann beim Hobeln den Span unmittelbar vor der Schneide nach unten und verhindert das Ausreißen des Holzes. Daher muss man bei Flachwinkelhobeln darauf achten, das Hobelmaul möglichst eng zu stellen.

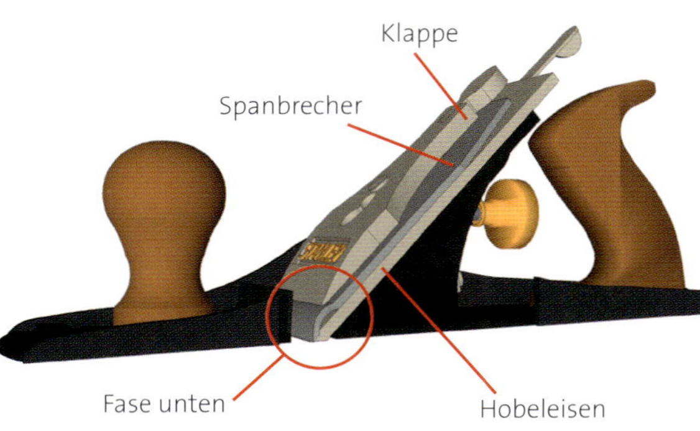

► Schnitt durch einen Hobel mit untenliegender Eisenfase. Die meisten Holzhobel entsprechen ebenfalls dieser Bauart.

► Der Spanbrecher mit etwa einem halben Millimeter Abstand hinter der Schneide des Hobeleisens. Er ist so geformt, dass er durch die Befestigungsschraube fest auf das Hobeleisen gepresst wird.

Schnittwinkel

Nun ist schon mehrfach der Begriff Schnittwinkel gefallen. Was hat es damit aus sich? Eine Schneide ist im Prinzip ein Keil, der in das Holz eindringt, das Holz spaltet und dadurch einen Span abnimmt. Je flacher der Winkel dieses Keils ist, umso glatter wird die Oberfläche. Gleichzeitig ist die Gefahr von Ausrissen bei einem sehr flachen Schnittwinkel höher. Wird der Schnittwinkel steiler, wird die Fläche unter Umständen nicht mehr ganz so glatt, das Hobeln fällt durch den steigenden Schnittdruck schwerer, aber Ausrisse werden vermieden.

Welcher Hobel für welchen Zweck

Schrupphobel

Der Schrupphobel (regional auch Schropphobel genannt) ist dazu da, viel Material möglichst schnell abzutragen. Er hat ein stark verrundetes Eisen ohne Spanbrecher, das es erlaubt, auch schräg und sogar quer zur Faser zu hobeln und nur wenige Ausrisse dabei zu produzieren. Der Schrupphobel kommt beim Zurichten von sägerauem Holz zum Einsatz oder aber wenn ein grob zugeschnittenes Brett schmaler gemacht werden soll. Der Schrupphobel ist kein Präzisionsinstrument. Die Hobelsohle muss nicht genau plan sein und auch das Hobeleisen muss nicht mit höchster Präzision geschärft werden. Hölzerne Schrupphobel sind sehr leicht zu handhaben. Es gibt auch Schrupphobel aus Guss. Sie können auch einen vorhandenen gusseisernen Bankhobel in einen Schrupphobel verwandeln: Setzen Sie dazu ein (in Hobelrichtung gesehen) stark gerundetes Eisen ein und ziehen Sie den Spanbrecher weit zurück.

▲ Ein einfacher Schrupphobel aus Holz ist vollkommen ausreichend. Gebraucht bekommt man sie auf Flohmärkten und im Internet für wenig Geld. Das Hobelmaul des Schrupphobels ist weit und das Hobeleisen stark verrundet.

Schlichthobel

Schlichthobel sind aus Holz und haben ein einfaches Eisen ohne Spanbrecher. Sie sind meist ähnlich lang wie Putzhobel, aber das Hobeleisen steht einige Grad flacher. Der Schlichthobel ist für hohen Materialabtrag da, aber für nicht ganz so grobe Arbeiten wie der Schrupphobel. Aufgrund des fehlenden Spanbrechers kann es beim Hobeln zu Ausrissen kommen. Bei den Metallhobeln wird oft der No. 5 aus Pendant zum Schlichthobel genannt. Das ist aber nicht ganz richtig, da der No. 5 einen Spanbrecher hat und länger ist als ein hölzerner Schlichthobel.

◀ Ein hölzerner Schlichthobel und ein Metallhobel No. 5. Der Metallhobel ist wesentlich länger und hat einen Spanbrecher.

▼ Ein einfacher Putzhobel aus Holz und ein Hobel No. 4 aus Metall. Der Metallhobel verfügt über viele Einstellmöglichkeiten, ist aber wesentlich schwerer.

Putzhobel

Putzhobel zeichnen sich durch ein Hobeleisen mit Spanbrecher und ein verstellbares oder zumindest sehr enges Hobelmaul aus. Es gibt sie sowohl aus Holz als auch aus Metall. Die Holzhobel haben im Laufe der Zeit viele Verbesserungen gegenüber der ursprünglichen Bauweise mit Keil erfahren. Der Reform-Putzhobel verfügt über eine Feineinstellung, ein gut verstellbares Hobelmaul und teilweise sogar über eine sogenannte Lateralverstellung, mit der man die Schneide des Hobeleisens parallel zur Sohle einstellen kann. Bei den Metallhobeln zählen die Größen No. 3, No. 4 und No. 4 ½ als Putzhobel. Die No. 5 und 5 ½ werden meist nicht mehr dazugerechnet, obwohl diese beiden auch sehr gut zum Putzen, also zum finalen Glätten von Holzoberflächen benutzt werden können.

Die Raubank

Als Raubank bezeichnet man lange Hobel, mit denen sägeraues Holz begradigt wird. Was bei den Maschinen die Abrichthobelmaschine macht, dafür ist bei den Handhobeln die Raubank zuständig. Die lange Hobelsohle bildet eine Referenzfläche und muss entsprechend präzise gearbeitet sein. Da mit einer Raubank oft große Werkstücke bearbeitet werden, haben diese Hobel breite Hobeleisen von bis zu 60 Millimetern. Raubänke gibt es sowohl aus Holz als auch aus Metall. Bei den Metallhobeln werden die Raubänke mit den Nummern 5 ½, 6, 7 und 8 bezeichnet.

Wie man sieht, überschneiden sich die Nummern bei den Metallhobeln. Der No. 5 ½ wird oft als kurze Raubank bezeichnet, von anderen Anwendern jedoch noch zu den Putzhobeln gezählt. Das hat mit den ganz persönlichen Vorlieben der jeweiligen Anwender zu tun.

▼ Raubänke aus Holz sind auch in sehr langen Ausführungen noch erschwinglich. Eine Raubank aus Metall kann hingegen ein großes Loch im Geldbeutel hinterlassen.

Kleine Projekte mit Handwerkzeugen

Die Arbeit mit Handwerkzeugen bedarf einiger Übung. Aber Sie werden erstaunt sein, wie sehr es sich lohnt, ein wenig Zeit darin zu investieren! Dafür müssen Sie nicht stumpf langweilige Übungen wiederholt ausführen. Kurzweiliger ist es, kleine Projekte für die Werkstatt anzugehen.

Es macht nichts, wenn diese kleinen Projekte nicht ganz perfekt werden. Sie werden aus Holzresten gemacht. Daher steckt kein nennenswerter Materialeinsatz in ihnen. Wenn ein Teil des Werkstückes misslingt, fertigen Sie einfach ein neues an. An den beiden kleinen Werkstatthelfern auf den folgenden Seiten sind die wichtigsten Handwerkzeuge wie Stemmeisen, Hobel und Handsäge im Einsatz. Wenn von der Arbeit mit Handwerkzeugen die Rede ist, darf eines nicht fehlen: die Schwalbenschwanzverbindung. Sie findet sich am Bankwinkel, dem zweiten kleinen Projekt in diesem Kapitel Diese Verbindung eignet sich vor allem dazu, den Umgang mit der Handsäge zu üben. Die Zeichnungen zu diesen beiden Projekten finden Sie auf der Begleit-DVD. Sie können sie ausdrucken und mit in die Werkstatt nehmen. Und wenn Sie noch nicht wissen, wozu ein Bankwinkel gut ist – das erfahren Sie auf S. 71.

▶ Oft benötigt man mehr als nur ein Streichmaß. Da ist es gut, dass man dieses einfache Werkzeug selbst bauen kann.

Ein Streichmaß

Ein Streichmaß ist ein sehr einfaches, aber nützliches Werkzeug, das sich ganz leicht selbst bauen lässt. Beim Bau dieses Streichmaßes kann man gut den Umgang mit Stemmeisen, Handsäge und Einhandhobel üben. Das hier gezeigte Streichmaß müssen Sie aber nicht exakt nachbauen. Statt des eckigen Messers können Sie eine Unterlegscheibe zu einem Schneidrad umschleifen und anschrauben. Statt die Klemmschraube in eine Nut einzulegen, kann auch ein Loch an der entsprechenden Stelle gebohrt werden. Und auch die Form und die Holzart sind nicht in Stein gemeißelt.

In das Holz, aus dem der Anschlag des Streichmaßes wird, schneiden Sie an eine der beiden kurzen Kanten eine Nut. Dies können Sie mit der Tischkreissäge, der Oberfräse oder auch mit Handwerkzeugen machen. Das Erstellen der Nut mit Hilfe von Maschinen ist jedoch der einfachste Weg.

Ihr neues Werkzeug ist jetzt einsatzbereit. Mit dem Kombinationswinkel kann das zu übertragende Maß eingestellt werden. Je nach Situation kann man Maße auch direkt am Werkstück abgreifen und übertragen. Das aufgeschraubte Messer hinterlässt einen feinen, gut sichtbaren Anriss.

Materialliste Streichmaß

Pos.	Bezeichnung	Länge	Breite	Stärke	Anzahl
1.	Anschlag	150	70	21	1
2.	Leiste	200	17	17	1
3.	Hartmetall-Wendeplatte 14 x 14 mm				1
4.	Beschlagmontageschraube (Euroschraube) 6,3 x 11 mm				1
5.	Schlossschraube 8 x 80 mm DIN 603				1
6.	Flügelmutter M8				1
7.	Unterlegscheibe 8,4 x 20 mm				1

▶ Die Handarbeit beginnen Sie mit dem Anzeichnen des eckigen Loches, durch das die Leiste in den Anschlag geschoben wird. Der Kombinationswinkel ist hierfür das ideale Werkzeug. Stellen Sie den Winkel auf 20 Millimeter ein und ziehen Sie eine Linie parallel zur Längskante. Tun Sie das auf beiden Seiten des Anschlagholzes.

▶ Eine Linie im Abstand von 40 Millimetern zur kurzen Kante des Holzes wieder ebenfalls auf beiden Seiten, von der Nut ausgehend gezeichnet. Lassen Sie die Linien leicht überlappen.

▶ Die Lochbreite von 16 Millimetern wird ebenfalls mit dem Kombinationswinkel angezeichnet. Der Winkel wird dazu jeweils auf die Maße 36 Millimeter und 56 Millimeter eingestellt und die Linien werden wieder von der Kante ausgehend angezeichnet.

▶ Damit das Stemmeisen sehr präzise angesetzt werden kann, ziehen Sie die Linien noch mit einem Anreißmesser nach. Diese kleine Kerbe ist ausreichend, um die Schneide des Stemmeisens hineinzusetzen. Das Messer wird dabei am Kombinationswinkel entlang geführt.

▲ Durch die Verwendung des Kombinationswinkels ist sichergestellt, dass die Anrisse auf beiden Seiten des Werkstückes exakt gleich sind. Das ist sehr wichtig, da das Loch nicht durchgestemmt, sondern von zwei Seiten aus gearbeitet wird.

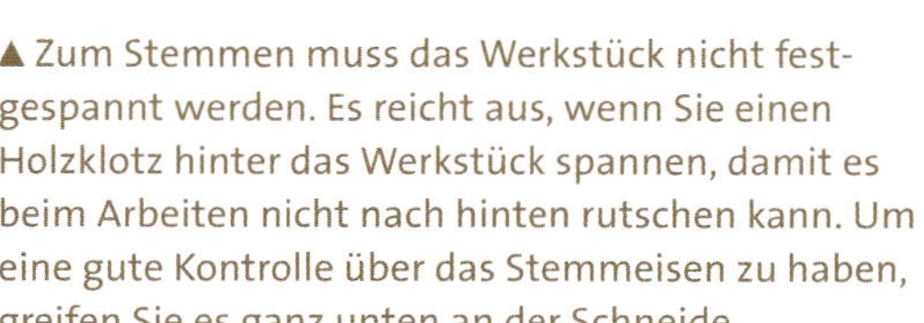
▲ Zum Stemmen muss das Werkstück nicht festgespannt werden. Es reicht aus, wenn Sie einen Holzklotz hinter das Werkstück spannen, damit es beim Arbeiten nicht nach hinten rutschen kann. Um eine gute Kontrolle über das Stemmeisen zu haben, greifen Sie es ganz unten an der Schneide.

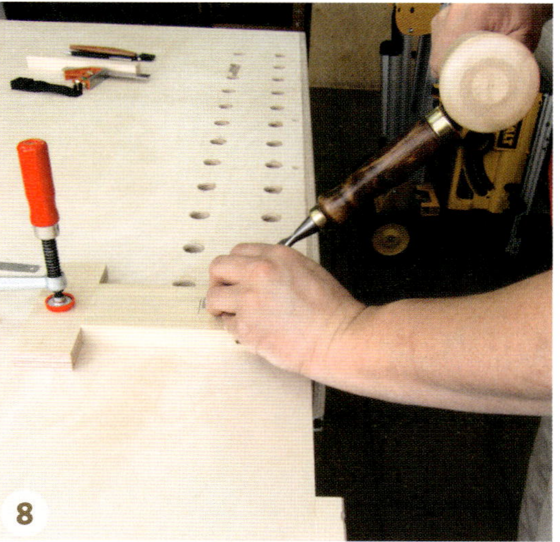

◀ Durch abwechselndes Stemmen, gerade herunter und schräg zur Lochkante hin, arbeiten Sie eine Rampe aus dem Holz heraus. Die Faser der Schneide zeigt beim schrägen Stemmen nach unten.

▲ Nicht ganz gelöste Späne sollten Sie nicht heraushebeln. Denn dabei passiert es allzu oft, dass an der Oberseite große Fasern aus dem Holz herausgezogen werden. Außerdem wird die Schneide durch dieses Hebeln auch schneller stumpf.

▲ Wenn Sie die Rampe nicht mehr tiefer stemmen können, drehen Sie das Werkstück um und arbeiten Sie von der anderen Seite aus weiter. Im Inneren des Loches entsteht eine kleine Dachform. Diese arbeiten Sie bis zur halben Materialstärke oder einige Millimeter tiefer aus.

▲ Nun erst wird längs zur Faser gearbeitet. Das Stemmeisen wirkt nun nicht mehr wie ein Keil, da an der Fasenseite nur noch wenig Holz vorhanden ist. Die Gefahr, dass Ihr Holz beim Stemmen aufreißt, ist dadurch gebannt.

▲ Mit dieser Handhaltung gelingt es Ihnen, das Stemmeisen genau in die Kerbe des Anrisses zu setzen. Die Fase der Schneide zeigt dabei immer zur Abfallseite, also zum Loch hin. Durch die auf dem Werkstück aufliegenden Finger verrutschen weder Werkstück noch Stemmeisen.

◀ Im Inneren des Loches entsteht auf diese Weise eine kleine Pyramidenform. Das Werkstück kann jetzt umgedreht werden. Von der anderen Seite aus wird auf die gleiche Weise gestemmt, bis sich das Mittelstück wie von selbst löst

► Nach dem kompletten Ausstemmen werden die Ecken noch mit einem schmaleren Stemmeisen gesäubert. Arbeiten Sie die Innenkanten des Loches leicht hohl aus. Das ist einfacher, als sie ganz exakt rechtwinklig zu stemmen.

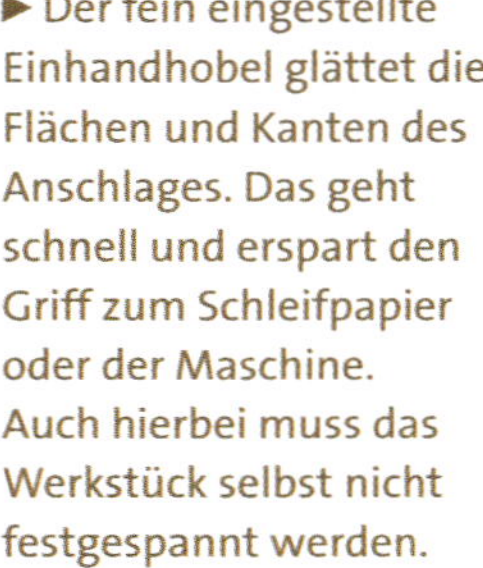

► Der fein eingestellte Einhandhobel glättet die Flächen und Kanten des Anschlages. Das geht schnell und erspart den Griff zum Schleifpapier oder der Maschine. Auch hierbei muss das Werkstück selbst nicht festgespannt werden.

► Ein dünnes Sperrholzbrettchen, auf der Werkbank fixiert, reicht als Gegenlager aus. Mit einer Hand halten Sie das Werkstück fest, die andere Hand führt den Hobel.

16

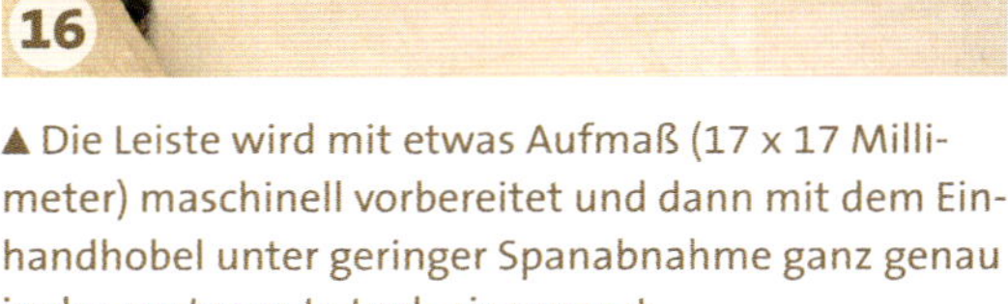

▲ Die Leiste wird mit etwas Aufmaß (17 x 17 Millimeter) maschinell vorbereitet und dann mit dem Einhandhobel unter geringer Spanabnahme ganz genau in das gestemmte Loch eingepasst.

▲ Mit einem gut eingestellten Handhobel kann eine sehr hohe Präzision beim Einpassen von Bauteilen erreicht werden. Und dabei werden die Flächen auch noch so glatt, dass man auf das Schleifen gerne verzichtet.

▲ Der schwierigste Teil beim Sägen von Hand ist das Starten der Säge - die ersten zwei Millimeter des Schnittes. Ihr Daumen ist ein guter Anschlag, damit die Säge nicht vom Strich abweicht. Die sehr flexiblen Japansägen lassen sich am einfachsten starten, wenn man die ersten Züge nicht ganz durchzieht, sondern nur mit dem griffnahen Teil des Sägeblattes arbeitet.

▲ Die Schnitttiefe einer Dozuki, also einer Japansäge mit Rücken, ist begrenzt. Sie ist dafür aber leichter zu handhaben. Sie können mit der Dozuki so weit sägen, wie es geht. Wechseln Sie dann auf eine rückenlose Säge, zum Beispiel eine Kataba.

◀ Damit die Klemmung des Streichmaßes gut funktioniert, muss ein Schlitz von außen zum eckigen Loch hin gesägt werden, der etwa zwei Millimeter breit ist. Dazu sind zwei Schnitte notwendig. Damit der Anschlag ordentlich klemmt und nicht einreißt, wird noch ein einfacher Schnitt etwas tiefer gemacht.

◀ Die eingesetzte und festgezogene Schraube klemmt nun die Leiste im Anschlag.

◀ Es fehlt nur noch das Messer am Ende der Leiste. Mit zwei Diagonalen markieren Sie die genaue Mitte an einem Ende der Leiste. Dort wird ein Loch mit dem Durchmesser von fünf Millimetern Durchmesser und einer Tiefe von etwa zwölf Millimetern gebohrt. Hierin wird das Messer mit der Beschlagschraube befestigt.

▲ Ihr neues Streichmaß kann mit einem Kombinationswinkel oder einem Lineal eingestellt werden.

▼ Das Messer schneidet sauber durch die Fasern und hinterlässt eine dünne, aber gut sichtbare Linie im Holz.

◀ Und so setzen Sie es ein: Drücken sie die Grundplatte seitlich an die Werkstückkante und ziehen sie das Streichmaß mit leichtem Druck zu sich. So entsteht parallel zur bestehenden Kante eine feine Linie: der Anriss.

Ein Bankwinkel

Dieser Bankwinkel ist ein nützlicher Helfer sowohl an der Hobelbank als auch an einer einfachen Werkbank. Als kleines Übungsprojekt mit Handwerkzeugen ist so ein Bankwinkel sehr gut geeignet. Vor allem die Eckverbindung, eine offene Schwalbenschwanz-Zinkung, ist eine schöne Übung zum Stemmen und Sägen. Auf spezielle Hilfsmittel wie Sägeführungen und Schablonen zum Anreißen können Sie erst einmal verzichten. Mit ein wenig Übung werden Ihnen gerade Schnitte und saubere Stemmarbeiten auch ohne Hilfsmittel gelingen. Das spart nicht nur Zeit, sondern verschafft Ihnen auch mehr Flexibilität im Bezug auf die gewählten Winkel und Abstände Ihrer Zinken.

Die hier gezeigte Vorgehensweise zum Ausarbeiten der Zinken ist nur eine von vielen. Jeder Holzwerker und Tischler entwickelt im Laufe der Zeit seine ganz eigene Arbeitsweise. Es gibt also keine richtige oder falsche Methode. Am Ende zählt nur das Ergebnis!

Als Material für den Bankwinkel sollten Sie ein Holz wie Kirschbaum, Nussbaum, Lärche, feinjähriges Kiefernholz oder auch Esche wählen

Sie benötigen vorbereitete Teile mit folgenden Abmessungen (s. Tabelle rechts):

Die Zinkenschablone ist in wenigen Minuten hergestellt. Auf einem dünnen Brettchen wird die Steigung der Zinken an zwei Kanten angezeichnet. Sie beträgt 1:6. Entlang dieser Linie wird gesägt. So entsteht ein Trapez. Am breiten Ende dieses Trapezes leimen Sie dann eine Anschlagleiste auf. Fertig ist die Zinkenschablone!

Eine Steigung von 1:6 ist ein guter Kompromiss. Der Winkel ist noch nicht zu steil, sodass auch schmale Zinken realisiert werden können, er ist aber auch nicht zu flach, sodass die Schwalben auch noch hervorstechen.

▲ Dieser Bankwinkel wird Ihnen nicht nur beim Hobeln gute Dienste leisten können. Auch beim Stemmen und Sägen ist dieser kleine Helfer sehr nützlich.

Steigung statt Winkelangabe

Bei Zinken wird oft eine Steigung angegeben und kein Winkel, in dem die Zinken geschnitten werden. Bei einer Steigung verbindet eine Linie zwei Punkte, die durch die beiden Werte angegeben werden. Im Beispiel der Steigung von 1:6 bedeutet dies folgendes: Eine Strecke von 6 Teilen Länge wird mit einer dazu im Winkel von 90° befindlichen Strecke mit der Länge eines Teiles verbunden.

Materialliste Bankwinkel

Pos.	Bezeichnung	Länge	Breite	Stärke	Anzahl
1.	Auflage	230	110	18	1
2.	vorne	150	110	18	1
3.	Leiste	110	18	18	1
Dazu noch einige Resthölzer für die Herstellung einer einfachen Zinkenschablone.					

▲ Bauen Sie sich zuerst eine kleine Zinkenschablone: Die Steigung von 1:6 wird auf einem dünnen Brettchen mit einer Kantenlänge von 60 Millimetern angezeichnet.

▲ Leimen Sie zwei kleine Leisten an. Sie dienen dazu, die Zinkenschablone am Werkstück anzulegen.

▲ Die Schablone kann beidseitig benutzt werden. So liegt sie immer gut am Werkstück an und wackelt nicht.

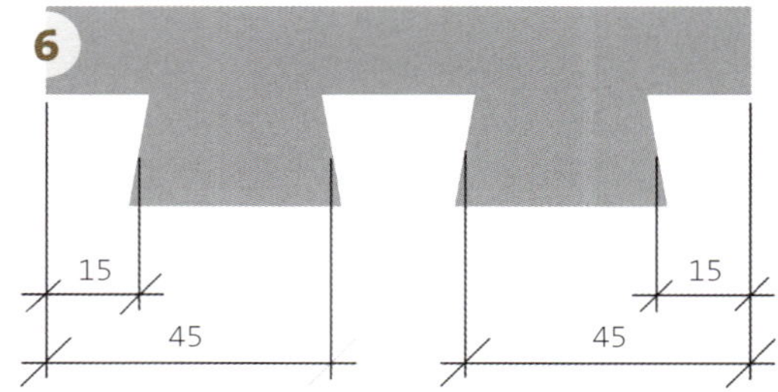

▲ Auf der Zeichnung sehen Sie eine mögliche Einteilung der Zinken. Ob man mit den Zinken oder den Schwalben beginnt, ist übrigens eine Sache der persönlichen Vorlieben. Feste Regeln gibt es dazu nicht. Probieren Sie einfach beides einmal aus.

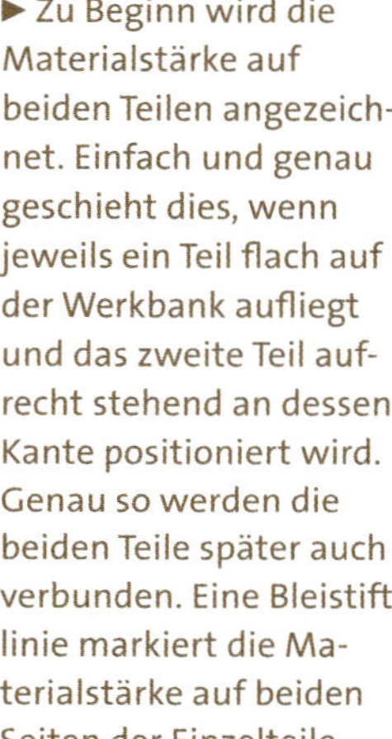

► Zu Beginn wird die Materialstärke auf beiden Teilen angezeichnet. Einfach und genau geschieht dies, wenn jeweils ein Teil flach auf der Werkbank aufliegt und das zweite Teil aufrecht stehend an dessen Kante positioniert wird. Genau so werden die beiden Teile später auch verbunden. Eine Bleistiftlinie markiert die Materialstärke auf beiden Seiten der Einzelteile.

▲ Ausgehend von den angezeichneten Zinken ziehen Sie die Sägelinien im rechten Winkel auf die Linie, welche die Materialstärke angibt. Diese Linien werden auf der Vorder- und Rückseite des Zinkenbrettes gemacht. Achten Sie darauf, dass der Kombiwinkel dabei immer gut auf dem Werkstück aufliegt.

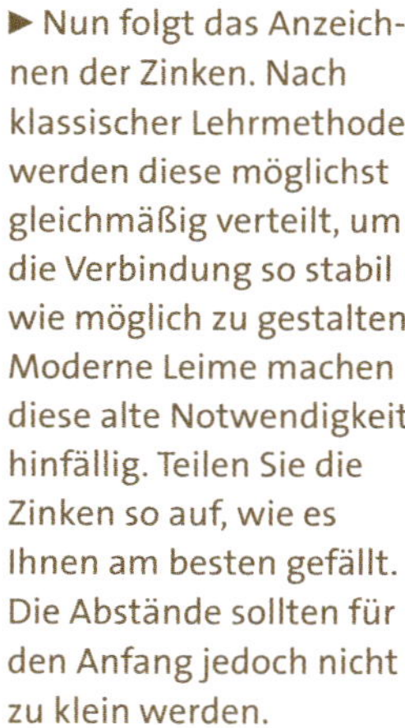

► Nun folgt das Anzeichnen der Zinken. Nach klassischer Lehrmethode werden diese möglichst gleichmäßig verteilt, um die Verbindung so stabil wie möglich zu gestalten. Moderne Leime machen diese alte Notwendigkeit hinfällig. Teilen Sie die Zinken so auf, wie es Ihnen am besten gefällt. Die Abstände sollten für den Anfang jedoch nicht zu klein werden.

8

◀ Um das Ansetzen des Stemmeisens zu erleichtern, wird an den entsprechenden Stellen mit dem Anreißmesser an einem aufgelegten Lineal entlang vorgeritzt.

9

▲ Das Sägen ist der wichtigste Teil beim Herstellen einer Zinkenverbindung. Fehler und Unregelmäßigkeiten, falsche oder nicht gerade Schnitte sind nur schwer zu korrigieren. Lassen Sie sich beim Sägen Zeit und üben Sie keinen Druck auf die Säge aus. Die Schrägstellung der Sägezähne sorgt von ganz alleine dafür, dass sich die Säge ins Holz zieht.

10

▲ „Gesägt wird im Abfall". Auch wenn es bei den Zinken noch egal ist, da diese ja auf das Schwalbenbrett 1:1 übertragen werden, sollten Sie sich diese Regel aneignen. Werden sowohl die Zinken als auch die Schwalben so gesägt, dass die Säge im abfallenden Holz läuft, passt die Verbindung später auch.

11

◀ Das Ausstemmen geschieht analog zum Stemmen des eckigen Loches beim Streichmaß. Auch hier wird eine Rampe herausgearbeitet und Sie arbeiten von beiden Seiten aus zur Mitte hin. Verwenden Sie ein möglichst breites Stemmeisen, berücksichtigen Sie aber auch die Schräge der Zinken.

12

◀ Der Zinkengrund wird leicht hinterstemmt. Das bedeutet, dass er etwas ausgehöhlt wird. Neigen Sie das Stemmeisen leicht nach innen. So ist sichergestellt, dass die Verbindung außen dicht wird. Das Hinterstemmen darf aber nicht übertrieben werden, damit nicht zu viel Leimfläche verloren geht.

13

◀ Befreien Sie die Innenecken der ausgestemmten Zinken von verbleibenden Holzfasern. Wenn Sie nacharbeiten müssen, so versuchen Sie dies nach Möglichkeit quer zur Faser mit einem breiten Stemmeisen.

► Ein dünner Bleistift überträgt nun die Zinkenform auf das Schwalbenbrett. Achten Sie darauf, dass die richtige Seite nach außen zeigt. Die Schwalben werden nach außen hin breiter. Sollten Sie versehentlich einmal Keile statt Schwalben machen, seien Sie versichert, dass dies fast jedem Tischler auch mindestens einmal in seiner Laufbahn passiert ist.

14

17

▲ Wenn Sie Ihre ersten Zinken sägen, probieren Sie aus, welche Vorgehensweise ihnen mehr liegt: Das Werkstück schräg einspannen und gerade sägen oder aber die Säge schräg halten, bei gerade eingespanntem Werkstück. Bei beiden Varianten wird das Werkstück so kurz wie möglich über die Werkbank überstehen gelassen. Das verringert die Vibrationen und erleichtert das genaue Sägen.

► Das Übertragen der Zinken geschieht nur mit sehr leichtem Druck auf den Bleistift. Ziehen Sie die nur schwach sichtbaren Linien noch einmal ganz sacht nach.

15

18

▲ Je nachdem, welche Zinkenabstände Sie gewählt haben, benötigen Sie zum Ausstemmen unterschiedlich breite Stemmeisen. Bei Stemmeisen mit nur wenig heruntergezogenen Seitenfasen müssen Sie die geraden Kanten der Stemmeisen berücksichtigen und etwas Abstand zu den Ecken lassen. Leicht zu hinterstemmen schadet auch hier nicht.

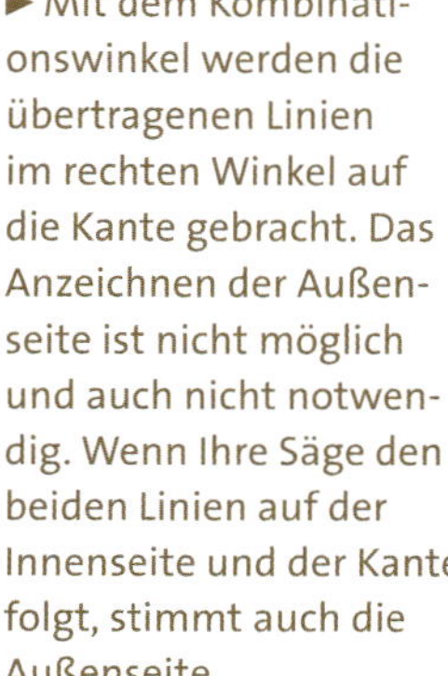

► Mit dem Kombinationswinkel werden die übertragenen Linien im rechten Winkel auf die Kante gebracht. Das Anzeichnen der Außenseite ist nicht möglich und auch nicht notwendig. Wenn Ihre Säge den beiden Linien auf der Innenseite und der Kante folgt, stimmt auch die Außenseite.

16

19

▲ Wurde genau gearbeitet, passt die Verbindung mit ein wenig Druck zusammen. Sind einige leichte Schläge mit dem Klüpfel notwendig, ist das vollkommen in Ordnung. Auf keinen Fall aber darf die Verbindung zu straff sein. Denn das führt schnell dazu, dass am Zinkenbrett Risse entstehen.

▲ Beim Verleimen wird nur am Zinkenbrett, dort aber an allen Kontaktflächen Leim angegeben. Die beiden Teile werden zusammengesetzt, eine seitlich angesetzte Schraubzwinge sorgt für etwas Pressdruck. Mehr Zwingen sind in der Regel nicht notwendig.

◀ Wenn der Leim ausgehärtet ist, kommt der Einhandhobel zum Einsatz. Mit ihm werden die Überstände entfernt. Der Hobel macht dies viel besser, als es eine Schleifmaschine kann. Beim Schleifen wird der Übergang zwischen Hirnholz und Längsholz meist verrundet - beim Hobel nicht. Um Ausrisse zu vermeiden, hobeln Sie mit geringer Spanabnahme von außen nach innen.

◀ Zu viel Luft oder Ausrisse? Das passiert auch erfahrenen Holzwerkern mal. Unterliegen Sie nicht der Versuchung, den Spalt mit Leim zu füllen. Das wird nicht halten. Besser ist es kleine Holzkeilchen einzuleimen, die Sie sich mit dem Stemmeisen vom Restholz abstechen. Das Holz füllt den Spalt und der Leim schafft eine feste Verbindung. Die Reparatur wird später kaum zu sehen sein.

▲ Für die Funktion des Bankwinkels ist es gut, wenn er nicht genau im rechten Winkel verleimt wird, sondern in einem minimal spitzeren Winkel als 90°. Stellen Sie dies jetzt ein, wenn der Leim noch frisch ist. Dadurch wird der lange Schenkel des Winkels später beim Befestigen des Bankwinkels an der Werkbank fest auf die Oberfläche der Bank gedrückt. Beim Arbeiten federt er dann nicht.

Die Anschlagleiste des Bankwinkels wird in eine fünf Millimeter tiefe Nut eingesetzt und darin verschraubt. Die Nut sorgt für einen guten Halt der Leiste, die Verschraubung macht ihren Austausch möglich. Um den Bankwinkel auch als einfache Stoßlade für rechtwinklige Werkstücke nutzen zu können, wird die Anschlagleiste genau im rechten Winkel zur Längskante angebracht.

► Da die Nut quer zum Faserverlauf des Holzes verläuft, muss diese erst vorgesägt werden. Eine Leiste dient als Anschlag. So wird der Sägeschnitt auch auf diese Länge gerade. Die Leiste wird mit doppelseitigem Klebeband befestigt. Drücken Sie die Säge mit zwei oder drei Fingern an die Leiste. Die Position des zweiten Sägeschnittes bestimmen Sie mit der Anschlagleiste, die in die Nut eingelassen werden soll. Der Abstand der beiden Sägeschnitte soll etwa 0,5 Millimeter kleiner sein als die Stärke der Anschlagleiste. Auf diese Weise können Sie die Anschlagleiste später sehr präzise in die Nut einpassen.

25

26

▲ Das überschüssige Holz zwischen den beiden Sägeschnitten entfernt man am schnellsten mit einem Stemmeisen. Quer zur Faser geht das erstaunlich leicht. Der Boden (auch Grund genannt) dieser Nut ist dann aber sehr uneben. Mit dem Stemmeisen kann aber auch dies nachgearbeitet werden.

► Einfacher als mit dem Stemmeisen kann die Nut mit einem Grundhobel auf eine gleichmäßige Tiefe gebracht werden. Er ist ein Spezialhobel, der so vielseitig einsetzbar ist wie kaum ein anderer. Er arbeitet sich jedoch nicht bei jedem Hobelstoß von alleine weiter in die Tiefe, sondern er muss nach jeder Spanabnahme tiefer gestellt werden. Daher wird meist mit dem Stemmeisen vorgearbeitet.

27

28

▲ Wenn die Nut ausgearbeitet ist, folgt das genaue Einpassen der Anschlagleiste mit dem Hobel. Es ist viel einfacher, ihre Dicke zu reduzieren als die Nut zu verbreitern. Damit das Holz durch die Schrauben nicht gespalten wird, bohren Sie im Schwalbenbrett vor. Die Schraubenköpfe werden versenkt. Bei einer Nuttiefe von fünf Millimetern und einer Anschlagleiste von 18 Millimetern Stärke passen Schrauben mit einer Länge von 25 Millimetern am besten.

29

▲ Der Bankwinkel ist nun fertig. Eine Oberflächenbehandlung mit Öl oder Lack ist nicht zwingend erforderlich, schadet aber auch nicht.

4 Sägen

4 Die richtige Säge

Holz kann man nur sehr selten in den genau benötigten Abmessungen fertig einkaufen. In der Regel müssen die Einzelteile für ein Möbelstück erst einmal auf die richtigen Maße gebracht werden. Ausgangsmaterialien können dabei mehr oder weniger große Platten sein, aber auch Kanthölzer, Bretter und Bohlen. Früher oder später stellt sich also für jeden Holzwerker die Frage nach der richtigen Säge. Dabei ist die Frage nach der „richtigen" Säge nicht zu beantworten. Es gibt kein Richtig oder Falsch in diesem Fall. Es gibt passend und unpassend, sinnvoll und weniger sinnvoll. Die Auswahl der Säge und des Sägentyps ist von Ihren ganz individuellen Bedürfnissen und Gegebenheiten abhängig. Bei der Auswahl Ihrer Säge müssen Punkte wie Platzbedarf, Stromanschluss, verfügbares Budget, Möglichkeit der Absaugung, geplante Verwendung und eine eventuelle Mobilität der Säge berücksichtigt werden. Auf den folgenden Seiten stelle ich Ihnen verschiedene elektrische Sägen vor, zeige deren Einsatzgebiete und auch ihre Grenzen auf. Aufgrund all dieser Informationen und Beispielanwendungen sind Sie dann in der Lage, die für Sie am besten geeignete Säge zu finden.

Der Schwerpunkt liegt dabei ganz klar auf den elektrischen Sägen. Dennoch sollten Sie die Einsatzmöglichkeiten von Handsägen nicht unterschätzen. So mancher Schnitt geht damit schneller oder sicherer als mit der Maschine. Ein gutes Beispiel ist das Ablängen von Balken mit großen Dimensionen. Diese Aufgabe schreit förmlich nach einer großen, elektrisch betriebenen (Kapp-)

► Besonders bei Kleinteilen spielt eine Handsäge wie diese Japansäge ihre Vorteile aus. Ein solcher Schnitt wäre mit einer elektrischen Säge wesentlich gefährlicher.

Säge. Diese wird Ihnen ein entsprechendes Loch im Budget hinterlassen und vermutlich 364 Tage im Jahr ungenutzt in der Werkstatt stehen und Platz wegnehmen. Genauso gut können Sie diese Aufgabe aber mit einer Handsäge erledigen. Sie kostet nur einen Bruchteil dessen, was Sie für eine elektrische Säge ausgeben müssen. Die Handsäge nimmt auch nur wenig Platz weg und ist bei Bedarf sofort einsatzbereit. Ähnlich sieht es mit Schnitten an sehr kleinen Teilen aus. Das wird mit einer Tisch- oder Kappsäge schnell sehr gefährlich, kann aber mit einer Feinsäge ebenso präzise und viel sicherer durchgeführt werden. Es ergibt also durchaus Sinn, sich auch Gedanken zu den Handsägen zu machen.

Egal, für welchen Sägentyp Sie sich entscheiden (oder bereits entschieden haben) eines gilt für alle Sägen, auch für Handsägen: Es geht immer die Gefahr einer Verletzung von ihnen aus. Daher ist es enorm wichtig, dass man beim Umgang mit Sägen sehr auf die eigene Sicherheit achtet. Es gibt Grundregeln, die man sich von Beginn an zu eigen machen sollte. Sie sollten die vorhandenen Sicherheitsvorrichtungen anwenden, auch wenn es manchmal lästig und zeitraubend ist. Sie werden sehr schnell feststellen, dass ein Arbeitsgang, bei dem man sehr viel Wert auf Sicherheit legt, auch wesentlich präziser ausgeführt werden kann. Das ist doch ein schöner Nebeneffekt.

◀ Wenn die Schnittkapazität Ihrer elektrischen Säge nicht mehr ausreichend ist, brauchen Sie nicht unbedingt eine größere Maschine. Eine Handsäge ist auch eine gute Alternative.

Sicherheit kommt zuerst

Der Umgang mit Maschinen erfordert einige grundlegende Regeln in Bezug auf die eigene Sicherheit. Jede Maschine stellt eigene Anforderungen an die sichere Bedienung. Es gibt jedoch auch einige grundlegende Dinge, die bei der Benutzung jeder Maschine zu beachten sind. An dieser Stelle will ich daher erst einmal auf einige ganz elementare Aspekte zum Thema Sicherheit in der Werkstatt und im Besonderen beim Arbeiten mit Maschinen eingehen. Die maschinenspezifischen Sicherheitsaspekte werden in den folgenden Abschnitten und Kapiteln dann einzeln behandelt.

▶ **Seien Sie aufmerksam.**
Wer mit Maschinen arbeitet, sollte weder müde noch in seiner Aufmerksamkeit eingeschränkt sein. Das Arbeiten unter dem Einfluss von Medikamenten oder gar Alkohol sollte daher absolut tabu sein.

▶ **Kommunikation ist wichtig.**
Wenn sie einen Arbeitsgang mit einem Helfer ausführen, sprechen Sie vor dem Einschalten der Maschine den Arbeitsablauf ganz genau durch. So ist sichergestellt, dass alle Beteiligten wissen, was zu tun ist und es nicht zu Störungen kommt. Jeder, der Zutritt zu Ihrer Werkstatt hat, sollte informiert werden, dass man Sie niemals bei der Arbeit an einer Maschine von hinten anspricht oder erschrickt.

▶ **Staub ist gesundheitsschädigend.**
Holzstaub schadet der Gesundheit und ist darüber hinaus auch noch sehr lästig. Inzwischen hat sich auf dem Gebiet der Staubabsaugung sehr viel getan, sodass sich nahezu jede Maschine absaugen lässt. Auch wenn dabei nicht immer alle Späne eingefangen werden, so sorgt doch die Absaugung dafür, dass ein großer Teil des Holzstaubs aus der Atemluft ferngehalten wird. Und für die wenigen Fälle, in denen eine Absaugung nicht möglich ist, sollten Sie eine geeignete Atemschutzmaske verwenden.

▶ **Hörschäden sind irreparabel.**
Maschinen machen Lärm und dieser schädigt auf Dauer das menschliche Gehör. Daher ist der Gehörschutz sehr wichtig, wenn man mit Maschinen arbeitet. Ob sie dabei lieber auf einen Kapselgehörschutz oder Gehörschutzstöpsel vertrauen, ist eine Frage der persönlichen Vorlieben.

▶ **Schützen Sie Ihre Augen.**
Es gibt Arbeitsgänge, bei denen Holzspäne und kleinere oder größere Splitter in Ihre Richtung fliegen. Diese können gefährlich für die Augen werden. Tragen Sie daher bei solchen Arbeitsgängen unbedingt eine Schutzbrille. Als Brillenträger mit großen Brillengläsern ist man diesen Gefahren nicht ganz

▶ Wenn es möglich ist, sollten Sie einen Werkstattsauger verwenden. Das ist nicht nur gesünder, sondern hält auch die Werkstatt sauber.

so ausgeliefert. Dennoch sollten Sie auch als Brillenträger in solchen Fällen eine geeignete Schutzbrille über Ihrer normalen Brille tragen.

▶ **Sicherheit für Ihre Füße.**
Ist Ihnen auch schon mal etwas Schweres auf den Fuß gefallen? Wenn ja, wissen Sie, wie weh das tun kann. Sicherheitsschuhe beugen dem vor, indem Sie durch Stahl- oder Kunststoffkappen die Zehen schützen und auch sonst einen guten Schutz für Ihre Füße bieten. Inzwischen sehen diese Schuhe auch nicht mehr so klobig aus wie früher und bieten einen hohen Tragekomfort.

▶ **Keine Handschuhe an Maschinen.**
Was bei vielen Arbeiten sinnvoll ist, kann beim Umgang mit Maschinen und drehenden Werkzeugen sehr unschön enden. Gemeint ist das Tragen von Handschuhen. Im ungünstigsten Fall verschlimmert das Tragen von Schutzhandschuhen einen Unfall an einer drehenden Maschine, statt vor Verletzungen zu schützen.

▶ **Handschuhe bei Chemikalien.**
Anders sieht es beim Umgang mit Lösemitteln und Chemikalien aus. Dabei müssen geeignete Handschuhe und gegebenenfalls auch eine Schutzbrille getragen werden. Die Handschuhe müssen den eingesetzten Chemikalien widerstehen können. In der Regel ist dies bei Handschuhen aus Nitril oder Vinyl der Fall.

▶ **Die richtige Kleidung**
Ihre Arbeitskleidung sollte möglichst eng anliegen. Ein zu weiter Pullover kann sich in einem drehenden Werkzeug verfangen, mit einer weiten Hose können Sie irgendwo hängen bleiben. Stellen Sie also im Zweifel Ihr Modebewusstsein hinter die Sicherheit.

▶ **Vermeiden Sie Unordnung.**
Umherliegende Werkzeuge mit scharfen Schneiden, Kabel und Schläuche als Stolperfallen, Werkstücke, die beim kleinsten Lufthauch von den Arbeitsböcken fallen können und ein von Spänen glatter Fliesenboden – all das sind Gefahrenquellen, die leicht vermieden werden können. Irgendwann ist es einfach mal an der Zeit, die Werkstatt aufzuräumen.

◀ Welche Art von Gehörschutz Sie verwenden, spielt eine untergeordnete Rolle. Wichtig ist, dass sie einen verwenden!

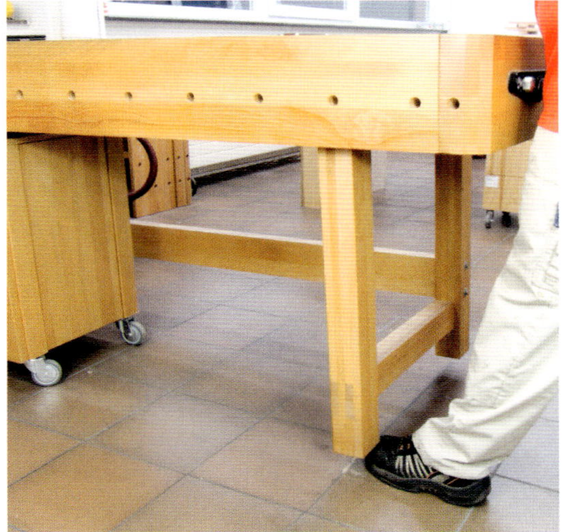

◀ Bereits die Schutzkappen von einfachen Sicherheitsschuhen halten sehr hohe Gewichte aus.

◀ Öle für die Oberflächenbehandlung lösen Latex an. Tragen Sie also auch beim Ölen Nitril- oder Vinyl- Handschuhe.

► Ein geeigneter Verbandkasten darf in keiner Werkstatt fehlen. Machen Sie sich aber unbedingt mit seinem Inhalt vertraut. Im Falle eines Falles zählen Sekunden.

◄ Diese Dinge dürfen in keiner Holzwerkstatt fehlen. Ihre Benutzung wird sehr schnell zur Selbstverständlichkeit.

► Erste Hilfe

Auch wenn man noch so auf Sicherheit achtet, Unfälle können passieren. Seien Sie also auf einen solchen Fall vorbereitet. Ein Auto-Verbandkasten, Heftpflaster und eine Augenspülflasche gehören in jede Holzwerkstatt und müssen schnell greifbar sein.

Wie Sie sehen, sind es eher kleine Dinge, welche das Arbeiten in einer Holzwerkstatt um einiges sicherer machen. Vor allem die persönliche Schutzausrüstung (PSA) sollte, wenn noch nicht vorhanden, ganz oben auf Ihre Einkaufsliste. Eine PSA für Ihre Holzwerkstatt sollte wie folgt aussehen:

- Staubmaske Filterklasse P2
- Gehörschutz mit mind. 26db Dämmwert
- Schutzbrille (bruchsichere Gläser aus Polycarbonat)
- Sicherheitsschuhe Klasse S1
- Vinylhandschuhe

Mit dieser Ausrüstung und den vorangegangenen Empfehlungen für sicheres Arbeiten sind Sie dann gewappnet für die ersten Arbeiten mit Elektrowerkzeugen.

Welche Säge kann was?

Eine moderne Handkreissäge mit Schienensystem ist sehr flexibel und platzsparend. Mit dem passenden Zubehör erweitert man das Einsatzgebiet. Darüber hinaus ist die Arbeit damit auch noch recht sicher. Andererseits ist die Vorbereitungszeit für einen Sägeschnitt mitunter recht lang. Und beim Zuschnitt von Werkstücken, die kleiner sind als die Führungsschiene breit ist, wird es schwierig, wenn nicht sogar gefährlich. Da ist die Tischkreissäge klar im Vorteil, auch wenn es nur ein kleines Modell ist.

Allerdings ist es mit einer solchen Tischkreissäge nicht so einfach, eine große Platte zu zerteilen oder Massivholz zu besäumen. Dafür sind ausgewachsene Formatkreissägen ausgelegt. Diese brauchen aber viel Platz, sind teuer und je nach Modell muss man einen passenden Stromanschluss in die Werkstatt legen. Und wenn es einmal keine geraden Schnitte sind? Ist da eine Stichsäge ausreichend oder muss gleich eine Bandsäge angeschafft werden? Es ist einfach eine unheimlich schwere Entscheidung, welche Art von Säge denn nun die richtige für die heimische Werkstatt ist.

Die Entscheidung müssen Sie am Ende selbst treffen. Die folgenden Hinweise zur Funktionsweise der einzelnen Maschinen und deren Handhabung werden Ihnen aber helfen. die für Sie passende Maschine zu finden. Es kann sogar auf eine Kombination von mehreren Maschinen hinauslaufen.

Die Handkreissäge

Sieht man sich eine Handkreissäge an, so wirkt diese erst einmal nicht sonderlich sicher und präzise. Das wird sie auch erst in Kombination mit einer passenden Führungsschiene, den dazu gehörigen Befestigungszwingen und nicht zu vergessen, einem Rückschlagstopp. So ausgestattet sind gerade Schnitte sehr sicher durchführbar. Die meisten schienengeführten Handkreissägen sind inzwischen mit einer Tauchfunktion ausgestattet. Diese braucht man nicht sehr oft, aber wenn, ist eine solche Funktion sehr nützlich. Eine Tauchkreissäge hat darüber hinaus noch den Vorteil, dass das Sägeblatt sehr gut gekapselt ist. Das erhöht die Sicherheit und verbessert die Staubabsaugung. Bei einer Tauchsäge wird das Sägeblatt von einer Feder immer wieder in die obere Position gebracht. Das hat dann den angenehmen Nebeneffekt, dass sich die Säge sehr gut auf der Grundplatte abstellen lässt. Bei einer Säge mit einer Pendelhaube geht das bei Weitem nicht so bequem. Auch wenn dieser Umstand von den Herstellern kaum beworben wird, so werden Sie ihn schnell zu schätzen wissen.

Das Zusammenspiel zwischen Handkreissäge und Führungsschiene funktioniert nur bei richtiger Justierung der Säge auf der Schiene. Alle handels-

◄ Eine Tauchsäge auf der Führungsschiene. Für viele Holzwerker bedeutet sie den Einstieg in die maschinelle Holzbearbeitung.

üblichen Sägen verfügen über eine Feineinstellung, mit der man die Säge so einstellen kann, dass sie spielfrei auf der Führungsschiene läuft. Das erfordert je nach Hersteller ein wenig Geduld, muss aber nur einmal nach dem Kauf gemacht werden. Diese Justierung sollten Sie unbedingt als Erstes vornehmen, bevor die Handkreissäge zum ersten Mal benutzt wird. Gleich im Anschluss muss noch die Rechtwinkligkeit zwischen Grundplatte und Sägeblatt in der Endstellung der Säge überprüft und bei Bedarf nachjustiert werden. In der Bedienungsanleitung zur Maschine ist dieser Vorgang meist gut beschrieben. In der Regel geschieht die Justierung über Madenschrauben in der Grundplatte.

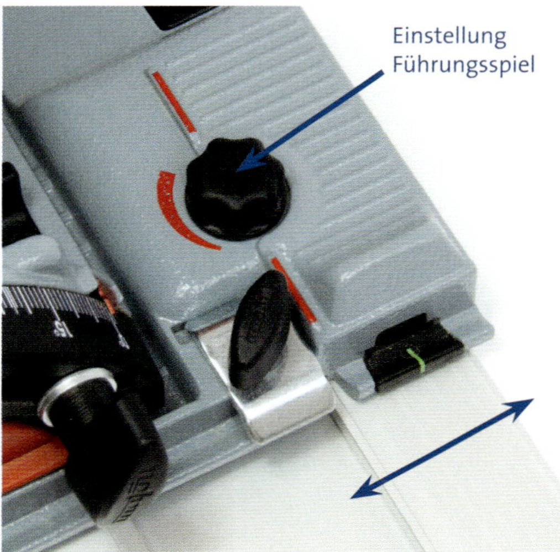

► Die Einstellung für das Spiel auf der Führungsschiene. Es sollte regelmäßig überprüft und bei Bedarf auch nachjustiert werden.

► Die Rechtwinkligkeit des Sägeblattes zur Grundplatte wird am Grundkörper des Sägeblattes gemessen. Der Winkel darf dabei nicht am Sägezahn anliegen.

„Spielfrei einstellen?“

Man liest immer wieder, dass man etwas „spielfrei“ einstellen soll. Was aber soll das genau bedeuten? Gemeint ist damit eine Einstellung, bei der sich etwas noch in eine Richtung bewegen kann, in eine andere aber eben nicht. Bei der Handkreissäge auf der Schiene bedeutet dies, dass sich die Säge noch gut vor und zurückschieben lässt, aber sich seitlich nicht mehr bewegt. Dabei ist es manchmal gar nicht so einfach, die richtige Einstellung zu finden. In der Regel funktioniert die Einstellung am besten, wenn Sie die Führungen zunächst so einstellen, dass die Säge auf der Schiene festklemmt. Anschließend werden beide Führungen gleichmäßig wieder etwas gelöst.

Nun erst kann die Führungsschiene eingesägt werden. An der Führungsschiene ist eine Gummilippe angebracht, die herstellerseitig noch zu breit ist. Mit der fertig justierten Maschine wird dieser Überstand beim ersten Schnitt entfernt. Nach diesem Schnitt stimmt die Kante der Gummilippe mit der Schnittkante ganz exakt überein. Das ist der Clou bei einer solchen Säge. Sie müssen im Prinzip nur noch das benötigte Maß auf Ihrem Werkstück markieren, die Schiene dort genau anlegen und den Schnitt ausführen. Soweit die Theorie. In der Praxis gehören aber noch ein paar Kleinigkeiten dazu, damit aus einem geraden Schnitt auch ein sauberer gerader Schnitt, an der richtigen Stelle wird.

Präzises Arbeiten beginnt hier bereits mit der Auswahl des Stiftes, mit dem angezeichnet wird. Herkömmliche Bleistifte sind erst spitz und werden dann stumpf. Das bedeutet, dass der damit gezeichnete Strich erst schmal, dann breit ist. Es sei denn, man spitzt ständig nach. Besser geeignet sind Druckbleistifte. Einen guten Kompromiss zwischen Genauigkeit, Haltbarkeit und guter Lesbarkeit bietet eine Minenstärke von 0,5 Millimetern und dem Härtegrad HB. Für genaue Zuschnitte sollten Sie auch den Meterstab aus Holz in der Schublade lassen. Ein Rollbandmaß oder besser noch ein Stahllineal sind gut ablesbar und sehr genau. Für sich wiederholende Schnitte gibt es Klemmen, die man auf ein Stahllineal aufsetzen kann. Solche Klemmen kann man sich aber auch ganz einfach aus Holz selbst herstellen. Für das Abtragen von kleinen Maßen ist ein Kombinationswinkel sehr hilfreich.

Nachdem die Führungsschiene der Handkreissäge auf dem Werkstück positioniert wurde, muss sie fixiert werden. Das geschieht meist mit Schraubzwingen. Der Nachteil der Schraubzwingen ist jedoch, dass sie sich bei Vibrationen lösen können. Sie müssen also wirklich fest angezogen werden. Alternativ dazu können Klemm- oder Hebelzwingen verwendet werden. Einige Hersteller bieten als Zubehör gleich mehrere unterschiedliche Lösungen zur Befestigung der Führungsschienen an. So ist man als Anwender in der Lage, sich je nach Anwendung und Vorlieben für die passende Befestigungsmöglichkeit zu entscheiden.

Bei der Befestigung der Führungsschiene auf dem Werkstück ist es wichtig, diese nicht auf der abfallenden Seite zu befestigen, sondern auf der Seite, auf der das Endmaß geschnitten wird. Ist dies nicht möglich, muss die Sägeblattstärke beim Anzeichnen berücksichtigt werden. Tut man das nicht, wird der Zuschnitt genau um die Sägeblattstärke zu klein. Darüber hinaus ist es sehr wichtig, die Führungsschiene soweit über das Werkstück überstehen zu lassen, dass die Handkreissäge komplett vor dem Werkstück aufgesetzt und abgesenkt werden kann. Beim Eintauchen mit nur einem Teil des Sägeblattes ins Werkstück besteht erhöhte Rückschlaggefahr.

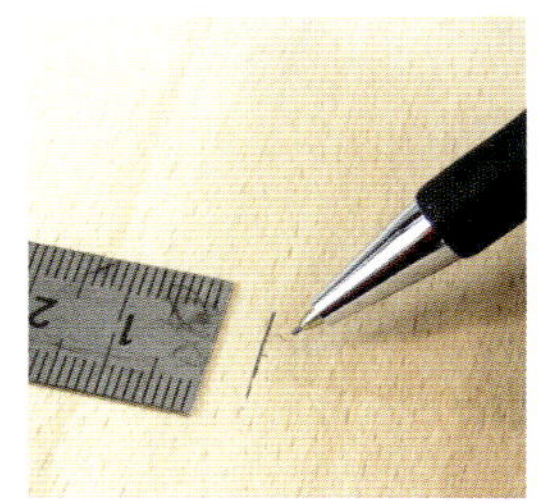

▲ Druckbleistift und Stahllineal. Wenn es um genaues Anzeichnen von Maßen geht, ist diese Kombination dem normalen Bleistift und dem Meterstab weit überlegen.

▲ Selbst gebaute Anschläge auf dem Lineal erleichtern das Anzeichnen immer gleicher Maße. Man kann diese Anschläge auch fertig kaufen. Achten Sie dann aber darauf, dass Anschlag und Lineal zusammenpassen.

▲ Für präzise Schnitte wird die Gummilippe der Führungsschiene an den Anriss gelegt. Das funktioniert am besten, wenn die Gummilippe auch über die ganze Länge intakt ist.

▲ Schraubzwingen sind eine gängige Methode, die Führungsschiene sicher am Werkstück zu fixieren. Bei starken Vibrationen können Sie sich jedoch lösen.

Der gefürchtete Rückschlag

Den Begriff „Rückschlaggefahr" bezeichnet den Effekt, der eintritt, wenn sich ein Werkstück verklemmt und vom Sägeblatt nicht durchtrennt, sondern zurückgeschleudert wird. Ein Rückschlag kann auch auftreten, wenn das Sägeblatt ein nicht festliegendes Werkstück erfasst. Bei Tauchsägen besteht beim Eintauchen ins Holz eine erhöhte Rückschlaggefahr, da durch das Einschwenken ins Holz eine Situation entsteht, die vergleichbar mit dem Sägen im Rückwärtsgang ist.

◄ Hebelzwingen sind in der Bedienung komfortabler und können sich nicht durch Vibration lösen. Die großen Gummibacken schonen auch empfindliche Materialien.

▶ Die Schienenlänge sollte zur Werkstückgröße passen. Für alle gängigen Schienensysteme gibt es Zubehörteile, mit denen sich mehrere Schienen verbinden lassen.

▲ Schlauch und Kabel sind nicht im Weg, die Schiene ist lang genug. Der Schnitt kann ohne Absetzen durchgeführt werden. Beide Hände können an der Maschine verbleiben

▶ Ein gut vorbereiteter Arbeitsplatz ist für einen sicheren Zuschnitt sehr wichtig. Wenn Sie Kanthölzer auf Arbeitsböcke legen, haben Sie einen einfachen, bequemen und sicheren Zuschnitt-Platz.

Ist die Schiene richtig fixiert, kann es fast schon losgehen mit dem eigentlichen Schnitt. Vergewissern Sie sich noch, dass Sie während des Sägens nirgendwo mit dem Absaugschlauch oder dem Maschinenkabel hängen bleiben können und dass Sie den Schnitt möglichst unterbrechungsfrei über die ganze Länge durchführen können. Erst dann wird die Maschine gestartet. Der Motor muss die volle Drehzahl erreicht haben, bevor das Sägeblatt den ersten Kontakt mit dem Holz hat. Und auch wenn das Sägeblatt aus dem Holz austritt, sollten Sie die Maschine noch nicht abschalten. Ein im Holz auslaufendes Sägeblatt kann zu einem Rückschlagen der Säge führen oder auch nur zu einer unebenen Schnittkante mit Ausrissen.

Die Handkreissäge mit Führungsschiene ist ein Arbeitstier in nahezu jeder Holzwerkstatt. Sie kommt allerdings schnell an ihre Grenzen, wenn es um wiederholgenaue Schnitte geht. Auch wenn Sie sich noch so sehr anstrengen, es wird Ihnen ohne spezielle Hilfsmittel schwerfallen, mehrere exakt gleich große Bauteile zu schneiden.

Sinnvolle Erweiterungen für Handkreissägen

▼ Eine Führungsschiene mit Parallelanschlägen.

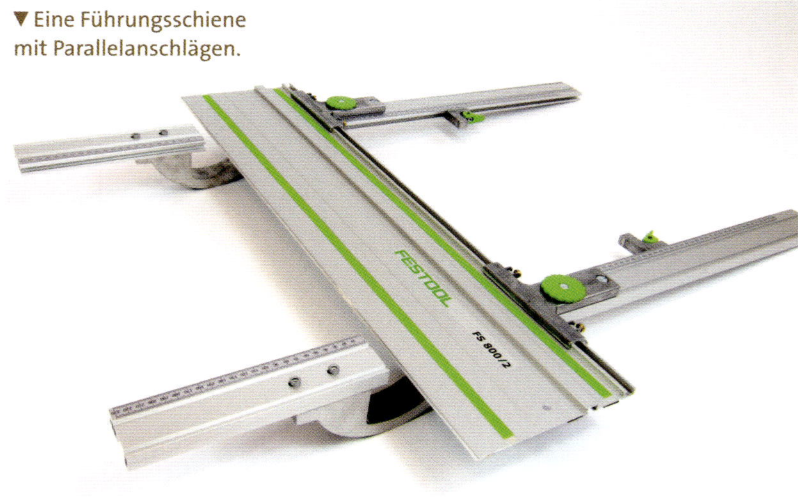

Den Herstellern von Elektrowerkzeugen ist durchaus bewusst, dass viele Holzwerker möglichst vielseitig mit einer Handkreissäge arbeiten wollen, da oft der Platz für größere Maschinen fehlt. Es ist also nicht verwunderlich, dass es für viele Sägen und Führungssyysteme ein großes Angebot an Zubehör gibt. Auch professionelle Anwender schätzen dieses Zubehör, da es auch auf der Baustelle perfekte Ergebnisse ermöglicht.

Parallelanschläge für die Führungsschiene erlauben beispielsweise den sehr genauen Zuschnitt von Plattenmaterialien. Die Wiederholgenauigkeit, welche Sie mit diesen Anschlägen erreichen können, ist sehr hoch. Allerdings wird das ganze System ein wenig sperrig, wenn eine lange Führungsschiene mit diesen Anschlägen ausgerüstet wird.

Einfacher ist dann die Handhabung der Handkreissäge auf einem speziellen Sägetisch. Darauf wird die Handkreissäge mit einem Anschlag- und Spannsystem kombiniert. Die Basis dieser Tische, die es von einigen Herstellern gibt, ist eine gelochte Arbeitsplatte mit einem Anschlagsystem. In dieses Anschlagsystem ist auch die Führungsschiene der Handkreissäge integriert. Damit sind auch sehr genaue Gehrungsschnitte machbar. Wenn man bedenkt, dass hinter alledem immer noch eine Handkreissäge steckt, ist die zu erreichende Präzision wirklich sehr beachtlich.

Die Bohrungen in der Platte sind eigentlich dazu gedacht, um darin Spannelemente und die Zwingen der Führungsschiene zu nutzen, also zum Befestigen der Werkstücke. Die sogenannten „Parf Dogs" machen sich zunutze, dass diese Bohrungen sehr präzise in die Platte gebohrt sind. Die Nutzung der Parf Dogs ist denkbar einfach. Die Bolzen werden in die Bohrungen der Platte gesteckt. Die niedrigen dienen als Anschlag für das Werkstück, an die hohen Bolzen wird die Führungsschiene der Handkreissäge angelegt. Je nach Anordnung der Bolzen können Sie nun 90° oder 45° Schnitte ganz einfach ausführen. Sie können die Parf Dogs grundsätzlich mit allen Führungsschienen nutzen, solange die Handkreissäge nicht über die Schiene übersteht. Die Stärke des zu schneidenden Materials muss aufgrund der Höhe der Bolzen mindestens 10 Millimeter betragen und darf 65 Millimeter nicht überschreiten.

Sägetische wie der gezeigte MFT/3 von Festool und auch die Parf Dogs lassen sich nicht nur mit der Handkreissäge benutzen, sondern auch mit der Oberfräse. Der Tisch selbst eignet sich als Arbeitstisch und Werkbank. Je nach Modell wird ein solcher Multifunktionstisch auch zum regelrechten Bearbeitungszentrum mit integriertem Frästisch.

◀ Ein solcher Multifunktionstisch ist kein vollwertiger Ersatz für eine Tischkreissäge. Dennoch kommen Sie mit dieser Lösung schon sehr weit und brauchen eventuell nur noch eine kleine Tischkreissäge.

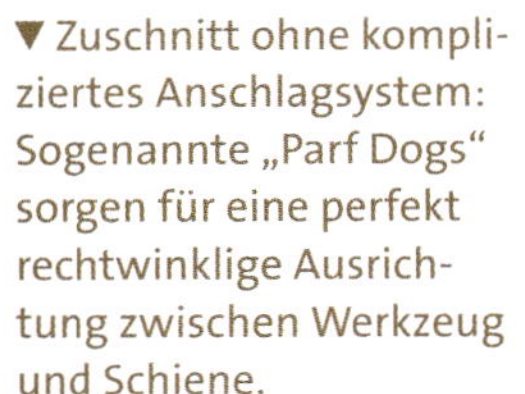

▼ Zuschnitt ohne kompliziertes Anschlagsystem: Sogenannte „Parf Dogs" sorgen für eine perfekt rechtwinklige Ausrichtung zwischen Werkzeug und Schiene.

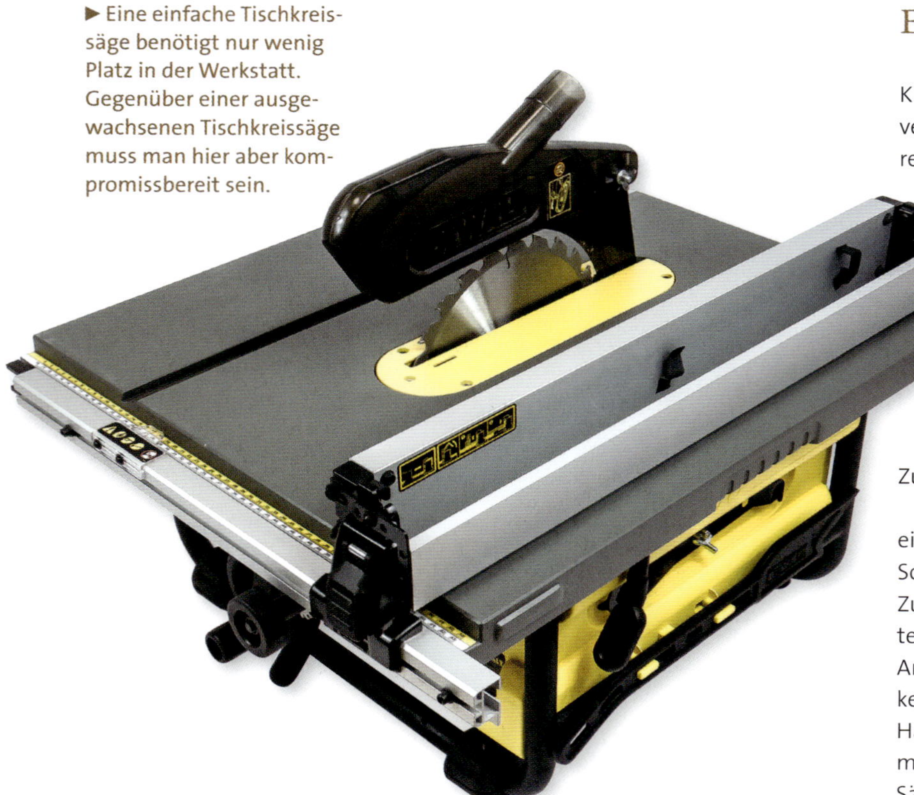

► Eine einfache Tischkreissäge benötigt nur wenig Platz in der Werkstatt. Gegenüber einer ausgewachsenen Tischkreissäge muss man hier aber kompromissbereit sein.

Eine einfache Tischkreissäge

Kleine, einfach aufgebaute Tischkreissägen sind verlockend: günstig in der Anschaffung, platzsparend und vielseitig. Es scheint, dass solche Maschinen die ideale Ergänzung zu Handkreissägen mit Zubehör sind. Und in der Tat, in Kombination mit einer schienengeführten Handkreissäge kommt man schon sehr weit. Vor allem dann, wenn nur wenig Platz zur Verfügung steht, kann eine solche Lösung die einzig sinnvolle Möglichkeit sein, um zu präzisen Zuschnitten zu kommen.

Die kleinen Tischkreissägen haben allerdings einige Nachteile, die es in Kauf zu nehmen gilt. So gibt es zum Beispiel für sehr viele Modelle kein Zubehör wie Tischverlängerungen oder Verbreiterungen, keine Schiebeschlitten oder weitere Anschläge. Das schränkt die Verwendungsmöglichkeiten stark ein. Der ständige Wechsel zwischen Handkreissäge und Tischkreissäge ist vorprogrammiert und kostet viel Zeit. Einige dieser kleinen Sägen haben auch den Nachteil, dass der Spaltkeil nicht abgesenkt werden kann. Somit muss für verdeckte Schnitte (Nuten und Fälze) der Keil demontiert werden. Sie berauben die Maschine dann einer wichtigen Sicherheitseinrichtung (siehe auch Seite 98)

Dem günstigen Preis geschuldet lassen solche Sägen meist auch eine gut funktionierende Absaugmöglichkeit, Sanftanlauf und eine schnell greifende Motorbremse vermissen.

Gegenüber der Arbeit mit einer Handkreissäge bieten aber auch einfache Tischkreissägen bei Längsschnitten einen großen Komfortgewinn. Einmal richtig eingestellt, schneiden Sie am Parallelanschlag problemlos mehrere gleich breite Bauteile zu. Wichtig ist dabei, dass der Anschlag wirklich festsitzt und sich während des Schnittes nicht verschiebt oder an seinem hinteren Ende nachgibt. Beim Schneiden am Parallelanschlag erfolgt der Druck gegen den Anschlag immer nur vor dem Sägeblatt. Drücken Sie hinter dem Sägeblatt, kann dies zum Einklemmen des Sägeblattes, gefolgt von einem Rückschlag kommen. Eine gut sichtbare Spanhaube verhindert, dass Ihre Finger zu nahe an das laufende Sägeblatt kommen.

Wenn die Sicherung nicht hält

Es kommt vor, dass eine einfache Tischkreissäge die Hauselektrik an ihre Grenzen bringt. Das heißt dann im Klartext, dass beim Einschalten der Maschine die Sicherung auslöst und den Stromfluß unterbricht. Das passiert meist in Häusern, bei der die Elektroinstallation etwas älter ist. Die Absicherung ist nicht für die hohen Ströme ausgelegt, die im kurzen Moment des Einschaltens der Maschinen fließen. Viele Maschinenhersteller berücksichtigen dies und statten ihre Geräte mit einem sogenannten Sanftanlauf aus. Dieser verhindert eine zu hohe Stromaufnahme und lässt die Maschine auch nicht schlagartig anlaufen, sondern sanft.

Als Bediener stehen Sie bei allen Schnitten neben der Maschine und nicht direkt dahinter. Sollte ein Werkstück nach hinten geschleudert werden, stehen Sie nicht in der Flugbahn dieses Geschosses. Vor allem bei Längsschnitten muss ein Schiebestock immer griffbereit liegen. Sobald Sie eine Schnittbreite von 150 Millimetern unterschreiten, tritt er in Aktion. Mit einem Schiebestock wird das Werkstück zum Ende des Schnittes am Sägeblatt entlanggeführt. Ihre Hand befindet sich dabei in einem sicheren Abstand zum Sägeblatt.

Während Längsschnitte auf solch kleinen Maschinen gut durchführbar sind, werden Quer- und Ablängschnitte ohne Schiebeschlitten schnell zur Wackelpartie. Die kleinen Ablänganschläge, die in einer Tischnut geführt werden, erfüllen diese Aufgabe in der Regel nicht zur Zufriedenheit des Holzwerkers. Wenn der Anschlag in der Führung Spiel hat, wird kein präziser Schnitt möglich sein. Die Anschlaglineale sind in der Regel nur sehr kurz. Längere Lineale würden wie ein Hebel wirken, an dem man sehr schnell den eingestellten Winkel verstellt. Die Anschläge können nur für schmale Werkstücke genutzt werden, da sie ja im Maschinentisch geführt werden.

Für Querschnitte bieten sich selbst gebaute Führungsschlitten oder ein Multifunktionstisch an. Auf ihm können Sie auch breite Werkstücke präzise ablängen und mit einem Stoppklotz auch eine sehr hohe Wiederholgenauigkeit erreichen.

Was sollte eine kompakte Tischkreissäge zu bieten haben?

Damit Sie auch mit einer kompakten Säge gute Ergebnisse erzielen, sollte die Maschine folgende Ausstattung besitzen:

- Sanftanlauf
- Stabiler Parallelanschlag
- Absenkbarer oder schnell zu tauschender Spaltkeil
- Höhenverstellbares Sägeblatt
- Neigbares Sägeblatt
- Absaugmöglichkeit an der Spanhaube
- Bremse für das Sägeblatt (Nachlauf max. 30 Sekunden, besser weniger)
- Integrierter Schiebeschlitten oder spielfreier Queranschlag

◀ Exakte Längsschnitte sind auch mit einfachen Tischkreissägen in der Regel kein Problem. Wichtig ist dabei, dass der Parallelanschlag sicher befestigt werden kann.

◀ Der Schiebestock muss immer griffbereit sein. Er ist als Verbrauchsmaterial anzusehen und wird bei Bedarf einfach gegen einen neuen ersetzt.

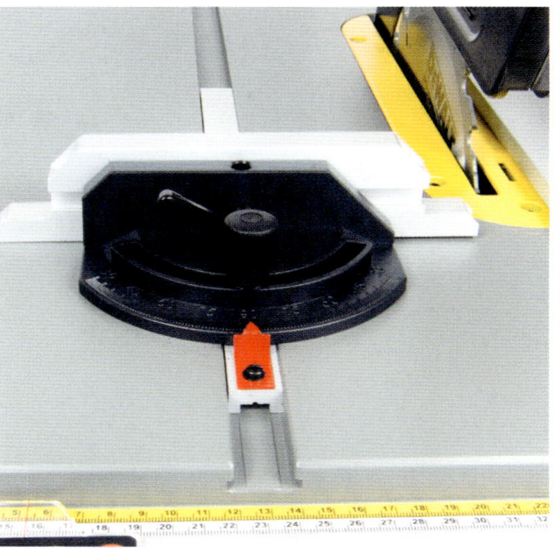

◀ Solche Winkelanschläge findet man sehr oft an einfachen Tischkreissägen. Leider funktionieren Sie meist nicht sehr gut.

Tischkreissäge mit Schiebeschlitten

Leichtbau oder Gusseisen?

Wenn Sie die Mobilität einer solchen Montagesäge nicht benötigen, ist in der Regel eine schwerere Stationärmaschine in gleicher Ausstattung die bessere Wahl. Preislich liegen diese oft mit den leichten Montagesägen gleichauf. Sie sind aber robuster, präziser und bieten oft auch eine höhere Motorleistung. Damit Sie zumindest innerhalb der Werkstatt mit der Säge mobil bleiben, gibt es passende Fahreinrichtungen. Die Anschläge und Tischverbreiterungen sowie sonstige Zubehörteile lassen sich aber nicht so einfach demontieren und wieder befestigen wie bei einer Montagesäge.

Schnittleistungen von über 80 Millimetern Höhe, fast einen Meter lange Maschinentische und ein großes Zubehörangebot: Das bietet die nächsthöhere Kategorie an Tischkreissägen. Immer noch als mobile Sägen für den Montageeinsatz gedacht, bieten diese Sägen für den professionellen Anwender wesentlich mehr Komfort und Einsatzmöglichkeiten als einfache Tischkreissägen. Ein Schiebeschlitten macht präzise Querschnitte auch an großen Bauteilen möglich – und das auch in unterschiedlichen Winkeln. Ablänganschläge erleichtern das Zuschneiden mehrerer gleich großer Teile. Feineinstellungen, gut ablesbare Skalen und feste Einrastpunkte für Anschläge ermöglichen es Ihnen, mit einer solchen Maschine Ihre Möbelteile genau, sicher und sauber zu sägen. In der Regel können diese Maschinen gut abgesaugt werden. Einige Modelle verfügen über eine Zugfunktion. Das Werkstück liegt dabei fest auf dem Maschinentisch und das Sägeblatt wird durch das Werkstück hindurchgezogen.

Die bessere Verarbeitung, das große Zubehörprogramm und der Anspruch der Hersteller, mit diesen Maschinen vor allem professionelle Anwender zu bedienen, schlägt sich natürlich im Preis nieder. Dennoch sind diese Tischkreissägen bei vielen Holzwerkern im Einsatz. Solche Montagesägen bieten einen sehr guten Kompromiss zwischen Qualität, Präzision und Platzbedarf. Die Maschinen sind relativ leicht (30 bis 60 Kilogramm), die Anbauteile sind schnell an- und abgebaut und die Maschine nimmt ohne Zubehör nicht mehr Platz weg als eine der kleineren Sägen.

▼ Eine Tischkreissäge mit Schiebeschlitten bietet nicht nur größere Tischflächen, sondern auch mehr Komfort und höhere Präzision als eine einfache Tischkreissäge.

Stichsägen

Das Einsatzgebiet von Stichsägen wird oft überschätzt. Eine Stichsäge ist ein Problemlöser in so manchen Situationen, vor allem bei Montagearbeiten wie dem Sägen von Passleisten. Beim Möbelbau wird die Stichsäge eher selten eingesetzt. Für lange und gerade Schnitte eignet sie sich nicht, wohl aber für Kurvenschnitte. Auch kleine Ausklinkungen kann man mit einer Stichsäge erstellen.

Der Markt bietet ein breites Spektrum an unterschiedlichen Modellen an. Inzwischen sind einige Ausstattungsdetails wie Drehzahlvorwahl oder mehrere Pendelhubstufen zum Standard geworden. Die meisten, die auch günstigen Modelle, verfügen heute auch über einen werkzeuglosen Blattwechsel. Viel wichtiger als solche Details an der Maschine ist jedoch das verwendete Sägeblatt. Meist werden Sie mit zwei bis drei unterschiedlichen Typen auskommen. Sie brauchen ein Blatt für grobe schnelle Schnitte, eines für feine Schnitte mit mehr Zähnen und ein schmales Blatt für enge Kurven. Sparen Sie nicht bei den Stichsägeblättern! Auch wenn Sie Ihre Stichsäge nur wenige Stunden im Jahr nutzen, ein gutes Blatt trägt sehr zum Gelingen der Arbeit bei. Ein gutes Stichsägeblatt hat geschliffene Zähne, die auch scharf sind. Die Zähne sind wie bei einer Handsäge geschränkt oder das Blatt ist konisch geschliffen. So wird das Klemmen des Sägeblattes im Schnitt verhindert.

◀ Stichsägen werden oft überbewertet. Sie sind keine Präzisionswerkzeuge. Geht es um Kurvenschnitte, kann eine gute Stichsäge aber einige Aufgaben der Bandsäge übernehmen.

▲ Mit dem richtigen Sägeblatt sind Kurvenschnitte auch in dickeren Materialien möglich. Ab 25 Millimeter Materialstärke kommen die meisten Stichsägen hierbei jedoch an ihre Grenzen.

▲ Fast wichtiger als die verwendete Säge: gute Sägeblätter. Grob, fein und für Kurvenschnitte. Das reicht in der Regel aus.

Was ist eine Schränkung?

Werden die einzelnen Sägezähne bei einer Handsäge oder einem Stichsägeblatt wechselseitig nach außen gebogen, spricht man von einer Schränkung. Die Schränkung bewirkt, dass der entstehende Sägeschnitt breiter ist als der Grundkörper des Sägeblattes. Dadurch wird vermieden, dass sich das Sägeblatt im Schnitt verklemmt.

Die Pendelhub-Einstellung der Stichsäge nutzen Sie am besten nur dann, wenn es nicht so sehr auf die Schnittqualität ankommt. Ansonsten verzichten Sie besser auf diese Funktion für schnelle Schnitte und legen mehr Wert auf eine saubere Schnittkante – auch wenn die Arbeit dann ein wenig länger dauert. Bei Kurvenschnitten muss der Pendelhub auf jeden Fall abgeschaltet werden. Tun Sie das nicht, wird entweder das Sägeblatt schneller brechen oder Ihr Schnitt wird sehr stark ausfransen.

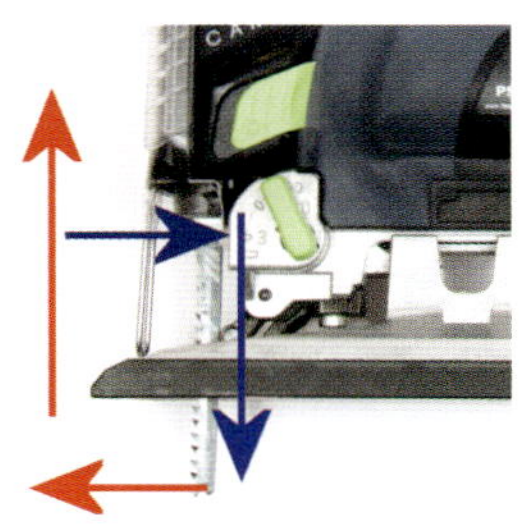

▲ Der Pendelhub ist für schnellen Sägefortschritt mit verantwortlich. Meist kann er in mehreren Stufen eingestellt werden.

◀ Auch mit einer Bandsäge mittlerer Größe kann man schon sehr gut arbeiten. Diese Maschinen benötigen nur wenig Stellfläche, können aber dennoch große Werkstücke bearbeiten.

Bandsägen

Bandsägen sind bei Drechslern sehr beliebt, im Möbelbau finden Sie meist zu wenig Beachtung. Dennoch kann eine Bandsäge einen bestehenden Maschinenpark aus Tisch- und Handkreissäge gut ergänzen. Vor allem dann, wenn es um Kurvenschnitte geht, spielen Bandsägen ihre Vorteile voll aus. Mit keiner anderen Maschine sind Radien so einfach, sicher und präzise zu schneiden. Aber auch gerade Schnitte sind machbar.

Die Schnittgüte kommt allerdings nicht an eine Kreissäge mit einem scharfen Sägeblatt heran. Der Schnitt einer Bandsäge ist meist etwas unsauberer und zeigt die typischen Rillen quer zur Schnittrichtung.

Wie bei der Kreissäge das Sägeblatt, so muss auch bei einer Bandsäge das Sägeband zur jeweiligen Aufgabe passen:

- Schmale Bänder für enge Radien, breite Bänder für gerade Schnitte
- Viele Zähne für einen sauberen, aber langsamen Schnitt
- Wenige Zähne für einen schnellen Schnitt mit nicht ganz so sauberer Schnittkante.

Darüber hinaus gibt es noch unterschiedliche Zahngeometrien und verschiedene Arten, die Bänder zu schränken. Und damit noch nicht genug, es gibt die Sägebänder auch aus unterschiedlichen Stählen und unterschiedlich gehärtet. Die Wahl des

▶ Bandsägeblätter gibt es in vielen verschiedenen Ausführungen. Von oben nach unten: für Kurvenschnitte 6 Millimeter breit, für Trennschnitte 20 Millimeter breit, mit gehärteten Zahnspitzen 20 Millimeter breit.

richtigen Bandsägeblattes ist nicht immer ganz trivial. Lassen sie sich davon aber nicht abschrecken. Wenn sie sich für eine Bandsäge entschieden haben, starten sie mit einem feinen, schmalen Band für Kurvenschnitte und einem breiten, gröberen Band für gerade Schnitte. Alles andere ergibt sich dann später.

Die Bandsäge ist die Diva unter den Holzbearbeitungsmaschinen. Es erfordert eine gewisse Zeit, bis man alle Einstellungen im Griff hat und die Maschine wirklich dort sägt, wo man möchte. Bandführung, Neigung der Rollen und Bandspannung müssen bei jedem Bandwechsel neu eingestellt werden. Mit der Zeit werden sie aber Übung darin bekommen.

Bandsägen sind auch ideal für all diejenigen, die ansonsten gerne auf Maschinen verzichten. So manch passionierter Handwerkzeug-Anwender greift für den groben Zuschnitt doch gerne auf die Bandsäge zurück. Man kann mit Fug und Recht behaupten, dass die Bandsäge auch die sicherste aller elektrischen Sägen ist. Das Sägeband läuft nur an einer einzigen Stelle frei, das Werkstück wird immer auf den Maschinentisch gedrückt, es kann also kein Rückschlag entstehen. Und leise ist die Maschine auch noch.

Die meisten Holzwerker werden aber erst nach der Anschaffung einer Kreissäge über den Kauf einer Bandsäge nachdenken. Wenn Sie mit dem Holzwerken erst beginnen, kann die Stichsäge, die oft schon vorhanden ist, die Bandsäge zum Teil ersetzen. Erst später werden Sie sich vielleicht näher mit der Bandsäge beschäftigen wollen. Hinweise dazu finden Sie im Literaturverzeichnis.

Besäumen

Der Begriff „Besäumen" bezeichnet das Abtrennen der sogenannten Waldkante an einem Brett oder einer Bohle. Die Waldkante ist der Teil der Bohle, an dem noch die Borke und Rinde des Baumes zu sehen ist. Beim Besäumen entsteht auch gleichzeitig eine gerade Referenzkante. Von dieser besäumten Kante aus können dann weitere Schnitte durchgeführt werden.

◀ Führungen sorgen für einen präzisen Lauf der Bandsäge. Sie müssen nach jedem Bandwechsel in Position und Abstand für das jeweilige Band eingestellt werden.

◀ Schmale Leisten schneiden, besäumen, auftrennen: Wer ansonsten gerne mit Handwerkzeugen arbeitet, kann sich mit der Bandsäge zumindest die langwierigen und anstrengenden Arbeiten erleichtern.

◀ Wer viele runde Formen zu schneiden hat, wird die Bandsäge lieben. Kommt dies aber nur selten vor, reicht auch eine Stichsäge.

Kreissägeblätter

Egal, welche Kreissäge Sie verwenden, Sie sollten zu jeder Kreissäge auf Dauer mindestens drei unterschiedliche Sägeblätter haben. Eines für Schnitte längs zur Faser in Massivholz, eines für Querschnitte und Plattenwerkstoffe und ein Universalblatt.

Eines dieser drei Sägeblätter montiert der Hersteller der Säge bereits ab Werk. Sie müssen also nur noch zwei neue Sägeblätter anschaffen.

Lassen Sie sich von der Vielzahl der angebotenen Sägeblätter nicht zu sehr verwirren. Die unglaubliche Menge an angebotenen Sägeblättern resultiert in erster Linie aus den vielen verschiedenen Größen. Was dann noch als Unterscheidungsmerkmal bleibt, ist die Anzahl und die Form der Zähne. Und da wird es dann schnell wieder übersichtlicher.

▲ Mit nur einem Sägeblatt werden Sie auf Dauer weder mit der Tisch- noch mit der Handkreissäge vernünftig arbeiten können. Drei verschiedene sollten es schon sein.

CV, HSS, HW, Widia

Sägeblätter und deren Zähne werden aus unterschiedlichen Materialien hergestellt. Inzwischen hat sich in der Holzbearbeitung für die eigentlichen Zähne Hartmetall (HW) als Werkstoff durchgesetzt. Die Abkürzung HM für Hartmetall ist veraltet. Der Körper des Sägeblattes ist aus einem weicheren Stahl hergestellt. Blätter, die komplett aus Kohlenstoffstahl (CV) hergestellt sind, finden kaum noch Einsatz, ebenso wie HSS (Hochleistungs-Schnell-Stahl), welcher eher in der Metallverarbeitung verbreitet ist. Der oft benutzte Begriff „Widia“ ist eine Abkürzung für „Wie Diamant“ und ist ein Markenname der Firma Krupp für ein bestimmtes Hartmetall. Widia wird umgangssprachlich oft statt des Begriffes Hartmetall verwendet..

Anzahl der Zähne

Längsschnitt: Sägeblätter für Längsschnitte haben im Vergleich zu anderen Sägeblättern nur wenige Zähne. Dafür besitzen Sie größere Zwischenräume zwischen diesen Zähnen. Diese Zwischenräume ermöglichen einen guten Abtransport der langen Späne, die beim Schneiden längs zur Faser entstehen. Viele, aber nicht alle Längschnittblätter, haben eine Flachzahn-Geometrie. Das hat Vorteile, wenn man Nuten mit der Säge schneiden muss. Der Grund der Nut ist dann eben. Der Schnitt mit einem Längsschnittblatt wird nicht so fein, dafür ist der Fortschritt beim Sägen sehr hoch. Die Reibung zwischen Sägeblatt und Holz ist auch gering, es entstehen weniger Brandspuren.

▲ Große Zahnzwischenräume, wenige schneidende Zähne und dazwischen Räumzähne zeichnen ein Sägeblatt für Längsschnitte in Massivholz aus.

Querschnitt/ Feinschnitt: Die vielen Zähne sorgen für ein sehr sauberes Schnittbild. Zwischen diesen vielen Zähnen sind nur kleine Zwischenräume. Lange Späne werden nicht gut aufgenommen und abtransportiert. Solche Sägeblätter sind daher nicht gut für Schnitte längs zur Faser in Massivholz geeignet. Die vielen Schneiden erzeugen eine hohe Reibungswärme, was bei zu langsamem Vorschub schnell zu Brandspuren am Holz führen kann. Feinschnittblätter gibt es mit unterschiedlichen Zahnformen zum Schneiden unterschiedlicher Materialien. Für die meisten Holzarten und Holzwerkstoffe bietet sich eine Wechselzahn-Geometrie an.

▲ 60 Zähne bei einem Durchmesser von 250 Millimetern, dazu noch eine Wechselbezahnung: Mit einem solchen Blatt werden Schnitte in empfindlichen Materialien und quer zur Faser gemacht.

Universalblatt: Der Name trügt, denn das Universalblatt ist nicht universell, sondern ein Kompromiss. Es eignet sich sowohl für Längs- als auch für Querschnitte. Bei Längsschnitten wird die Schnittkante recht sauber, der Arbeitsfortschritt ist aber nicht so hoch und die Gefahr von Brandspuren größer als bei einem Längsschnittblatt. Bei Querschnitten entstehen mitunter mehr Ausrisse als bei einem Feinschnittblatt, dafür neigt es bei dieser Anwendung weniger zum Verbrennen der Schnittkante. Universalblätter als Wechselzahnblätter sind sehr gut geeignet um Kanten auf Gehrung zu schneiden. Sie verlaufen dabei weniger als Feinschnittblätter. Bei einem Durchmesser von 250 Millimetern hat ein Universalblatt meist 40 Zähne.

▲ Nicht universell, aber dennoch sinnvoll. Auch bei Gehrungsschnitten erreichen Sie mit diesem Blatt oft bessere Ergebnisse als mit einem zu feinen Blatt.

Zahnformen

Lassen Sie sich nicht zu sehr von der Vielfalt an verfügbaren Sägeblättern verwirren. Vor allem die Zahngeometrie sollten Sie nicht überbewerten. Eine Wechsel-Bezahnung ist für die meisten Hölzer und Holzwerkstoffe die richtige Wahl. Flachzahn-Sägeblätter sind zwar besser zum Schneiden von Nuten und Fälzen und für den Längsschnitt geeignet, aber auch diese Arbeiten verrichtet ein wechselbezahntes Blatt sehr gut. Spezielle Zahnformen wie Hohl- oder Trapezform sind für das Sägen von kunststoffbeschichteten Werkstoffen gedacht. Solche Sägeblätter lohnen sich erst dann, wenn man diese Werkstoffe auch oft verarbeitet.

Der Hersteller Ihrer Säge macht in der Bedienungsanleitung meist sehr genaue Angaben über die zulässigen Sägeblattgrößen. Machen Sie in dieser Hinsicht keine Experimente und halten Sie sich an die Angaben des Herstellers. Motorlager, Sägeblattaufnahme, Spaltkeilposition, Form des Spaltkeils, Spanhaube, Motorbremse: Das alles ist auf die zulässigen Sägeblätter ausgelegt und nicht auf andere Größen und Stärken.

► Die vier meist genutzten Zahnformen. Für sehr spezielle Anwendungen werden auch mehrere Zahnformen an einem Sägeblatt kombiniert.

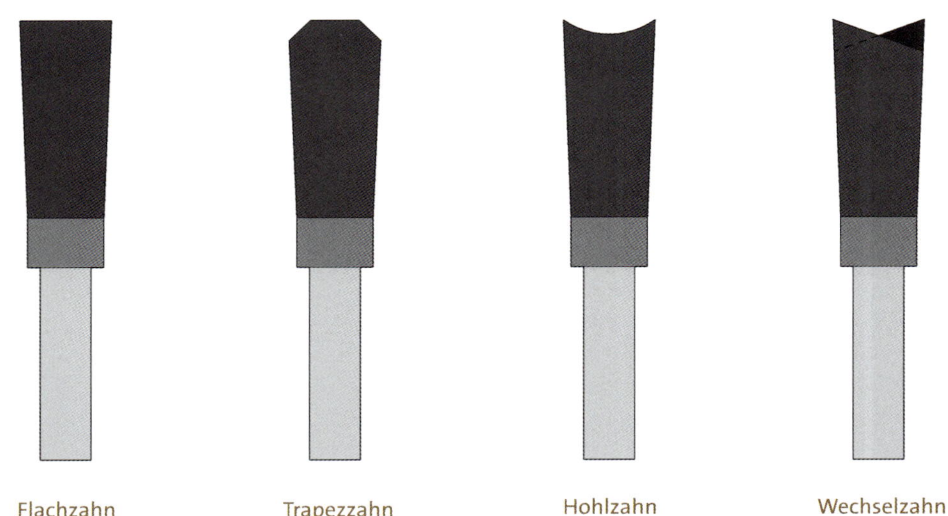

Welches Blatt für welche Anwendung?

Anwendung	Zahngeometrie	Zähneanzahl bei 160 mm Blattdurchmesser	Zähneanzahl bei 250 mm Blattdurchmesser
Längsschnitt in Massivholz	Flachzahn oder Wechselzahn	12 – 16	16 – 24
Querschnitt in Massivholz	Wechselzahn	40 – 50	60 – 80
Gehrungsschnitt in Massivholz, längs zur Faser	Wechselsahn	24 – 36	36 – 40
Gehrungsschnitt in Massivholz quer zur Faser	Wechselzahn	24 – 36	36 – 40
Schnitte in kunststoffbeschichteten Holzwerkstoffen	Trapez – Hohlzahn	40 – 50	60 – 80
Schnitte in Aluminium	Trapez – Flachzahn	40 – 50	60 – 80

Pflege für Ihre Sägeblätter

Gute Sägeblätter sollten gepflegt werden. Dazu zählt nicht nur, dass man jeglichen Kontakt der empfindlichen Hartmetallzähne mit Stahl und Stein vermeiden sollte, sondern auch die regelmäßige Reinigung und das Schärfen. Vor allem dann, wenn Sie harzhaltige Hölzer oder Holzwerkstoffe verarbeiten. setzt sich ein fester Belag auf die Zähne und auch auf den Grundkörper des Sägeblattes. Wird dieser Belag regelmäßig entfernt, werden Ihre Sägeblätter leichter schneiden und länger scharf bleiben. Es gibt spezielle Reiniger, um diese Beläge zu entfernen. Auch Entharzer für Kettensägen und Gartengeräte ist dazu gut geeignet. Backofenreiniger funktioniert auch, riecht aber stark und schäumt meist auch auf. Reinigen Sie Sägeblätter niemals im eingebautem Zustand. Der Reiniger würde sonst auch in das Innere der Maschine gelangen. Dort hat er aber nichts zu suchen, denn solche Reiniger sind oftmals sehr aggressiv und können Teile aus Gummi, wie zum Beispiel Abdichtungen von Kugellagern, angreifen. Auch an elektrischen Komponenten kann ein solcher Reiniger Schaden anrichten. Da er Wasser enthält würde er auch noch Rost auf eisernen Teilen hgervorrufen.

Das Nachschärfen der Sägeblätter sollten Sie einem Profi überlassen. Es gibt Firmen, die sich auf das Schärfen von Sägeblättern und anderen Maschinenwerkzeugen spezialisiert haben. Ihr Werkzeughändler kann Ihnen mit Sicherheit einen entsprechenden Schärfdienst empfehlen. Das Schärfen wird in der Regel pro Zahn berechnet. Es ist also sinnvoll, Sägeblätter ganz gezielt einzusetzen und vor allem die Blätter mit vielen Zähnen nicht dort zu nutzen, wo es nicht notwendig ist.

Während die Bezahnung eines modernen Sägeblattes aus einem Hartmetall besteht, das nicht rostet, wird für den Grundkörper oft einfacherer Stahl verwendet, der durchaus korrodieren kann. Lagern Sie Sägeblätter also immer trocken, am besten in der Original-Verpackung. Öl als Rostschutz hat auf einem Sägeblatt nichts zu suchen. Die Gefahr ist einfach zu groß, dass Ölrückstände zwischen Spannflansch und Sägeblatt verbleiben. Diese Rückstände vermindern die Reibung zwischen Sägeblatt und Spannmechanismus. Ihr Sägeblatt wird eventuell nicht fest genug in der Säge eingespannt.

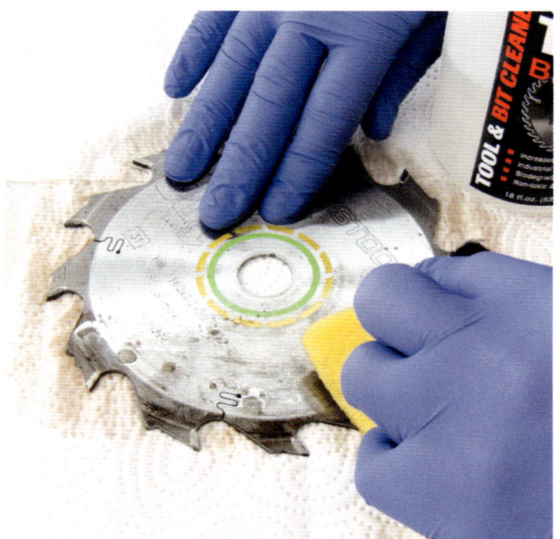

◀ Bei der Anwendung der zum Teil sehr aggressiven Reiniger sollten Sie lösemittelfeste Handschuhe tragen. Ein einfacher Küchenschwamm eignet sich sehr gut, um die Rückstände zu entfernen.

◀ Gut verpackt werden die empfindlichen Zähne nicht beschädigt. Heben Sie die Verpackung der Sägeblätter auf. Sie ist ideal zur Lagerung der Blätter.

Der Spaltkeil und seine wichtigen Aufgaben

Der Spaltkeil soll das Einklemmen des Sägeblattes verhindern. Das kann vorkommen, wenn Sie Holz auftrennen, das unter starken Spannungen steht. In diesem Fall kann sich der Schnitt hinter dem Sägeblatt wieder schließen und das Holz drückt auf das rotierende Sägeblatt. Dieser Druck des Holzes kann so stark sein, dass er den Motor der Säge und somit das Sägeblatt zum Stillstand bringt. Es besteht dann auch die Gefahr, dass die Säge regelrecht zurückschlägt und das Holz hochgeschleudert wird. Bei einer Handkreissäge kann es passieren, dass die Säge aus dem Schnitt herausgedrückt wird. In beiden Fällen kann daraus eine recht heikle Situation entstehen.

Der Spaltkeil ist dicker als der Grundkörper des Sägeblattes, er verhindert somit, dass das Holz direkt auf das sich drehende Sägeblatt Druck ausüben kann. Der Spaltkeil muss aber dünner sein als der Sägeschnitt selbst. Ansonsten würde die Säge sich nicht durch den Schnitt schieben lassen. Spaltkeil und Sägeblatt müssen also zwingend zueinanderpassen.

Verfügt Ihre Handkreissäge nicht über einen Spaltkeil, so muss die Maschine so gebaut sein, dass das Sägeblatt blitzschnell verdeckt wird, sollte die Säge aus dem Schnitt herausgedrückt werden. Bei Handkreissägen mit Pendelhaube sorgt die Feder in der Haube für die Sicherheit. Sie muss die Haube leichtgängig und schnell schließen. Bei Tauchsägen muss sichergestellt werden, dass der Tauchmechanismus leichtgängig ist und im Falle eines Falles das Sägeblatt schnell im Gehäuse verschwindet. Wenn man feuchtes Holz schneidet, kann dies dazu führen, dass diese Mechaniken durch die nassen Späne schwergängig werden. Reinigen Sie in einem solchen Fall die Säge gründlich, damit alle Teile sich wieder frei bewegen können.

Nun ist man als Käufer einer neuen Handkreissäge in einer Zwickmühle, denn viele neue Modelle haben keinen Spaltkeil mehr. Einige Hersteller versehen ihre Maschinen mit einem Überlastschutz, der beim Verklemmen des Sägeblattes den Motor sofort abschaltet. Wenn Sie sich für eine Handkreissäge ohne Spaltkeil entscheiden, seien Sie

▲ Der Spaltkeil an einer Tischkreissäge: Er sollte immer montiert bleiben. Leider steht er bei vielen Sägen über das Sägeblatt hinaus, so dass verdeckte Schnitte nicht damit möglich sind.

► Ein Anblick, den man immer seltener sieht: eine Handkreissäge mit vollwertigem Spaltkeil. Bei Tauchsägen muss dieser federnd gelagert sein, damit das Eintauchen überhaupt möglich ist.

dennoch vorsichtig beim Massivholzzuschnitt. Ein dicker Schraubendreher oder ein eingedrückter Keil am Ende des Sägeschnittes hilft gegen klemmende Sägen. Am besten hat man den Keil oder den Schraubendreher beim Zuschnitt immer griffbereit.

Bei der Tischkreissäge ist der Spaltkeil Pflicht. Schneiden sie niemals ohne Spaltkeil, denn er verhindert nicht nur das Verklemmen des Schnittes, wie er es bei der Handkreissäge tut. Er sorgt auch dafür, dass kein Restholz oder auch größere Abschnitte von hinten an das laufende Sägeblatt heran kommen. Würde dies passieren, so würde das rotierende Sägeblatt diese Holzstücke erfassen und genau in Richtung des Bedieners schleudern. Schwere Verletzungen könnten die Folge sein. Das ist auch der Grund, warum der Spaltkeil auch beim Schneiden von Nuten und Fälzen montiert sein muss.

Achten Sie auch auf die richtige Einstellung des Spaltkeils. Das Bild zeigt die korrekte Position zum Sägeblatt. Bei Spaltkeilen, die gleichzeitig auch die Befestigung der Spanhaube darstellen, ist es je nach Sägenmodell nicht möglich, diesen so zu platzieren, dass die Oberkante des Spaltkeils tiefer als das Sägeblatt steht. Das hat dann keinen Einfluss auf die Sicherheit. Es führt lediglich dazu, dass keine verdeckten Schnitte ausgeführt werden können (siehe auch Seite 88, eine einfache Tischkreissäge).

Kann der Spaltkeil an ihrer Säge nicht horizontal verstellt werden, so müssen Sie auf den richtigen Außendurchmesser des Sägeblattes achten. Wie Sie sehen, ist das kleine, bogenförmige Blechteil nicht so unwichtig, wie es auf den ersten Blick vielleicht erscheinen mag. Wenn möglich, verzichten Sie also niemals darauf.

Die Berufsgenossenschaft

Die Berufsgenossenschaften sind für alle Angestellten im gewerblichen Bereich zuständig. Sie sorgen für sichere Arbeitsbedingungen und stellen entsprechende Vorschriften und Regelwerke auf. Als privater Holzwerker unterliegen Sie nicht dem Zuständigkeitsbereich dieser Institutionen.
In der Regel sind die Vorgaben der Berufsgenossenschaften aber sehr sinnvoll und vernünftig. Es schadet daher auch dem privaten Holzwerker nicht, sich daran zu orientieren. Viele Informationen der Berufsgenossenschaften zum Umgang mit Maschinen und Gefahrenstoffen sind frei im Internet verfügbar.

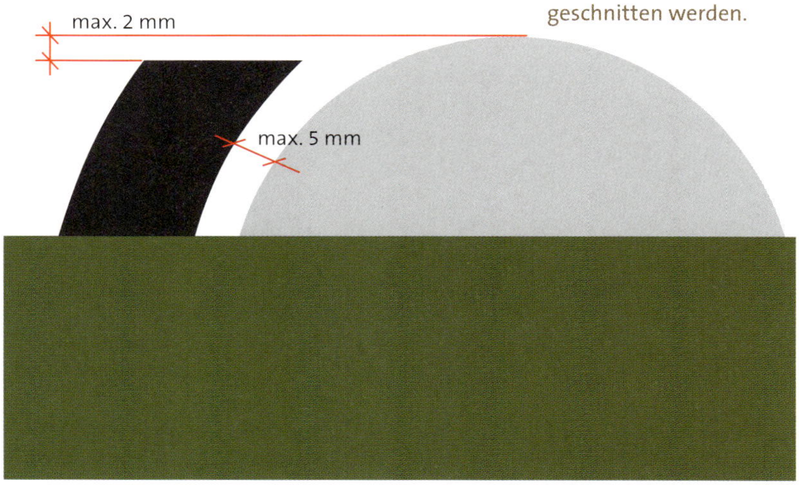

▼ Die empfohlene Einstellung eines Spaltkeils an einer Tischkreissäge mit 250 Millimeter Blattdurchmesser. Durch den leicht niedriger stehenden Spaltkeil können Nuten und Fälze geschnitten werden.

max. 2 mm

max. 5 mm

Vier einfache Regeln sorgen für Sicherheit

Bevor Sie zum ersten Mal an einer Tischkreissäge oder mit der Handkreissäge arbeiten, sollten Sie sich einige Gedanken zum sicheren Umgang mit der Maschine machen. Dazu gehören einige elementare Regeln, die Sie von Anfang an verinnerlichen sollten.

Regel 1: Stehen Sie neben der Maschine

Als Bediener einer Tischkreissäge stehen Sie seitlich zur Säge. Das mag im ersten Moment umständlich erscheinen, bietet ihnen aber die sicherste Position. Sollte sich ein Werkstück verklemmen, wird es mitunter zu einem schnell nach hinten fliegenden Geschoss. Da sollte man nicht in der Flugbahn stehen. Der Schiebestock ist griffbereit oder besser noch bereits in der Hand. Die meisten Tischkreissägen sind für Rechtshänder gebaut. Wenn Sie Linkshänder sind, wird Ihnen mancher Arbeitsgang schwerer fallen als einem Rechtshänder. Es gibt auch Maschinen, bei denen die Anbauteile von rechts nach links umgebaut werden können. Auf diese Weise entsteht dann eine Linkshänder-Maschine. Immer gilt: Eine Hand schiebt das zu schneidende Werkstück von hinten an das laufende Sägeblatt, während die andere Hand es an den Parallelanschlag drückt. Der Druck wird nur vor dem Sägeblatt ausgeübt. Die Hand bleibt dabei immer an der gleichen Stelle in ausreichendem Abstand (etwa 120 Millimeter) zum Sägeblatt. Die Spanhaube ist dabei ein gutes Hilfsmittel. Halten Sie sich an die einfache Regel, dass Ihre Hände im Bereich unter der Spanhaube und etwa 100 Millimeter um sie herum nichts verloren haben.

Kommt die schiebende Hand dem Sägeblatt zu nahe, hat der Schiebestock ebenfalls seinen Einsatz. Mit ihm wird das Werkstück am Sägeblatt entlang geschoben. Die andere Hand drückt am Werkstückende nicht mehr gegen den Parallelanschlag, sondern führt das Werkstück hinter dem Sägeblatt nur noch ein wenig. Ein Rollenbock oder eine Tischverlängerung hinter der Säge verhindern, dass Ihr Werkstück abkippt oder herunterfällt. Erst wenn das Werkstück komplett hinter dem Sägeblatt liegt, nehmen Sie den Schiebestock weg. Sie können das geschnittene Werkstück nun gefahrlos hinter dem Sägeblatt abnehmen.

► Seitlich neben der Maschine, da ist der sicherste Platz. Sollte ein Werkstück sich verklemmen und weggeschleudert werden, stehen Sie außerhalb seiner Flugbahn.

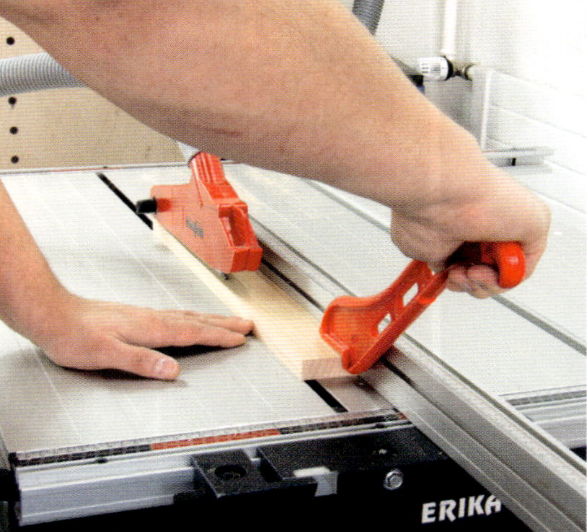

►► Auch, wenn man seitlich zur Maschine steht, kann ein Schiebestock benutzt werden.

Regel 2:
Die längste Kante kommt an den Anschlag

Ein Werkstück, das sich verkantet, führt zu einem Rückschlag und man kommt als Bediener sehr schnell in eine sehr gefährliche Situation. Das gilt es unbedingt zu vermeiden. Hält man sich an die Regel „Die längste Kante des Werkstückes kommt an den Anschlag", so vermeidet man das gefährliche Verkanten des Werkstückes. Wenn Sie sich an diese Regel halten, so müssen Sie sich auch keine Gedanken darüber machen, ob Sie für den anstehenden Schnitt den Queranschlag oder den Parallelanschlag benutzen. Das Ergibt sich dann von ganz alleine.

In der Praxis sieht das wie folgt aus:

Soll an der längsten Kante des Werkstückes entlang ein paralleler Schnitt gemacht werden, so liegt diese Kante auch am Anschlag. Es muss dann am Parallelanschlag geschnitten werden. Die falsche Vorgehensweise wäre, die kurze Kante des Werkstückes am Queranschlag anzulegen und den Schnitt mit dem Schiebeschlitten zu machen. Dann würde die kurze Kante des Werkstückes am Anschlag liegen. Sehr schnell wird sich das Werkstück beim Sägen verdrehen. Im günstigsten Fall wird der Schnitt nur schief. Im ungünstigen Fall verkantet sich das Werkstück und wird vom drehenden Sägeblatt nach hinten geschleudert.

Möchten Sie hingegen einen Ablängschnitt im rechten Winkel zur längsten Kante Ihres Werkstückes machen, so liegt diese längste Kante am Queranschlag. Wenn Sie hingegen versuchen, die kurze Werkstückkante am Parallelanschlag entlang zu führen, besteht erneut die Gefahr des Verkantens und des Rückschlages.

Wenn sie sich also an die einfache Regel „Die lange Kante kommt gegen den Anschlag" halten, liegen sie immer richtig.

◄ So bitte nicht: Die Gefahr, dass das Werkstück verkantet, ist einfach zu groß

◄ So geht es richtig: Das Werkstück kann sich nicht zwischen Sägeblatt und Anschlag verkanten.

◄ Sicheres Ablängen: Die längste Werkstückkante liegt am Queranschlag an.

Regel 3:
Nichts darf klemmen

Bei der Arbeit mit Kreissägen wird es immer dann besonders gefährlich, wenn Ihr Werkstück sich verklemmt. Der bereits mehrfach erwähnte Spaltkeil soll das verhindern. Er kann aber bei falscher Bedienung und Einrichtung der Maschine auch nicht immer helfen. Daher ist es wichtig, den jeweiligen Arbeitsgang so einzurichten, dass das Einklemmen des Werkstückes zwischen Sägeblatt und Anschlägen vermieden wird. Dann hat der Spaltkeil „nur" noch die Aufgabe, das Klemmen im Schnitt selbst zu verringern.

Eine Maßnahme um das Klemmen des Werkstückes zwischen Sägeblatt und Parallelanschlag zu verhindern ist, den Anschlag zurück zu ziehen. Das ist bei vielen Sägen problemlos möglich. Der Parallelanschlag wird so weit zurückgenommen, dass er nicht über die gesamte Tischlänge geht, sondern ein kurzes Stück hinter dem Sägeblatt endet. Als Richtwert kann man sich eine Linie im 45° Winkel hinter dem Sägeblatt vorstellen. Der Anschlag wird bis auf diese gedachte Linie geschoben. Ein so verkürzter Anschlag ist bei weitem lang genug, um genau zu sägen. Er verringert aber auch gleichzeitig die Gefahr dass Ihr Werkstück eingeklemmt wird.. Vor allem beim Zuschnitt von Massivholz ist ein so positionierter Anschlag viel sicherer, da sich das Holz nach dem Schnitt oft sofort verzieht.

Ein weiterer Grund dafür, dass Werkstücke beim Schneiden am Parallelanschlag klemmen, ist, dass dieser falsch justiert ist. Der Abstand zum Sägeblatt muss nach hinten hin minimal größer werden, der Anschlag darf also nicht perfekt parallel zum Sägeblatt stehen. Das hat keinerlei Einfluss auf die Präzision des Schnittes, aber eine große Wirkung auf die Sicherheit. Ein angenehmer Nebeneffekt ist dabei noch, dass der Schnitt viel sauberer Wird. Die aufsteigenden Sägezähne liegen nicht mehr an der Schnittkante an und ziehen somit auch keine Holzfasern nach oben.

▼ Ein verkürzter, also zurückgezogener Anschlag bietet noch immer eine sichere Führung des Werkstückes. Die Gefahr des Verklemmens wird aber stark verringert.

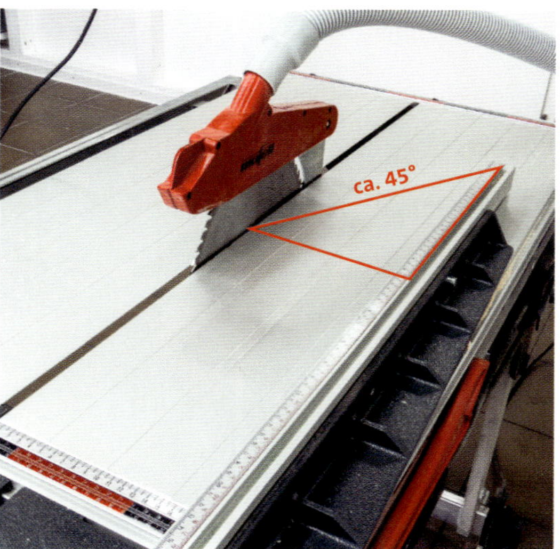

▼ Ein leicht nach hinten öffnender Anschlag hat keine Auswirkungen auf die Genauigkeit Ihrer Schnitte. Die Schnitte werden aber viel sauberer.

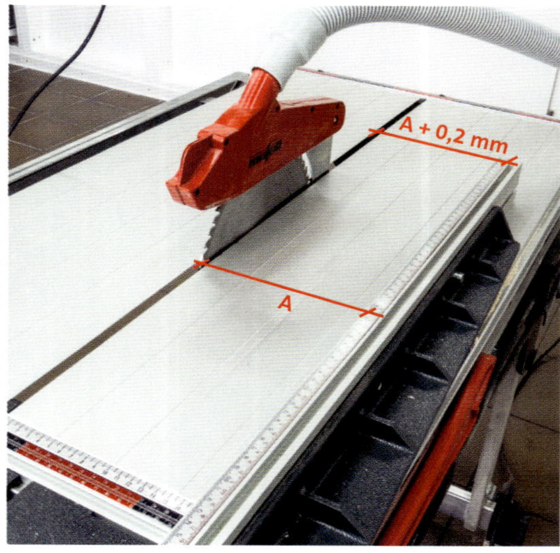

Regel 4:
Ihre Hände gehören nicht in den Gefahrenbereich

Der gefährlichste Bereich jeder elektrischen Säge ist der Bereich direkt am Sägeblatt. Ihre Hände gehören nicht in diesen unmittelbaren Gefahrenbereich. Der Schiebestock, der das verhindern kann, wurde ja bereits mehrfach erwähnt. Mit ihm kann man dicht am Sägeblatt Druck auf das Werkstück ausüben und dennoch die eigenen Finger in sicherem Abstand halten.

Eine weitere wichtige Einrichtung ist die Spanhaube. Sie sorgt nicht nur für sauberes Arbeiten, sondern auch für Sicherheit. Ideal ist es, wenn die Spanhaube in einer gut sichtbaren Farbe wie zum Beispiel Rot gehalten ist. Zu diesem roten Teil müssen die Finger Abstand halten, da sich dort das Sägeblatt befindet. Ein eindeutiges Signal!

Neben dem Schiebestock ist auch das Schiebebrett ein gutes Hilfsmittel. Ein wiederverwendbarer Griff wird dazu einfach auf ein Restholz befestigt. Mit diesem Schiebebrett kann man nun in sicherem Abstand ein schmales Werkstück am Anschlag entlang schieben. Das Festhalten von sehr kleinen Werkstücken, zum Beispiel am Queranschlag, überlassen Sie besser einer Hebelzwinge statt Ihrer Hand.

▼ Wenn es für die Benutzung eines Schiebestockes schon zu eng ist, kann man mit einem solchen Schiebebrett auch schmale Werkstücke sicher am Parallelanschlag entlang schieben.

▲ Wird die Schutzhaube bis auf die Werkstückoberfläche abgesenkt, verbessert das nicht nur die Absaugung. Sie verringert auch deutlich die Gefahr, dass Ihre Finger zu nahe an das laufende Sägeblatt kommen.

Der Zuschnitt von Werkstücken – Ein typischer Arbeitsablauf

Vorarbeit mit der Handkreissäge

Auch wenn Sie eine Tischkreissäge benutzen, macht es oft Sinn, mit einer Handkreissäge die Vorarbeit zu leisten. Wenn Sie beispielsweise ganze Platten einkaufen, können Sie diese erst einmal in handlichere Stücke zerteilen. Eine ganze Platte hat immerhin die Abmessungen von 2,05 Metern x 2,8 Metern bei Spanplatten oder gar bis zu 1,5 Metern mal 3 Metern bei Multiplex. Auch das Besäumen (Anschneiden einer geraden Bezugskante) von rohen Bohlen und Brettern kann problemlos mit der Handkreissäge und einer Führungsschiene geschehen.

▼ So sieht die Schnittkante aus, wenn ein ungeeignetes (hier: zu feines) Sägeblatt verwendet wird. Ein Universalblatt ist besser geeignet. Werden die Kanten noch gehobelt, können sie auch ein Längsschnittblatt verwenden.

▲ Gute Vorbereitung ist wichtig. Es dürfen weder Kabel noch Schläuche stören, die Platte muss sicher aufliegen und auch die Abschnitte dürfen nicht herunterfallen können.

Längsschnitte an der Tischkreissäge

Wie Sie sehen, muss man bei einem solchen Schnitt mehrmals die Position der Hände ändern und umgreifen. Dabei entstehen kurze Pausen, in denen sich das Werkstück nicht auf der Säge bewegt. An diesen Stellen können dann Brandspuren entstehen. Je mehr Übung Sie an der Tischkreissäge bekommen, umso fließender werden die Bewegungen und es kommt kaum noch zum Stillstand des Werkstückes während der Bearbeitung.

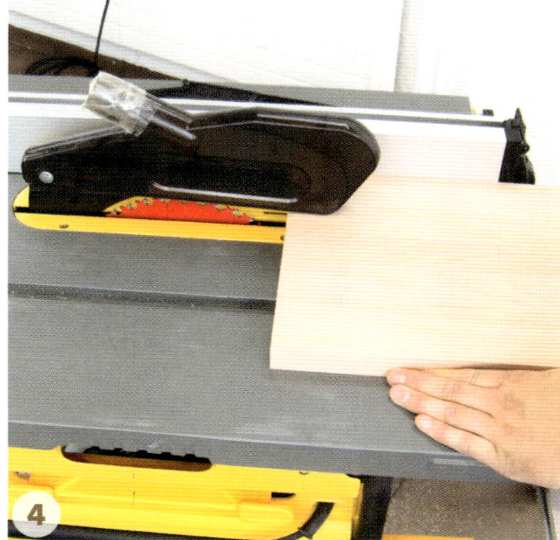

◀ Im Bereich der Spanhaube haben Ihre Hände nichts verloren. Der Druck gegen den Parallelanschlag erfolgt ausschließlich vor dem Sägeblatt.

▼ Beim Schneiden schmaler Werkstücke ist der Schiebestock Pflicht. Er gehört zu jeder Tischkreissäge und muss immer griffbereit liegen.

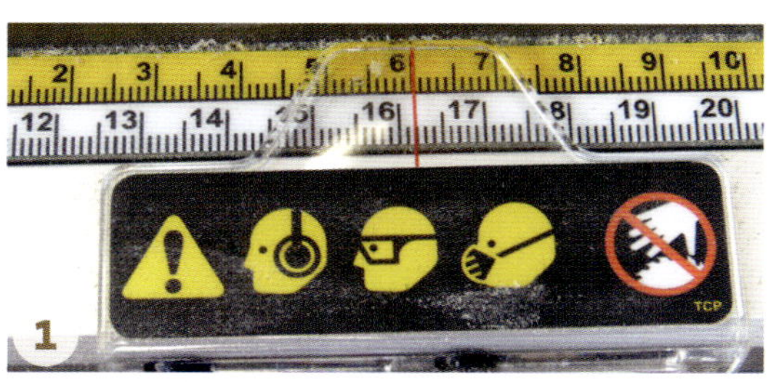

◀ Der Parallelanschlag wird auf das gewünschte Maß eingestellt. Wenn Sie die Kanten später noch hobeln, geben Sie ein bis zwei Millimeter zur Breite hinzu.

◀ Das Sägeblatt soll ungefähr 5 – 8 mm über das Werkstück herausragen. Als Richtwert dient der Sägezahn selbst. Steht er über das Werkstück über, stimmt die Einstellung.

► Direkt hinter der Säge sollte niemand stehen. Auch Sie als Maschinenbediener stehen immer seitlich versetzt. Dort ist der sicherste Platz an der Tischkreissäge.

◀ Die Finger sind beim Führen des Werkstückes immer zusammen und niemals gespreizt. So haben sie die bestmögliche Kontrolle beim Vorschieben des Werkstücks.

Querschnitte mit dem Multifunktionstisch oder dem Schiebetisch

Nach den Längsschnitten erfolgen die Querschnitte. Mit einem Multifunktionstisch sind Ablängschnitte bis zu einer Länge von 600 Millimetern meist kein Problem. Allerdings muss man bei schmalen Werkstücken die Führungsschiene daran hindern, sich durchzubiegen. Am einfachsten geschieht das durch unterlegen der Schiene mit Material, das genau so dick ist wie das zu schneidende Werkstück.

Damit beide Enden des Werkstückes rechtwinklig und sauber werden, muss ein sogenannter Anschnitt erfolgen. Das bedeutet, dass etwa 10 Millimeter an einem Ende abgeschnitten werden, bevor das Werkstück auf das endgültige Maß abgelängt wird. Dieser Anschnitt sorgt für eine rechtwinklige und saubere Schnittkante. Diese Schnittkante wird dann an den Ablänganschlag gelegt. So sind dann später beide Enden eines Werkstückes sauber und genau geschnitten.

Auf einer Tischkreissäge mit Schiebeschlitten und Ablänganschlag geht das Ablängen der Einzelteile viel bequemer und schneller als auf einem Multifunktionstisch. Die meisten Ablänganschläge können nach oben geklappt werden. Bei hochgeklapptem Anschlag kann der Anschnitt gemacht werden. Nach dem Anschnitt wird der Ablänganschlag heruntergeklappt, das Werkstück wird gedreht, mit dem Anschnitt an den Anschlag gelegt und auf Endmaß geschnitten.

► Damit die Führungsschiene nicht durchhängt und der Schnitt sauber wird, legen Sie einige gleich dicke Leisten oder Brettchen unter die Schiene.

► Ein Anschnitt ist in der Regel sinnvoll. Dabei wird nur wenig Holz abgeschnitten. Das Ende wird rechtwinklig, glatt und möglichst ausrissfrei geschnitten.

▼ Wesentlich bequemer ist die Arbeit an einer Säge mit Schiebeschlitten. Vor allem dann, wenn es um Winkelschnitte geht, ist eine solche Maschine der Handkreissäge mit Hilfsmitteln weit überlegen.

◄ Ein Klappanschlag ermöglicht den schnellen Wechsel zwischen Anschnitt und Fertigschnitt. Beim Anschnitt wird er einfach hochgeklappt und das Werkstück darunter geschoben.

Beim Arbeiten mit dem Schiebetisch ist es wichtig, dass sich die Abschnitte nicht zwischen Sägeblatt und Parallelanschlag verklemmen können. Der Parallelanschlag muss daher weit genug vom Sägeblatt weg sein oder er wird ganz abgenommen. Widerstehen Sie der Versuchung, die Abschnitte mit dem Schiebestock oder gar den Fingern vom Sägeblatt wegzunehmen. Beim nächsten Schnitt schiebt der neue Abschnitt den bereits vorhandenen immer weiter. Wenn Sie die Abschnitte dennoch mit der Hand entfernen möchten, schalten Sie die Säge dabei ganz aus.

Der Schiebetisch wird beim Ablängen soweit am Sägeblatt entlang geschoben, dass das geschnittene Werkstück gefahrlos hinter dem Sägeblatt vom Schiebetisch entnommen werden kann. Wenn Sie das bereits durchtrennte Werkstück mitsamt dem Schiebetisch wieder nach hinten ziehen, führt dies meist zu einem unsauberen Schnittbild. Es kann sogar vorkommen, dass sich beim Zurückziehen von Schlitten und Werkstück das Werkstück etwas verschiebt, sich verklemmt oder Brandspuren entstehen.

Viele der Enden von Werkstücken sind am späteren Möbel sichtbar. Eine saubere, möglichst ausrissfreie Schnittkante ist daher wichtig. Das erreicht man mit einem scharfen Feinschnittblatt und nicht zu schnellem Vorschub der Säge, beziehungsweise des Werkstückes am Sägeblatt entlang.

◀ Bei Ablängschnitten muss der abfallende Teil des Werkstückes noch sicher auf dem Maschinentisch aufliegen. Der Parallelanschlag darf nicht im Weg sein.

◀ Ziehen Sie den Schiebetisch nicht zurück. Das kann zu unschönen Ausrissen führen. Besser sie Schieben ihn weiter, bis das Werkstück ganz hinter dem Sägeblatt liegt.

◀ Eine ausrissfreie und glatte Schnittkante – Dank feinem Sägeblatt und richtiger Handhabung der Tischkreissäge.

Ihre Sägen können aber noch viel mehr

Hand- und Tischkreissägen können aber viel mehr als nur gerade Zuschnitte. Vor allem Tischkreissägen sind sehr vielseitige Maschinen. Mit dem richtigen Zubehör und einigen selbst gebauten Hilfsmitteln erweitern Sie den Einsatzbereich der Maschine noch einmal deutlich. Die folgenden Beispiele zeigen einige Arbeitsgänge und deren sichere und präzise Durchführung.

Nuten schneiden

Nuten tauchen an vielen Stellen von Möbelstücken auf. Sei es die Nut, in der eine Schrankrückwand einliegt, oder aber auch die Nut, in die ein Schubladenboden eingeschoben wird. Solche Nuten können mit einer Oberfräse erstellt werden oder aber mit Ihrer Tischkreissäge. Im Prinzip können Sie Nuten auch mit einer schienengeführten Handkreissäge schneiden. Sie dürfen dann aber nicht die gleiche Präzision wie bei einer Tischkreissäge erwarten.

Wenn Sie für Ihre Säge ein Blatt mit flachen Zähnen haben, ist dies ideal für das Schneiden von Nuten. Die flachen Zähne erzeugen einen ebenen Nutgrund. Haben Sie kein solches Sägeblatt, ist das auch kein Beinbruch. Der Grund der Nut wird dann nicht eben sondern weist die Spuren der Wechselbezahnung des Sägeblattes auf. In der Regel ist der Grund einer Nut aber ohnehin nur sehr selten sichtbar.

Für das Schneiden einer Nut ist es wichtig, dass der Spaltkeil Ihrer Säge nicht über das Sägeblatt übersteht. Leider gibt es immer noch viele Tischkreissägen, bei denen der Spaltkeil übersteht und nicht abgesenkt werden kann. In einem solchen Fall bleibt Ihnen nur der Austausch des Spaltkeiles gegen einen kürzeren. Auf keinen Fall sollten Sie an der Tischkreissäge ohne Spaltkeil schneiden.

Nur selten wird es der Fall sein, dass Sie eine Nut brauchen, die genauso breit ist wie Ihr Sägeblatt. Die Nut muss also in mehreren, sich überlappenden Schnitten erzeugt werden. Das geschieht am Parallelanschlag. Der Anschlag wird so eingestellt, dass der Abstand zwischen Sägeblatt und Anschlagkante dem Abstand der Nut zur Vorderkante Ihres Werkstückes entspricht. Die wenigsten Kreissägen verfügen über eine Höheneinstellung mit einer Skala, die für genaues Nuten geeignet ist. Die Nuttiefe muss also zunächst grob eingestellt werden.

► Auf einer Tischkreissäge können Sie beliebig breite und tiefe Nuten schneiden.

Danach machen Sie einen Probeschnitt und messen die Nuttiefe nach. Wenn sie ein Blatt mit Wechselbezahnung verwenden, messen Sie auf dem höchsten Punkt in der Nut. Stimmt die Tiefe nicht, muss korrigiert werden. Ein weiterer Probeschnitt wird dann notwendig sein. Sind alle Einstellungen gemacht und überprüft, kann der erste Schnitt an Ihrem Werkstück erfolgen.

Werden mehrere gleiche Nuten geschnitten, führen Sie alle Schnitte mit der gleichen Einstellung durch. Erst dann kann der Parallelanschlag für die weiteren Schnitte verschoben werden. Die Schnitte zum Verbreitern der Nut sollten sich um etwa ein Drittel der Schnittbreite Ihrer Säge überlappen.

Es ist ratsam, alle diese Schnitte auch an einem Probestück mit zu machen. Denn wenn Sie nahe an der endgültigen Nutbreite sind, sollten sie den letzten Schnitt wieder mit dem Probestück einstellen, bevor Sie diesen finalen Schnitt an den eigentlichen Werkstücken durchführen.

◀ Bei allen verdeckten Schnitten muss der Spaltkeil tiefer stehen als das Sägeblatt. Tut er das nicht, können keine Nuten oder Fälze geschnitten werden.

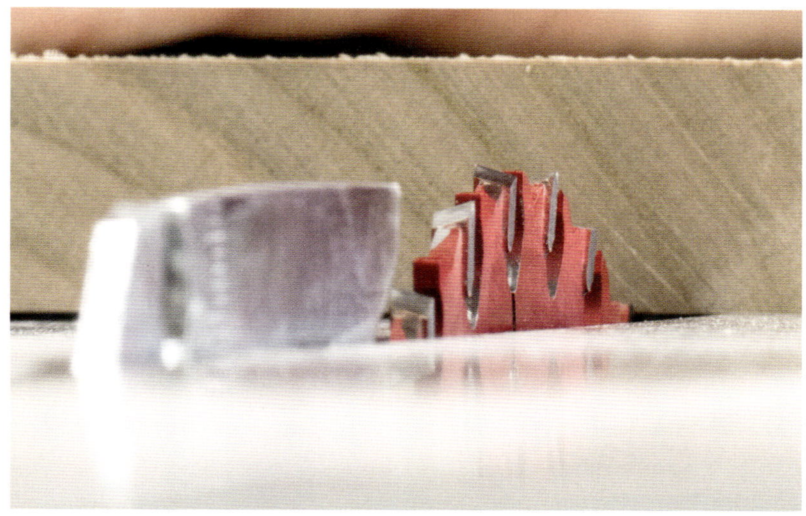

▼ Der Nutgrund wird beim Sägen mit einem Wechselzahnblatt nicht eben. Es zeigen sich hohe und tiefe Stellen.

▲ Der erste Schnitt muss genau an der richtigen Position sein. Ob das nun die Innen- oder Außenseite der Nut ist, spielt dabei keine Rolle.

◀ Mit weiteren Schnitten wird die Nut auf das benötigte Maß verbreitert.

► Beim Schneiden eines Falzes wird wesentlich weniger Holz zerpant als beim Fräsen. Ein geschnittener Falz in Massivholz wird auch sehr sauber.

► Der erste Schnitt erfolgt mit aufrecht stehendem Werkstück am Parallelanschlag. Schneiden sie möglichst gleichmäßig und ohne zu wackeln.

► Der zweite Schnitt erzeugt den eigentlichen Falz. Das Reststück liegt frei auf dem Maschinentisch und wird nicht nach hinten geschleudert.

Fälze schneiden

Ein Falz kann ebenfalls mit einer Kreissäge geschnitten werden. Allerdings wird das nur auf einer Tischkreissäge zufriedenstellend gelingen. Mit der Handkreissäge wäre es zu gefährlich und sehr ungenau.

Für einen Falz werden zwei Schnitte benötigt. Die Maße werden am Werkstück direkt angezeichnet. Der erste Schnitt erfolgt hochkant. Das zu fälzende Werkstück wird also aufrecht am Parallelanschlag entlanggeführt. Je nach verwendeter Säge geht das nur, wenn die Werkstücke eine gewisse Breite haben und nicht in den Schlitz neben dem Sägeblatt geraten können. Auch das Schneiden von Fälzen gehört zu den sogenannten „verdeckten Schnitten", bei denen der Spaltkeil nicht über das Sägeblatt überstehen darf.

Wie so oft ist es auch hierbei ratsam, einen Probeschnitt in einem Restholz zu machen und das Ergebnis mit einem Lineal oder, besser noch, einem Messschieber zu überprüfen. Versuchen Sie, das Werkstück möglichst ruhig und gleichmäßig über den Maschinentisch zu führen. Jedes Verwackeln ist später am fertigen Falz sichtbar.

Beim zweiten Schnitt liegt das Werkstück wieder flach auf dem Maschinentisch. Es wird aber auch am Parallelanschlag entlanggeführt. Wenn es möglich ist, schneiden Sie so, dass sich das abgetrennte Holz nicht zwischen Parallelanschlag und Sägeblatt verklemmen kann. Der Falz zeigt also nicht zum Parallelanschlag hin, sondern zum Sägeblatt. Ist dies aufgrund der Werkstückabmessungen nicht möglich, müssen Sie damit rechnen, dass das abgetrennte Holz nach hinten geschleudert wird. Bei solchen Werkstücken ist es daher ratsam, den Falz lieber zu fräsen.

Ein Messschieber ist kein Luxus

Messschieber sind inzwischen nicht mehr teuer. Achten Sie aber darauf, dass der Messschieber über einen Feststellknopf verfügt. Das macht es einfacher, wiederkehrende Maße zu kontrollieren. Digitale Messschieber werden mit Batterien betrieben. Eine passende Ersatzbatterie legen Sie sich am besten direkt zu Ihrem Messschieber dazu. Wie jedes Messinstrument sollte auch ein Messschieber (umgangssprachlich auch Schieblehre genannt) pfleglich behandelt werden. Meist werden sie daher auch bereits in passenden Etuis geliefert.

Fasen schneiden

Fasen sind Abschrägungen an Kanten. Sie werden oft im Winkel von 45° ausgeführt und erfüllen in der Regel nur optische Zwecke. Eine Fase nimmt dicken Bauteilen ihre Wucht und macht sie für das menschliche Auge dünner. Sie können Fasen mit der Oberfräse herstellen. Dabei wird viel Holz zerspant. Ihre Fräse wird dabei sehr stark belastet. Wesentlich kraftschonender ist das Sägen von Fasen auf der Tischkreissäge. Da Fasenfräser für Oberfräsen auch nur bis zu einer möglichen Fasengröße von etwa 20 bis 25 Millimetern im Handel üblich sind, bietet sich die hier gezeigte Methode auch für sehr große Fasen an.

Das Schneiden einer Fase verlangt nach einem Hilfsmittel. Die einfachste Lösung ist ein Winkel aus Sperrholz, der am Parallelanschlag befestigt wird. Der Winkel wird so hoch wie möglich befestigt. Das Sägeblatt wird bis knapp unter den Hilfsanschlag abgesenkt und in die gewünschte Schräge gebracht. Der Abstand zwischen Hilfsanschlag und Sägeblatt bestimmt nun die Größe der Fase.

Sie müssen Ihr Werkstück nun nur noch am Hilfsanschlag entlangführen. Sollten Sie einmal verkanten oder wackeln macht das nichts. Die Säge kann niemals zu viel Material wegnehmen, nur zu wenig. Sind Sie also mit einer gesägten Fase einmal nicht zufrieden, führen Sie den Schnitt an der gleichen Kante einfach noch einmal aus.

Die Abschnitte haben zwischen Sägeblatt und Parallelanschlag genügend Platz und können nicht verkanten und nach hinten geschleudert werden. Das Sägeblatt ist gut abgedeckt, daher ist diese Methode sehr sicher.

Man könnte Fasen auch ohne Hilfsanschlag schneiden, indem man das Sägeblatt schräg stellt und nur den Parallelanschlag passend einstellt. Das hat dann aber einige Nachteile:

- Bei unterschiedlich großen Werkstücken oder solchen mit unterschiedlichen Abmessungen muss die Maschine mehrmals eingestellt werden
- Die Abschnitte können sich zwischen Sägeblatt und Maschinentisch verkanten.
- Verwackeln des Werkstückes führt zu einer unregelmäßigen Fase und gegebenfalls zu Brandspuren.
- Das Sägeblatt läuft sehr offen, die Unfallgefahr steigt.

▲ Ist die Tischkreissäge richtig eingestellt gelingen Fasen, die sehr präzise sind. Sie treffen sich an Eckpunkten ganz genau.

▲ Einfach aber effektiv: das Winkelbrett. Die Schenkelbreite des Winkels beträgt etwa 50 Millimeter. Er wird mit Hebelzwingen befestigt.

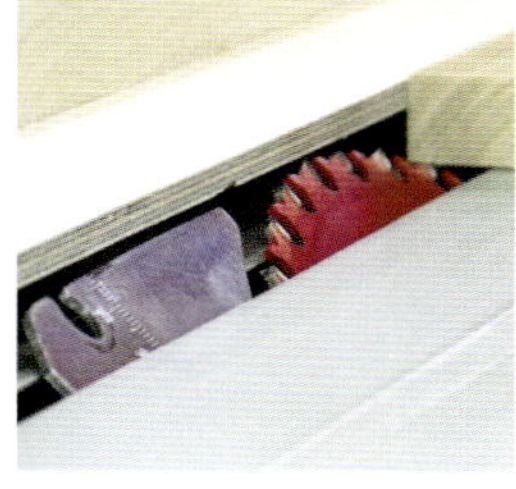

▲ Für das Schneiden der Fasen verwenden Sie das gleiche Sägeblatt, welches Sie in dieser Situation auch für einen geraden Schnitt genommen hätten.

▲ Werden Fasen auf diese Art und Weise geschnitten, steigt die Unfallgefahr. Das Endergebnis ist meist auch nicht so genau.

Hebelzwingen sind sicherer

Wenn Hilfsmittel an Maschinen befestigt werden, tun Sie das mit Hebelzwingen. Sie gewährleisten dauerhaften und sicheren Halt. Die sonst üblichen Schraubzwingen können sich mit der Zeit durch Vibrationen der Maschine lockern und sogar komplett lösen. Wenn Sie keine Hebelzwingen zur Hand haben und Schraubzwingen verwenden, sollten diese regelmäßig nachgezogen werden.

▶ Gehrungen sind mit das Schwierigste, was man mit einer Tisch- oder Handkreissäge schneiden kann.

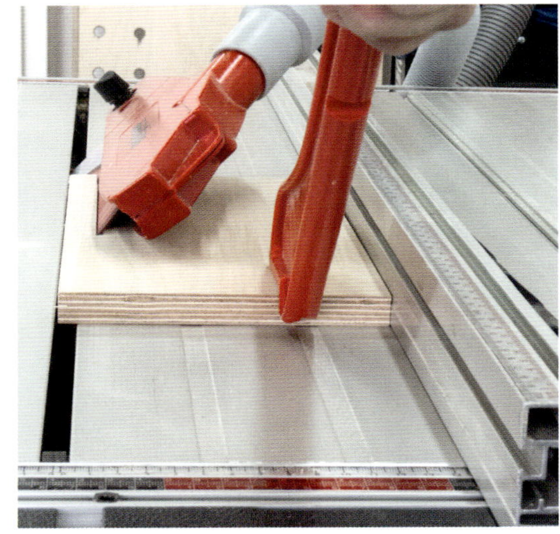

▶ Oft geht es beim Schneiden von Gehrungen etwas beengt zu. Erliegen sie dennoch nicht der Versuchung, die Schutzhaube zu demontieren.

▶ Nicht jede Säge erlaubt das Schneiden von Winkeln über 45°. Wenn Ihre Säge das kann, erleichtert das Gehrungsschnitte enorm.

Gehrungen

Gehrungen (Verweis auf Kasten „Was sind Gehrungen“ im Kapitel Handwerkzeuge) sind die Königsdisziplin für Kreissägen. Hier zeigt sich jeder Fehler sofort am Endergebnis. Umso wichtiger ist es, jegliche Fehlerquellen auszuschließen. Während es bei kurzen Gehrungsschnitten an den Enden von Rahmenteilen lediglich auf die genaue Einstellung des Ablänganschlages ankommt, lauern bei Gehrungsschnitten an Längskanten viel mehr Fallstricke.

Das wäre zum einen das Sägeblatt: Ist es zu fein, hat man einen sehr hohen Schnittdruck. Da inzwischen auf vielen Sägen sehr dünne Sägeblätter eingesetzt werden, führt das oft dazu, dass sich das Blatt im Schnitt leicht verwindet. Die Schnittkante wird dann nicht perfekt gerade und eben. Kommen zwei solche Schnittkanten zusammen, sieht man diesen Fehler sehr deutlich. Ein scharfes, aber nicht zu feines Universalblatt ist daher meist besser geeignet.

In der Regel sind bei Gehrungen an Längskanten die Außenseiten sichtbar. Also die Stellen, an denen die Spitzen der Gehrungen zusammentreffen. Ist der Winkel der beiden geschnittenen Gehrungen nur ein wenig zu stumpf und man verleimt sie dennoch im gewünschten Winkel, zeigt sich eine Fuge an der Außenseite. Im Gegensatz dazu trägt ein minimal spitzerer Winkel als gefordert dazu bei, dass die Außenseite dicht wird. Daher sollten Sie bei solchen Schnitten den Winkel immer etwa minimal (etwa 0,2°) stärker einstellen als es rechnerisch notwendig ist. Die dadurch entstehende minimale Fuge an der Innenseite der Gehrung kann dabei vernachlässigt werden. Sie wird kaum sichtbar sein und hat keinen negativen Einfluss auf eine etwaige Verleimung.

Wenn an einem Werkstück zwei Gehrungen an gegenüberliegenden Kanten angeschnitten werden sollen, wird es noch schwieriger. Bei vielen Tischkreissägen ergibt sich durch leicht gerundete Kanten am Profil des Parallelanschlages eine kleine Fuge. Die Spitze der bereits angeschnittenen Gehrung rutscht dort hinein und das Werkstück kann verkanten und wird ungenau geschnitten. Es gibt zwei Möglichkeiten das zu verhindern:

1. Sie schieben eine dünne Sperrholzplatte in den Schnitt. Dadurch liegt das Werkstück höher, die Fuge wird überbrückt. Das geht aber erst, nachdem Sie das genaue Maß am Parallelanschlag eingestellt haben. Der Anschlag kann nicht mehr verschoben werden, wenn die Platte im Schnitt ist.

2. Sie benutzen den gleichen Sperrholzwinkel wie für das Schneiden von Fasen. Das Werkstück liegt mit der bereits geschnittenen Gehrung an diesem Hilfsanschlag an und rutscht nicht in die Fuge. Achten Sie aber darauf, den Winkel genau parallel zur Tischoberfläche am Anschlag zu befestigen. Sitzt er schief, wird auch der zweite Gehrungsschnitt schief werden.

Meist schneidet man eine Gehrung nicht „einfach so“. Sie soll ja an genau der richtigen Stelle am Werkstück geschnitten werden. Das Einstellen der Anschläge, vor allem des Parallelanschlages, ist dann nicht mehr so einfach wie bei einem geraden Schnitt. Auch wenn eine Skala am Maschinentisch vorhanden ist, kann diese je nach Sägenmodell bei schräg gestelltem Sägeblatt nicht unbedingt zum Einstellen der Schnittbreite genutzt werden.

Wenn bei Ihrer Tischkreissäge die Skala bei Gehrungsschnitten nicht passt, müssen Sie sich das Leben aber nicht unnötig schwer machen. Schneiden Sie Ihre Teile zunächst auf das benötigte Maß – und zwar gerade. Erst dann werden die Gehrungen angeschnitten. Wenn die Gehrung auf die vorhandene Kante ganz genau spitz ausläuft, stimmt auch ihr Maß.

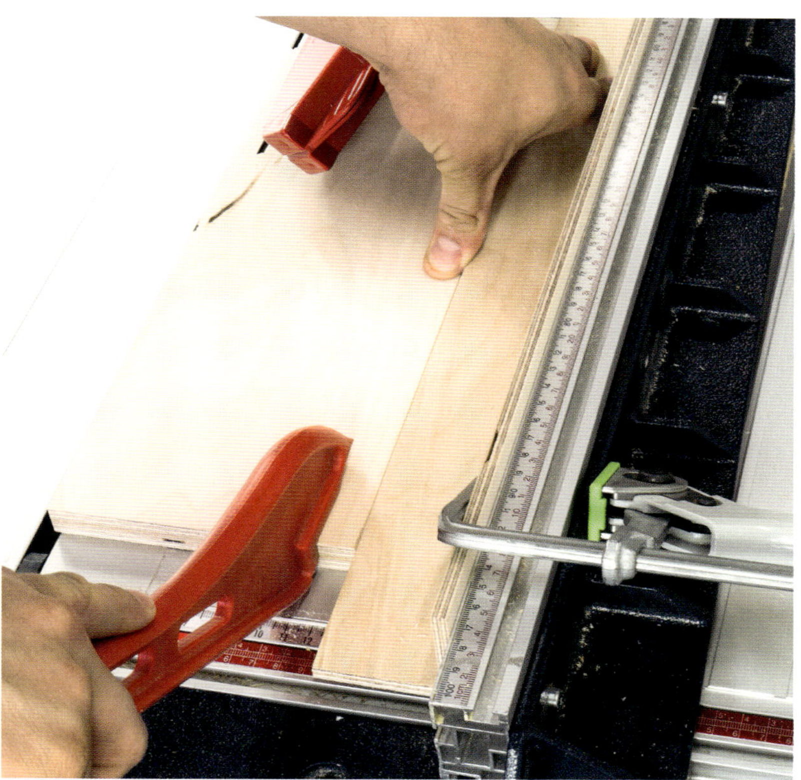

▲ Der Winkel am Parallelanschlag hilft auch hier wieder. Die Spitze der bereits geschnittenen Gehrung kann nicht unter den Parallelanschlag rutschen.

Schmale Leisten

Es ist nicht ganz so einfach wie es sich anhört: mal schnell ein paar dünne Leisten schneiden. Wenn man versucht, die Leisten am Parallelanschlag der Tischkreissäge zu schneiden stößt man gleich auf mehrere Probleme. Das erste Problem ist die Spanhaube, die bei vielen Maschinen am Spaltkeil befestigt ist. Sie steht seitlich über und erlaubt nicht so ohne Weiteres den Parallelanschlag sehr dicht an das Sägeblatt heran zu schieben. Die Schnitthöhe muss dann sehr hoch eingestellt werden, damit der Parallelanschlag nahe genug an das Sägeblatt geschoben werden kann. Das ist nicht ungefährlich. Daher greift man in der Regel auch zum Schiebestock. Aber dieser ist dann zu dick und passt nicht zwischen Sägeblatt und Anschlag. Und wenn man dann doch irgendwie die Leisten mit einer so eingestellten Säge schneidet, klemmen sie zwischen Sägeblatt und Parallelanschlag wodurch sie nach hinten geschleudert werden.

Es ist also keine gute Idee auf diese Art und Weise dünne Leisten zu schneiden. Es gibt aber einen sicheren Weg zur Leiste. Und der sieht wie folgt aus:

Die Leisten werden von einem größeren Stück Holz heruntergeschnitten. Die Längskanten dieses Holzstückes müssen parallel sein. Geschnitten wird immer noch am Parallelanschlag, aber die Leiste wird auf der gegenüberliegenden Seite, also links vom Sägeblatt abgeschnitten. Dazu benötigen Sie erst einmal einen Hilfsanschlag. Dabei handelt es sich einfach nur um ein Restholz, etwa 20 Zentimeter lang und fünf Zentimeter breit. Die Materialstärke spielt keine Rolle. Dieses Restholz wird an der Vorderkante des Maschinentisches befestigt. Davon ausgehend, dass der Parallelanschlag rechts montiert ist, erfolgt das Befestigen des Hilfsanschlages links vom Sägeblatt. Der Abstand zwischen Hilfsanschlag und Sägeblatt entspricht der gewünschten Leistenstärke. Eine Skala an der Vorderkante der Säge ist hilfreich. Hat Ihre Säge keine solche Skala, werden Sie um einen Probeschnitt nicht herumkommen.

Ist der Hilfsanschlag montiert, geht es an die Einstellung des Parallelanschlages. Das ist jetzt sehr einfach. Legen Sie das Holzbrett, von dem Sie die Leisen herunter schneiden wollen an den Parallelanschlag. Schieben sie den Anschlag samt Werkstück an den Hilfsanschlag heran. Fixieren Sie den Parallelanschlag und führen Sie den Schnitt aus. Ist die erste Leiste geschnitten, verstellen Sie den Parallelanschlag. Er wird wieder samt Werkstück gegen den Hilfsanschlag geschoben und fixiert. Auf diese Weise können sie weitere Leisten von einem größeren Holzstück herunter schneiden. Die Gefahr, dass sich die Leisten zwischen Sägeblatt und Anschlag verklemmen, ist gebannt. Und Ihr Werkstück können Sie sicher am Parallelanschlag entlangführen, solange es noch breit genug ist.

▲ Der Hilfsanschlag aus einem Restholz muss gut befestigt werden. Er darf daher nicht zu klein ausfallen.

▲ Die leichte Schrägstellung des Klotzes verhindert, dass Ihr Werkstück sich verklemmt.

▲ Das Werkstück wird mit samt dem Parallelanschlag an den Klotz geschoben. Der erste Schnitt kann erfolgen.

Kleine Klötzchen

Neben schmalen Leisten stellt auch der Zuschnitt sehr kurzer und kleiner Werkstücke auf der Tischkreissäge ein erhebliches Sicherheitsrisiko dar, wenn man es falsch macht. Sicher wird dieser Arbeitsgang, wenn der Schiebetisch und der Parallelanschlag zusammen genutzt werden.

Der Parallelanschlag muss so weit zurückgezogen werden, dass er nicht bis an das Sägeblatt reicht. Das benötigte Maß wird zuvor am Parallelanschlag eingestellt. Das Werkstück, von dem die kurzen Teile abgetrennt werden sollen, liegt am Ablänganschlag des Schiebetisches an. Es wird bis an den Parallelanschlag herangeschoben und gut festgehalten. Sie können auch eine Klemmzwinge ansetzen. Dann wird der Schnitt durchgeführt. Nachdem das Holz durchtrennt ist, liegt es frei neben dem Sägeblatt und kann nicht am Parallelanschlag verklemmen. Von einer langen Leiste können auf diese Weise mehrere kleine Klötzchen abgetrennt werden. Der Ablänganschlag am Schiebetisch sorgt dafür, dass die Leiste ohne zu verkanten am Sägeblatt entlanggeführt werden kann.

Wenn an Ihrer Säge der Parallelanschlag nicht zurückgezogen werden kann, reicht auch ein Restholz, dass Sie an der entsprechenden Position am Parallelanschlag befestigen. Auf diese Weise können Sie von einer Leiste so lange kleine Klötzchen abschneiden, bis die Leiste zu kurz wird um sicher am Queranschlag anzuliegen. Wie beim Sägen von schmalen Leisten, müssen Sie auch hierbei etwas Verschnitt in Kauf nehmen.

Werden mehrere solche Klötzchen gesägt, sorgt eine Abweisleiste für noch mehr Sicherheit. Dabei handelt es sich um ein spitz zulaufendes Stück Holz, das auf dem Maschinentisch so befestigt wird, dass die Spitze am Sägeblatt anliegt. Die Leiste wird so befestigt, dass die Spitze dort beginnt, wo das geschnittene Klötzchen komplett durchtrennt ist. Das nachfolgende Klötzchen schiebt seinen Vordermann an der Leiste entlang vom laufenden Sägeblatt weg.

Die Befestigung dieser Abweisleiste erfolgt auf einem Tisch aus Eisen am elegantesten mit eingelassenen Magneten. Ist Ihr Maschinentisch aus Aluminium, lassen Sie die Leiste einfach so lang, dass sie mit einer Zwinge befestigt werden kann.

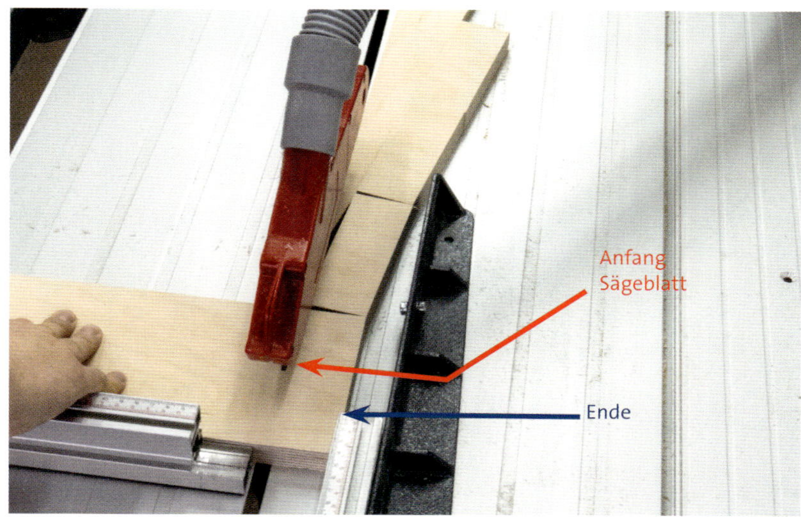

▲ Hinter dem zurückgezogenen Parallelanschlag können die Abschnitte sich nicht verklemmen. Dennoch können sie auf diese Weise sehr präzise zugeschnitten werden.

◀ Eine Abweisleiste ist schnell gemacht. Sie sorgt für mehr Sicherheit und erleichtert das Schneiden von mehreren Kleinteilen enorm.

5 Fräsen

5 Fräsen

In der professionellen Holzbearbeitung ist mit Fräsen meist die Bearbeitung von Holz auf stationären Fräsmaschinen gemeint. Im Hobbybereich hingegen ist meist die Arbeit mit der Oberfräse gemeint. Daher geht es in diesem Buch auch nur um die Oberfräse.

Die Oberfräse nimmt weniger Platz in der Werkstatt ein als eine stationäre Tischfräse. Die Anschaffungskosten sind geringer und bei Bedarf kann man Sie in einen Frästisch einbauen. Mit einem solchen Tisch kommt man der Arbeit an einer großen Tischfräse schon recht nahe.

Aber seien Sie gewarnt: Das Arbeiten mit der Oberfräse birgt Gefahren: Nämlich die, dass es einen Riesen-Spaß macht, dass man immer neue Anwendungen findet, dass man Vorrichtungen und Schablonen bauen möchte und dass man mehr als nur eine Oberfräse haben will.

Mit diesen Gefahren kann man als Holzwerker aber sehr gut leben.

▼ Oberfräsen sind in verschiedenen Leistungsklassen und Ausführungen erhältlich. Für jeden Einsatzzweck findet sich die richtige Maschine.

Die Oberfräse

Die Oberfräse kann wohl als die vielseitigste Maschine in der Holzbearbeitung angesehen werden. Während viele andere Maschinen die elektrische Umsetzung altbekannter Handwerkzeuge darstellen, ist die Oberfräse mehr als nur das. Sie vereinigt die Funktionen vieler Werkzeuge in einem Gerät. Man kann mit ihr Zierprofile an Kanten fräsen, nuten, fälzen, bohren und Holzverbindungen herstellen. Obwohl oder gerade weil das Grundprinzip dieser Maschine so einfach ist, ergeben sich unzählige Anwendungen.

Die Oberfräse selbst ist nichts weiter als ein Motor, der einen Fräser, also eine Messerschneide, in eine drehende Bewegung versetzt. Kombiniert mit einem kleinen Maschinentisch, der es erlaubt, den Fräser zu führen, ergibt sich das Grundprinzip, auf dem jede Oberfräse basiert.

Die Vielseitigkeit ergibt sich jedoch erst aus den verfügbaren Fräswerkzeugen und Zubehörteilen. Denn erst diese ermöglichen es, unterschiedliche Aufgaben mit nur einer Maschine auszuführen.

Kein Wunder also, dass gerade diese Maschine auch in fast jeder Holzwerkstatt zu finden ist. Leider fristet diese Maschine aber auch oft ein Schattendasein und wird nur zum Abrunden von Kanten benutzt. Dass dies nicht sein muss und dass die Anwendung der Oberfräse kein Buch mit sieben Siegeln sein muss, werde ich Ihnen auf den folgenden Seiten zeigen.

Die Oberfräse in ihrem Einsatzgebiet einzugrenzen fällt schwer, da man mit diesem universellen Werkzeug fast alles machen kann, was in der Holzbearbeitung anfällt. Für einige Aufgaben ist aber unverhältnismäßig hoher Aufwand nötig. Daher findet man auch die kuriosesten Zubehörteile und Vorrichtungen, mit denen man zum Beispiel große Holzflächen plan fräsen kann, oder Drechselmaschinen auf der Basis von Oberfräsen. Die Sinnhaftigkeit solcher Vorrichtungen kann man natürlich in Frage stellen. Sie zeigen jedoch, dass die Einsatzgebiete der Oberfräse kaum begrenzt sind.

Die typischen Einsatzgebiete der Oberfräse sind die dekorative Kantenbearbeitung, das Fräsen von Nuten, Fälzen und Holzverbindungen. Darüber hinaus kann man mit einer Oberfräse aber auch hervorragend bohren. Wiederkehrende Arbeiten erledigt man am sinnvollsten mit Schablonen. Diese Schablonen kann man zum Teil auch fertig kaufen. In der Regel ergibt aber gerade hier der Selbstbau wirklich Sinn.

▼ Das Prinzip der Oberfräse ist recht einfach: eine Führung für einen Motor, der einen Fräser antreibt. hinzu kommt noch eine Kontrolle für die Frästiefe.

►► Mit selbstgebauten Schablonen können Sie das Einsatzgebiet Ihrer Oberfräse enorm erweitern. Im Handel sind aber auch ganze Schablonensysteme erhältlich.

Es gibt verschiedene Bauweisen von Oberfräsen mit unterschiedlichen Griffformen und auch Unterschiede in der Anordnung der einzelnen Komponenten. Die nachfolgenden Erklärungen beziehen sich daher auf die derzeit am häufigsten angewendete Bauform.

Bei den meisten Oberfräsen ist die Motoreinheit absenkbar auf einer Grundplatte befestigt. An dieser Grundplatte kann der Parallelanschlag befestigt werden. Meist geschieht dies über zwei Führungsstangen, die in die Grundplatte eingeschoben werden. Diese Führungsstangen dienen auch als Aufnahme für weitere Anbauteile, wie zum Beispiel Absaughauben. Im Idealfall verfügt der Parallelanschlag über eine Feineinstellung und verstellbare Anschlagbacken. Die Grundplatte nimmt auch die Kopierhülsen auf, welche zum Fräsen mit Schablonen notwendig sind.

Um den Fräserwechsel zu erleichtern und sicherer zu gestalten, verfügen Oberfräsen heute meist über eine Spindelarretierung, Durch Druck auf den Knopf wird die Frässpindel blockiert und man kann mit einem Maulschlüssel die Spannzange öffnen und schließen. Bei älteren Maschinen fehlt diese Funktion oft und man muss zur Bedienung der Spannzange zwei Maulschlüssel verwenden.

Die Tiefeneinstellung ist eine elementare Funktion einer jeden Oberfräse. Je besser, einfacher und genauer die Tiefe eingestellt werden kann, umso mehr Freude werden Sie an der Arbeit mit der Oberfräse haben. Maschinen aus dem professionellen Umfeld haben meist eine Feineinstellung,

▲ Der Aufbau der meisten Oberfräsen mit Tauchfunktion ist sehr ähnlich. Im Detail unterscheiden sich die Modelle unterschiedlicher Hersteller jedoch stark.

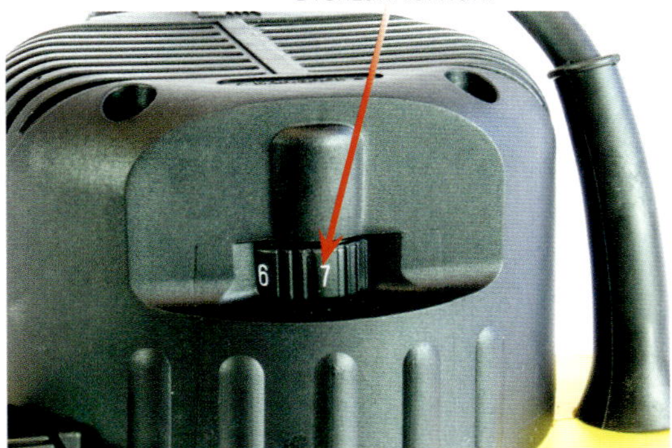

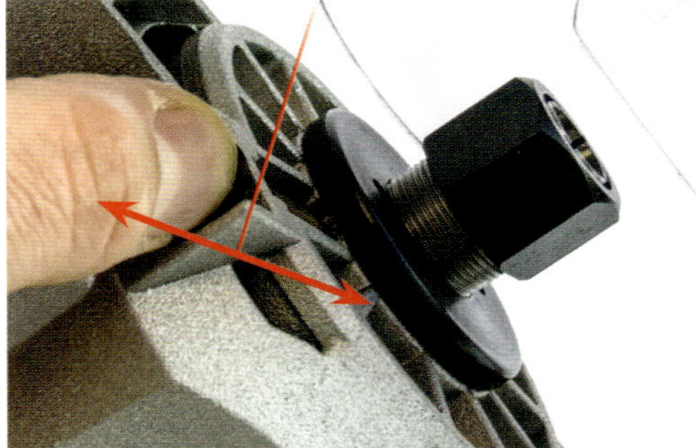

Spindelarretierung und Drehzahlvorwahl gehören inzwischen zur Ausstattung nahezu jeder Oberfräse.

Spannzange

Eine Spannzange funktioniert ähnlich wie das Bohrfutter an einer Bohrmaschine oder am Akkuschrauber. Die Spannzange liegt fest am Fräserschaft an und übt dort einen hohen Druck aus. Der Druck wird in der Regel durch das Festziehen einer sogenannten Überwurfmutter erzeugt.

Damit die zum Fräser und zum Material passende Drehzahl eingestellt werden kann, verfügen die meisten Oberfräsen heute über eine Drehzahlregelung. Meist sorgt eine solche Elektronik auch dafür, dass die eingestellte Drehzahl möglichst konstant gehalten wird und dass der Motor nicht ruckartig anläuft.

mit der die Tiefe in Schritten von 0,1 Millimetern oder gar noch weniger eingestellt werden kann. Oft wird die Tiefeneinstellung mit einem Revolveranschlag kombiniert, mit dem es möglich ist, mehrere Tiefeneinstellungen zu „speichern".

Bei Oberfräsen, die ins Werkstück eintauchen können, muss die voreingestellte Frästiefe nach dem Eintauchen arretiert werde können. Dazu gibt es eine Klemmung, welche die Motoreinheit auf den Tauchsäulen klemmt und somit auf einer bestimmten Frästiefe fixiert. Die Klemmung erfolgt je nach Modell mit einem Klemmhebel oder durch Drehen des Handgriffes.

Beim Kauf einer Oberfräse sollte man Modelle meiden, bei denen der Hauptschalter nicht festgestellt werden kann. Besonders bei preisgünstigen Maschinen findet man Schalter, die während des Fräsens permanent vom Anwender gehalten werden müssen. Was als Sicherheitsfunktion angepriesen wird, erschwert in Wahrheit das Arbeiten mit der Oberfräse und macht es dadurch unsicherer.

Eine gute Staubabsaugung ist beim Arbeiten mit der Oberfräse wichtig. Sie macht das Arbeiten nicht nur angenehmer, sondern auch sicherer. Meist werden die Fräsergebnisse auch besser, da die Sicht auf die Frässtelle nicht durch Späne verdeckt ist. Auch Ihrer Gesundheit kommt die Anwendung einer Staubabsaugung zugute.

Wie gut die Staubabsaugung funktioniert, ist von Modell zu Modell sehr unterschiedlich. Es gibt aber auch immer wieder Arbeitsgänge, bei denen eine gute Staubabsaugung nahezu unmöglich ist.

► Inzwischen gibt es auch Oberfräsen mit Digitalanzeige für die Frästiefe. Eine gut zu bedienende Klemmung und ein einrastender Hauptschalter sind wichtige Ausstattungsmerkmale.

►► Das ist wirklich vorbildlich: Eine Absaugung möglichst dicht am Fräser und ein Spanfänger auf der Unterseite. So bleibt die Werkstattluft fast staubfrei.

Maschinentypen

Bei Oberfräsen unterscheidet man zwei verschiedene Bauformen. Solche mit Tauchfunktion und Fräsen, die nicht an beliebiger Stelle ins Werkstück eintauchen können. Letztere werden meist als Kantenfräsen bezeichnet. Beide Varianten haben ihre Vor- und Nachteile.

Tauchfräsen

Der Vorteil einer Oberfräse gegenüber einer stationären Tischfräse ist der, dass man mit ihr an einer beliebigen Stelle in das Werkstück eintauchen kann. Damit dies funktioniert, muss sowohl der Fräser als auch die Maschine hierfür geeignet sein. Bei uns in Europa übliche Oberfräsen verfügen meist über einen Maschinentisch, der sowohl zum Eintauchen in das Werkstück geeignet ist als auch zur Kantenbearbeitung. Dieser Fräsentyp ist vielseitig einsetzbar, aber aufgrund der notwendigen Mechanik nicht so kompakt wie Fräsen ohne Tauchfunktion.

Kantenfräsen

Kantenfräsen verfügen nicht über die eben genannte Tauchfunktion. Die Tiefe wird fest eingestellt, wodurch man mit solchen Maschinen nicht mitten im Werkstück eintauchen kann. Durch die viel einfacher aufgebaute Mechanik sind diese Fräsen oft kompakter und handlicher als Tauchfräsen. Auch die Motorleistung muss nicht so hoch sein. Es kann dadurch weiter Gewicht eingespart werden. Solche Kantenfräsen eignen sich daher sehr gut als Ergänzung zu einer vorhandenen, größeren Tauchfräse.

◄◄ Eine Oberfräse mit Tauchkorb. Sie kann an beliebiger Stelle im Werkstück eintauchen. Ebenso kann die Frästiefe für die Kantenbearbeitung fest eingestellt werden.

◄ Eine Kantenfräse ist nicht ganz so vielseitig einsetzbar, dafür aber viel handlicher als eine Oberfräse mit Tauchkorb.

> **Anleimer**
>
> Als Anleimer bezeichnet man dünne Leisten, Furnierstreifen oder Kunststoffbänder, mit denen die Kanten an Holzwerkstoffen belegt werden. Sicherlich kennen Sie diese Anleimer von gekauften Möbeln aus beschichteter Spanplatte. Die Anleimer sind breiter als die Kante und stehen daher über die Oberfläche des Plattenmaterials über. Mit einer Kantenfräse kann dieser Überstand sauber und rationell entfernt werden.

Wie viel Leistung braucht man?

Das ist eine der am schwierigsten zu beantwortenden Fragen, wenn es darum geht, die erste Oberfräse anzuschaffen. Die kleinen Maschinen beginnen bei circa 500 Watt. Große Oberfräsen warten mit bis zu 2600 Watt auf. Mit zunehmender Leistung nimmt natürlich auch das Gewicht zu.

In Bezug auf Größe und Leistung von Oberfräsen gibt es zwei sehr beliebte Vorurteile. Das erste besagt, dass leistungsstarke Oberfräsen unhandlich sind. Das kann man so nicht sagen, denn es kommt auf den jeweiligen Arbeitsgang an. Die große Auflagefläche, das hohe Gewicht und die Laufruhe können bei schwierigen Arbeiten von Vorteil sein, beispielsweise beim Abrunden von Kanten. Große Oberfräsen neigen hier weniger zum Abkippen als handliche Kantenfräsen mit hohem Schwerpunkt und kleiner Auflagefläche.

Der zweite große Irrtum betrifft die Motorleistung. Diese ist nicht alleine ausschlaggebend für die Leistungsfähigkeit einer Oberfräse. In der Regel wird die Aufnahmeleistung des Motors angegeben. Dies ist zwar ein guter Anhaltspunkt und auch eine wichtige Angabe, aber die Leistungsfähigkeit ist von mehreren Faktoren abhängig.

Die Aufnahmeleistung ist die Energiemenge, welche die Maschine aufnimmt, also einfach gesagt „an Strom verbraucht". Diese Leistung kommt jedoch nicht in voller Menge an der Spindel an, denn zwischen Steckdose und Spindel geht viel Leistung verloren, etwa durch Wärmeverlust und Reibung.. Leider geben die Hersteller die Leistung, die am Fräser ankommt, nur selten an. Die sogenannte Abgabeleistung wäre ein viel interessanterer Wert. Zu diesem Faktor kommt noch das zur Verfügung stehende Drehmoment des Motors. Dazu kommt noch die Motorsteuerung. Also: Hat es der Hersteller geschafft, eine möglichst gute Leistung über das gesamte Drehzahlspektrum bereit zu stellen oder nicht? Moderne Maschinen sollten über eine Elektronik verfügen, die Drehzahl auch bei Belastung konstant zu halten. Sinkt die Drehzahl, muss nachgeregelt werden. Entscheidend ist bei dieser Funktion, wie schnell diese arbeitet. Im Idealfall bemerkt man das Eingreifen der Elektronik kaum. Ist die Funktion schlecht umgesetzt, reagiert der Motor entsprechend träge.

Trotz dieser die Leistungsfähigkeit beeinflussenden Faktoren ist die Leistung (Aufnahmeleistung) ein wichtiges Merkmal für die Kaufentscheidung. Für den Möbelbau ist eine Fräse mit 1000 – 1400 Watt ein guter Kompromiss zwischen Leistung und Handlichkeit. Wenn man sich intensiver mit den Möglichkeiten der Oberfräse auseinandersetzt, wird man aber schnell die Anschaffung einer weiteren Maschine in Erwägung ziehen.

◀ Oberfräsen gibt es in unterschiedlichen Leistungsklassen. Links eine Maschine mit 2600 Watt für schwere Arbeiten, daneben eine Kantenfräse mit 700 Watt, die sehr handlich ist.

Griffe und Schalter

Zu einer guten Oberfräse gehört auch eine gute Ergonomie. Ergonomie lässt sich nur sehr schwer in Zahlen und Fakten ausdrücken. Sie wird eher individuell bewertet. Sehen sie sich also unterschiedliche Oberfräsen genauer an und nehmen Sie diese auch in die Hand. Bewerten Sie dann für sich selbst folgende Punkte:

- Liegen die Griffe gut in der Hand und ist ihre Position angenehm?
- Ist der Hauptschalter ohne umzugreifen gut zu bedienen?
- Stört der Absauganschluss beim Fräsen?
- Ist das Netzkabel bei der Arbeit im Weg oder nicht?
- Kann die Feststellung der Frästiefe ohne umzugreifen bedient werden?
- Sind alle Bedienelemente gut zu greifen und groß genug?
- Ist die Sicht auf den Fräser gut oder zu sehr verdeckt?
- Sind die verwendeten Materialien glatt oder griffig? Sind die Griffpartien gummiert?

Komfort darf sein

Neben der Leistung, der Ergonomie und der Sicherheit schadet es nicht, wenn an der Oberfräse auch noch die eine oder andere Komfortfunktion vorhanden ist. So ist eine Beleuchtung der Frässtelle nicht zwingend notwendig, verbessert aber die Sicht auf die Frässtelle deutlich. Auch eine Feineinstellung mit digitaler Anzeige ist kein Nachteil. Kopierhülsen, die werkzeuglos gewechselt werden können, komfortable Spindelarettierungen oder auch unterschiedliche Absaughauben finden sich inzwischen an so mancher Maschine.

Fräser

Die Maschine ist die eine Sache, aber mindestens ebenso wichtig sind die Fräser. Sie verrichten die Arbeit am Holz. Sind sie stumpf, von schlechter Qualität, oder einfach nur ungeeignet für den jeweiligen Einsatz wird das Ergebnis nicht zufriedenstellend. Grund genug also, sich die verschiedenen Frästertypen, ihre Verwendung und den richtigen Einsatz einmal genauer anzusehen.

◀ Eine Beleuchtung der Frässtelle mittels LED ist nicht zwingend notwendig, sie schadet aber auch nicht und verbessert die Sicht auf den Fräser.

Frästertypen

Die Maschine ist die eine Sache, aber mindestens ebenso wichtig sind die Fräser. Sie verrichten die Arbeit am Holz. Sind sie stumpf, von schlechter Qualität, oder einfach nur ungeeignet für den jeweiligen Einsatz wird das Ergebnis nicht zufriedenstellend. Grund genug also, sich die verschiedenen Fräsertypen, ihre Verwendung und den richtigen Einsatz einmal genauer anzusehen.
Oberfräser kann man in verschiedene Typen einteilen. Dabei wird sehr schön deutlich, welche verschiedenen Fräser es gibt und wofür man diese einsetzen kann. Nachfolgend werden die wichtigsten Fräsertypen vorgestellt.

Grundschneidend

Bei Fräsern stolpert man früher oder später immer über den Begriff „grundschneidend". Damit ist gemeint, dass der Fräser nicht nur über Schneiden an der Seite verfügt, sondern auch über eine oder mehrere Schneiden am unteren Ende. Diese Schneiden ermöglichen es, dass der Fräser an jeder beliebigen Stelle ins Holz eintauchen kann.

▼ Ein gerader Nutfräser

Gerade Nutfräser

Nuten können grundsätzlich auf zwei Arten gefräst werden. Einmal von oben in die Werkstückfläche und einmal von der Seite, von der Kante in das Werkstück hinein. Wird von oben gefräst, kann man einen geraden Nutfräser benutzen. Beim Kauf solcher Nutfräser sollten Sie unbedingt darauf achten, dass diese grundschneidend sind. Das stellt einen flexiblen Einsatzbereich des Fräsers sicher. Gerade Nutfräser gibt es mit Durchmessern ab drei Millimetern, bis hin zu richtig großen Fräsern mit mehr als 20 Millimetern.

Mit solchen Fräsern können Sie aber nicht nur nuten, sondern auch Falze fräsen, Vertiefungen ausarbeiten, Beschläge einlassen und sogar Bohrlöcher erstellen. Zur Grundausstattung an Fräsern für die Oberfräse gehört also zwingend einer oder besser gleich mehrere solcher Nutfräser.

Scheibennut-Fräser

Sollen Nuten in Schmalkanten oder randnah gefräst werden, ist meist ein sogenannter Scheibennuter die bessere Wahl. Er ähnelt einem Sägeblatt und ist besonders gut für schmale Nuten geeignet. Solche Scheibennuter können sowohl für sehr dünne Nuten eingesetzt werden als auch für breite Nuten. Einige Hersteller bieten ganze Systeme an, aus denen man sich bedienen kann. Aus einzelnen Komponenten setzt man sich dann das gerade benötigte Werkzeug zusammen.

► Fräsersysteme mit einzelnen Komponenten sind den fest montierten Scheibennutern ganz klar vorzuziehen.

Scheibennutfräser zerspanen das Holz wesentlich leichter als herkömmliche Nutfräser. Das liegt unter anderem daran, dass sie bedingt durch den größeren Außendurchmesser eine höhere Umfangsgeschindigkeit (Schnittgeschwindigkeit) haben. Scheibennutfräser mit großem Durchmesser haben auch mehr als nur zwei Schneiden, was ebenfalls für einen leichteren Schnitt sorgt.

Der Nachteil dieser Fräser ist jedoch, dass sie aufgrund ihrer Bauform nur direkt an der Werkstückkante arbeiten können. Zum Glück hat man aber im Möbelbau solche Anwendungen sehr oft. Daher gehört ein Scheibennutfräser mit einer Schnittbreite von vier Millimetern meiner Meinung nach ebenfalls in eine gute Grundausstattung.

◀ Ein Scheibennutfräser mit Anlaufkugellager erspart den Parallelanschlag. Mit verschieden großen Kugellagern werden unterschiedliche Frästiefen realisiert.

Spiralnutfräser

Diese Fräser bestehen komplett aus Hartmetall. Sie haben keinen Grundkörper aus elastischerem Stahl, wie es bei anderen Fräsern üblich ist. Das wäre bei der Spiralform der Schneiden einfach nicht machbar. Und genau in dieser Spiralform liegt der Vorteil dieser Fräser. Die gewundene Schneide hat gleich mehrere Vorteile:

- Der Schnittdruck, also die Kraft, die aufgewendet werden muss, die Schneide durch das Holz zu bewegen, ist gering.
- Es entsteht wenig Reibungshitze, verbrannte Stellen an der Fräsung sind daher sehr selten.
- Durch den ziehenden Schnitt arbeiten Spiralnutfräser sehr ausrissarm und sauber.
- Die Spanabfuhr ist durch die spiralförmige Schneide sehr gut. Die Späne werden direkt in Richtung Absaugung befördert.

Bei all diesen Vorteilen gibt es allerdings auch Nachteile. Das harte Material bricht recht schnell. Vor allem bei schlagartig auftretenden Belastungen kommt es gerne zum Werkzeugbruch. Achten Sie also bei der Arbeit mit diesen Fräsern auf einen gleichmäßigen Vorschub.

Bevor Sie einen solchen Fräser kaufen, sollten Sie sich auch im Klaren sein, dass nicht jeder ortsansässige Schärfdienst diese Fräser bearbeiten kann. Erkundigen Sie sich also besser im Vorfeld nach einem Schärfdienst, der den teuren Fräsern zu einer langen Nutzungsdauer verhelfen kann. Bei richtiger Anwendung und der Möglichkeit des Nachschärfens sind Spiralnutfräser aber eine wirklich tolle Sache.

◀ Spiralnutfräser gibt es in sehr unterschiedlichen Ausführungen und Durchmessern.

Ziehender Schnitt

Ein sogenannter ziehender Schnitt liegt dann vor, wenn die Schneide sich nicht nur einfach drehend durch das Werkstück bewegt, sondern dabei auch noch in einem flachen Winkel versetzt zur Vorschubrichtung durch das Schnittgut „gezogen" wird. Das ist bei einem Spiralnutfräser der Fall. Oftmals wird auch von einem ziehenden Schnitt gesprochen, wenn die Werkzeugschneide einfach nur leicht schräg gestellt ist. Das entspricht jedoch nicht ganz der korrekten Definition eines ziehenden Schnittes.

► Ein Abrundfräser gehört in jede Grundausstattung. Einen Fasenfräser werden Sie ebenfalls oft einsetzen können.

Profilfräser

Als Profilfräser bezeichnet man alle Fräser, die ein Profil an eine Kante bringen. Dabei kann es sich um eine Abrundung, ein Zierprofil oder eine Schräge (Fase) handeln. Es gibt besonders bei den Zierprofilen unzählige Varianten. Die wichtigsten und meist genutzten dürften die Abrundfräser sein. Eine einfache Abrundung der Kante wird als „Viertelstab“ bezeichnet. Daher trifft man hin und wieder auch auf die Bezeichnung „Viertelstabfräser“.

Stellt man einen Abrundfräser tiefer ein, entsteht eine gerade Kante vor der Abrundung. Ein solches Profil wird „deutscher Stab“ genannt. Abrundfräser und Profilfräser werden sehr oft mit einem Anlaufkugellager benutzt. Bei vielen Fräsern ist aber auch die Nutzung ohne dieses Kugellager möglich.

► Das ist nun wirklich Geschmackssache: Ein sogenannter Karniesfräser erzeugt ein sehr verspielt wirkendes Profil.

Bezüglich ihres Aufbaus entsprechen die meisten Profilfräser den geraden Nutfräsern: In einem Grundkörper aus Werkzeugstahl sitzen zwei Schneiden aus Hartmetall. Bei hochwertigen Profilfräsern werden diese Schneiden etwas schräg sitzend angeordnet. Dadurch wird die Schnittkante sauberer.

Welche Profilfräser nun zu einer sinnvollen Grundausstattung gehören, ist in erster Linie vom persönlichen Geschmack abhängig. Nicht jeder mag wuchtige und verschnörkelte Profile. Abrundfräser mit drei und fünf Millimetern Radius werden Sie aber recht oft einsetzen wollen, ebenso wie einen Fräser, mit dem man eine 45°-Fase erstellen kann.

► Mit einem solchen Falzfräser sind auch Fräsungen an geschwungenen und runden Werkstücken kein Problem.

Falzfräser

Mit einem Nutfräser kann man einen Falz an eine gerade Kante fräsen. Dazu nutzt man den Parallelanschlag oder arbeitet am Frästisch. Bei geschwungenen Werkstücken ist das so nicht machbar. Man benötigt dann einen Falzfräser mit Anlaufkugellager. Dabei ist man jedoch an bestimmte Falzmaße gebunden, die sich aus der Differenz zwischen dem Außendurchmesser des Fräsers und des Durchmessers des Anlaufkugellagers ergeben. Für jede Falztiefe benötigt man ein anderes Anlaufkugellager.

Bündigfräser

Möchte man eine Kontur an einer Schablone oder einer vorhandenen Kante entlang nachfräsen, kann man dazu entweder eine Kopierhülse (siehe Seite 134) verwenden oder einen sogenannten Bündigfräser. Der Bündigfräser hat den Vorteil, dass er die Schablone 1:1 kopiert. Das macht den Bau von Schablonen einfacher. Verwendet man stattdessen eine Kopierhülse und einen Fräser ohne passendes Anlaufkugellager, muss man den Versatz zwischen Hülse und Fräser beim Bau der Schablone berücksichtigen.

Der Bündigfräser verfügt über ein Anlaufkugellager, das im Durchmesser genau dem Schneidenflugkreis, also dem Außendurchmesser des Fräsers entspricht. Daraus ergibt sich bei den meist benutzten nachschärfbaren Fräsern ein Nachteil: Wird der Fräser geschärft, verringert sich der Durchmesser und der Fräser arbeitet nicht mehr genau bündig zum Kugellager. Abhilfe verschaffen Fräser mit Wendeplatten. Hierbei ist der Durchmesser immer gleich, da die Schneiden komplett ausgetauscht werden.

◀ Bündigfräser gibt es mit obenliegendem und untenliegendem Kugellager. Flexibler ist man in der Regel mit einem Fräser, bei dem das Lager oben (am Fräserschaft) angebracht ist.

▲ Mit einem Bündigfräser erzeugen Sie im Handumdrehen mehrere Gleiche Werkstück mit Hilfe einer Schablone. Der Fräser erzeugt eine 1:1-Kopie der Schablone am Werkstück.

Wendeplattenfräser

Es gibt Fräser, die benutzt man sehr oft. Bei mir ist das ein Nutfräser mit 30 Millimetern Länge und 16 Millimetern Durchmesser. Diesen verwende ich sehr gerne für das Fräsen entlang von Schablonen, für breite Nuten und für kleine Fälze. Seit vielen Jahren schon nutze ich einen entsprechend großen Wendeplattenfräser.

Ein enormer Vorteil dieser Fräser ist auch, dass der Durchmesser immer gleich bleibt. Das ist beim Arbeiten mit Schablonen ein enormer Nachteil. Solche Wendeplattenfräser gibt es in vielen Ausführungen als Nutfräser, Profilfräser und auch als Bündigfräser mit Anlaufkugellager.

Wendeplattenfräser haben gegenüber herkömmlichen Fräsern so manchen Vorteil:

▶ **Geringe Schärfkosten**
Die Wendeplatten können meist mehrseitig verwendet werden. Die Kosten für Austauschplatten sind in der Regel um vieles geringer als die Schärfkosten eines hartmetallbestückten Fräsers.

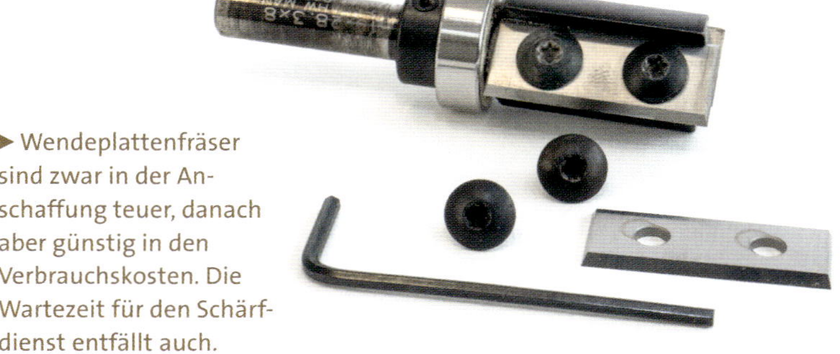

▶ Wendeplattenfräser sind zwar in der Anschaffung teuer, danach aber günstig in den Verbrauchskosten. Die Wartezeit für den Schärfdienst entfällt auch.

► Reinigen Sie bei jedem Wechsel der Schneiden alle Kontaktflächen zwischen Fräser und Wendeplatten mit einem Borstenpinsel.

▼ Spannzange und Fräserschaft müssen exakt zueinander passen. Tun sie das nicht, wird der Fräser nicht sicher gehalten. Das wäre viel zu gefährlich.

► **Keine Wartezeiten auf einen Schärfdienst**
Wenn der Fräser stumpf ist, werden lediglich die Messer gedreht oder getauscht. Es kann direkt im Anschluss wieder weiter gefräst werden. Hartmetallbestückte Fräser werden in der Regel von einem Dienstleister geschärft, was dazu führt, dass der Fräser einige Tage nicht eingesetzt werden kann.

Maßhaltigkeit
Beim Nachschärfen von hartmetallbestückten Fräsern ändert sich ihr Durchmesser, er wird kleiner. Besonders beim Fräsen mit Schablonen oder bei Bündigfräsern hätte dies Ungenauigkeiten zur Folge. Ein Wendeplattenfräser ändert sich in seiner Geometrie hingegen nicht.

Aufgrund der hohen Anschaffungskosten machen diese Fräser nur dann Sinn, wenn sie oft benötigt werden.

Beim Drehen und Wechseln der Platten sollte mit großer Sorgfalt gearbeitet werden. Harz wird entfernt und die Auflage der Wendemesser muss sauber und staubfrei sein. Die Wendeplatten sind extrem hart und spröde. Schmutz zwischen Platte und Fräser- Grundkörper kann dazu führen, dass die Wendeplatte beim Festschrauben oder beim Fräsen bricht. Umherfliegende Hartmetallteile wären die Folge.

Schaftdurchmesser

Im deutschen Sprachraum haben sich metrische Schaftdurchmesser von sechs, acht und zwölf Millimetern durchgesetzt. Vereinzelt trifft man noch auf Schäfte mit einem Durchmesser von zehn Millimetern. Fräser mit 6-Millimeter-Schaft findet man immer weniger. Sie finden noch Anwendung auf eher leistungsschwachen Maschinen und Kantenfräsen, verlieren aber immer mehr an Bedeutung. Dies gilt ebenso für Fräser mit Innengewinde. Üblich sind daher acht und zwölf Millimeter. Für jeden Schaftdurchmesser muss eine passende Spannzange verfügbar sein. Je dicker der Fräserschaft, umso laufruhiger ist der Fräser. Wenn also die Möglichkeit besteht, Fräser mit 12-Millimeter-Schaft zu verwenden, sollten diese bevorzugt werden.

▶ Angaben auf einem Oberfräser

Auf einem Oberfräser sollten bestimmte Angaben aufgebracht werden, welche Aufschluss über die Eigenschaften des Fräsers geben. Diese Angaben müssen abriebfest und gut leserlich auf dem Werkzeugschaft zu finden sein.

Sie haben folgende Bedeutung

r5 22,8x8 HW z1K
MAN n max 28000

r5 =
Radius des Profiles (Ein Fräser, der eine Abrundung mit einem Radius von fünf Millimetern erzeugt)
22,8 x 8 =
22,8 Millimeter beträgt der größte Durchmesser am Fräser, acht Millimeter beträgt der Schaftdurchmesser
HW =
Die Schneiden bestehen aus Wolframcarbit
z1K =
Herstellerspezifische Kennzeichnung
MAN =
Für manuellen Vorschub zugelassen
n max 28000 = Für eine maximale Drehzahl von 28000 U/min geeignet.

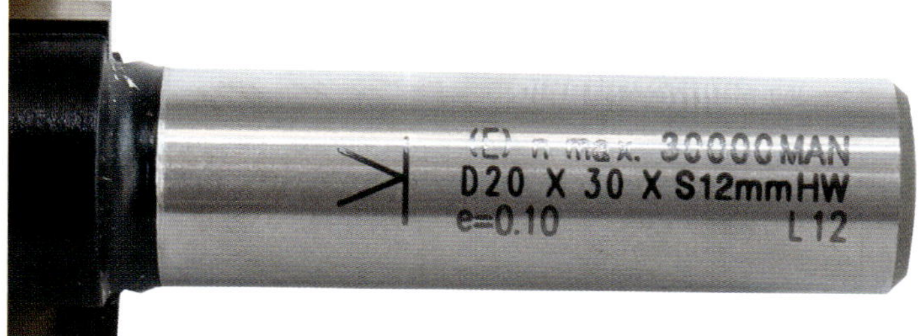

◀ Diese Angaben sollten auf jedem Fräserschaft zu finden sein.

Eine sinnvolle Grundausstattung

Es ist nicht einfach, eine Empfehlung für eine sinnvolle Grundausstattung an Fräsern zu geben. Zu unterschiedlich sind die Anwendungen jedes Einzelnen. Dennoch muss man ja mit der Oberfräse auch Fräser anschaffen, um mit der Maschine arbeiten zu können. Wenn Sie beim Kauf Ihrer ersten Oberfräse bereits eine konkrete Vorstellung davon haben, was Sie genau mit der Maschine machen möchten, können Sie sich gleich die dazu notwendigen Fräser kaufen. Sind Sie sich aber noch nicht ganz sicher, was Sie genau machen möchten, könnte ein Set mit unterschiedlichen Fräsern als Grundausstattung sinnvoll sein.

Bei diesen Sortimenten ist aber Vorsicht geboten. Sie sind durch einen günstigen Preis erst einmal sehr verlockend. Enthält das Set aber zu viele Fräser, die sie nicht benötigen, ist es schnell schon

▲ Ein solch großes Sortiment mit Fräsern ist für den Einstieg schon zu viel des Guten. Mit einem kleineren Set sind sie meist besser bedient.

kein Schnäppchen mehr. Je mehr Fräser ein solches Sortiment beinhaltet, umso größer ist die Gefahr, dass Sie nur einen kleinen Teil der enthaltenen Werkzeuge auch wirklich jemals benutzen werden. Wenn Sie also ein Fräserset anschaffen wollen, dann besser eines mit acht oder zwölf Fräsern, nicht gleich das Mega-Super-Set mit 60 Fräsern.

Die folgende Aufstellung stellt eine sinnvolle Grundausstattung mit Oberfräsern dar. Sie können diese Liste auch als Grundlage benutzen um zu entscheiden, ob ein Frässersortiment sinnvoll zusammengestellt ist.

- Gerader Nutfräser mit 8 mm Durchmesser, grundschneidend.
- Gerader Nutfräser mit 12 mm Durchmesser, grundschneidend.
- Gerader Nutfräser mit 20 mm Durchmesser, grundschneidend.
- Scheibennutfräser mit einer Nutbreite von 4 mm
- Abrundfräser mit einem Radius von 3 mm
- Abrundfräser mit einem Radus von 5 mm
- Fasenfräser 45°
- Bündigfräser mit obenliegendem Anlaufkugellager, Durchmesser 16 mm, Schneidenlänge 20 mm, grundschneidend.

▼ So sieht eine gute Grundausstattung an Fräsern gemäß der Liste aus. Damit kann man schon eine ganze Menge anstellen.

Richtig eingespannt

Die Spannzange bildet bei einer Oberfräse die Verbindung zwischen Antriebsmotor und Fräser. Sie erfüllt damit eine wichtige Aufgabe – Grund genug sich einmal mit den unterschiedlichen Spannzangen auseinanderzusetzen. Das Grundprinzip einer Spannzange ist immer das gleiche: Der Fräser steckt in einer Hülse, welche durch eine von außen wirkende Kraft zusammengedrückt wird. Diese Kraft hält den Fräser fest. Auch wenn dieses Grundprinzip gleich ist, gibt es doch gravierende Unterschiede zwischen den einzelnen Varianten von Spannzangen. Denn Zange ist nicht gleich Zange.

Die einfachste Form der Spannzange ist eine Hülse mit nur einem Schlitz. Meist ist die Hülse außen konisch. Sie steckt in einer ebenfalls konischen Spindel. Drückt die Überwurfmutter nun die Hülse in die Spindel, so wird die Hülse zusammengedrückt und erzeugt Druck auf den Schaft des Fräsers. Grundsätzlich funktioniert das. Die Variante hat aber einen Nachteil: Der Druck wirkt nicht gleichmäßig auf den gesamten Umfang des Fräsers, sondern fast schon punktuell an nur zwei Stellen. Entsprechend viel Kraft muss man als Anwender aufbringen, um den Fräser sicher einzuspannen. Kritisch wird eine solche Spannzange bei großen Fräsern und schweren Bearbeitungen. Wesentlich besser sind mehrfach geschlitzte Spannzangen mit vier oder acht Schlitzen. Hierbei wird der Druck auf mehr Punkte verteilt. Der Kraftschluss der Verbindung zwischen Spannzange

▲ Für kleine Fräser und leichte Bearbeitungen sind solche Spannzangen in Ordnung. Nicht aber für die Arbeit mit großen Fräsern.

▲ Eine hochwertige Spannzange hält auch große Fräser bei schweren Bearbeitungen sicher fest. Auch der Rundlauf des Fräsers ist besser als bei einfachen Spannzangen.

(Hülse) und Fräser ist höher. Man benötigt weniger Kraft, um den Fräser sicher zu spannen als bei einer einfach geschlitzten Spannzange.

Eine Besonderheit bei Spannzangen, die mehrfach eingeschlitzt sind, ist, dass beim Öffnen der Spannzange nicht nur einmal ein Widerstand auftritt, sondern zweimal. Das heißt, wenn sie eine solche Spannzange öffnen, müssen Sie den passenden Schraubenschlüssel ansetzen und die Überwurfmutter lösen. Dann können Sie die Überwurfmutter eine oder mehrere Umdrehungen frei drehen und weiter öffnen. Der Fräser sitzt immer noch fest in der Spannzange. Dann kommt ein zweiter Widerstand, sie benötigen noch einmal den Schraubenschlüssel. Erst dann ist der Fräser gelöst. Diesen zweiten Widerstand gibt es nur beim Öffnen der Spannzange, nicht beim Schließen.

Wenn sie die Wahl haben, sollten Sie unbedingt mehrfach- und beidseitig eingeschlitzte Spannzangen wählen. Sie halten den Fräser sicher, garantieren einen guten Rundlauf und sie erfordern weniger Kraft beim Spannen als einfache Zangen.

Und hier noch drei Tipps zum Umgang mit Spannzangen und Überwurfmuttern:

- Verwenden Sie niemals Öl oder Fett an der Frässpindel, der Überwurfmutter oder der Spannzange selbst. Auch am Fräserschaft haben Öle und Fette nichts zu suchen. Sie verringern die Reibung. Im schlimmsten Fall kann der Fräser in der Spannzange verrutschen.
- Verwenden Sie immer die zum Fräserschaft passende Spannzange. Besondere Vorsicht ist bei Spannzangen in Zoll-Größen geboten. Während man zwölf Millimeter und 1/2 Zoll (12,7 Millimeter) noch relativ gut unterscheiden kann, wird es bei sechs Millimeter und 1/4 Zoll (6,35 Millimeter) schon schwieriger.
  Es gibt zwei Arten von Überwurfmuttern für Spannzangen: Solche, in die die Spannzange einrastet, und solche, die nicht einrasten. Bei einrastenden Spannzangen müssen Sie darauf achten, dass diese wirklich fest in der Mutter sitzen. Ist das nicht der Fall, hält die Spannzange Ihren Fräser zwar fest, will ihn aber unter Umständen später nicht mehr rausrücken. Dann müssen Sie mit Zange und Schraubendrehern an den empfindlichen Bauteilen hantieren.

Rundlauf

Ein Oberfräser dreht sich mit hoher Geschwindigkeit. Ungleich geschliffene Schneiden oder ein nicht genau zentrischer Sitz des Fräsers in der Spannzange machen sich sehr schnell durch starke Vibrationen an der Oberfräse bemerkbar. Man spricht dann davon, dass der Rundlauf nicht gut ist. Die Vibrationen sind nicht nur unangenehm, sondern führen auch zu einem höheren Verschleiß der Kugellager im Inneren der Oberfräse.

Die Einspanntiefe ist ein weiterer wichtiger Punkt. Auf vielen Fräsern befindet sich eine Markierung. Bis zu dieser Markierung soll der Fräser eingespannt werden. Ist auf dem Fräserschaft keine solche Markierung zu finden, spannt man den Fräser mindestens so tief ein, wie die Spannzange lang ist. In der Regel sind dies 2/3 bis 3/4 der Schaftlänge. Versuchen Sie nicht, mehr Nutzlänge durch knappes Einspannen des Fräsers zu erreichen!

Die Spannzage sollte kräftig, aber nicht mit Gewalt angezogen werden. Nach dem Anziehen muss sich die Spannzange noch ohne Anwendung von Gewalt mit dem passenden Maulschlüssel öffnen lassen.

◀ Der Fräser muss bis zur Markierung in die Spannzange eingeschoben werden.

Pflege der Fräser

Wie jedes Werkzeug sollten auch Fräser regelmäßig gepflegt werden. Viel Pflege ist jedoch nicht notwendig, um lange Freude an den Fräsern zu haben. Wichtig ist, dass man das Harz und andere Beläge, welche sich zwangsläufig absetzen, entfernt. Dazu gibt es spezielle Mittel, aber ein Entharzer, wie man ihn für Kettensägen benutzt, ist auch ausreichend. Man kann auch Backofenreiniger nehmen. Der Fräser wird einfach für wenige Minuten in den Reiniger gelegt. Die Anhaftungen lösen sich darin und können mit einem Borstenpinsel entfernt werden. Der Entharzer kann mehrmals verwendet werden. Kugellager und andere bewegliche Teile sollten nicht mit in den Entharzer gelegt werden. Demontieren Sie diese vor der Reinigung. Ein Fräser, der vermeintlich stumpf erscheint, kann sich nach einer gründlichen Reinigung als durchaus noch scharf entpuppen.

Nach dem Bad im Reiniger wird der Fräser gut getrocknet. Einölen sollte man die Fräser nicht, da dabei die Gefahr besteht, dass Öl auf den Schaft gelangt. Das wiederum beeinflusst den guten Halt in der Spannzange.

Die eben erwähnten Kugellager bedürfen keiner besonderen Pflege. In der Regel handelt es sich um komplett gekapselte Lager, bei denen das Ölen nichts bewirkt, da das Öl nicht ins Innere des Lagers gelangt. Bei den Anlaufkugellagern sollten lediglich eventuell vorhandene Anhaftungen an der Lauffläche entfernt werden. Prüfen Sie die Kugellager regelmäßig auf ihre Leichtgängigkeit. Nicht perfekt laufende Lager tauschen Sie am besten gleich aus. Denn im ungünstigsten Fall bricht ein solches Lager beim Fräsen und Ihr Werkstück ist ruiniert.

Die wichtigste Pflegemethode ist aber das Schärfen. Das kann man jedoch nicht selbst erledigen. Man gibt die Fräser zu einem Schärfdienst. Hochwertige Fräser können mehrmals nachgeschärft werden. Dabei verringert sich jedoch der Durchmesser des Fräsers, was zu berücksichtigen ist.

Da die Preise auch für hochwertige Fräser immer niedriger werden, ist das Schärfen nicht immer wirtschaftlich. Fragen Sie daher unbedingt vor dem Schärfen durch einen Dienstleister nach dem Preis und vergleichen Sie ihn mit den Kosten für einen neuen Fräser.

◀ Regelmäßiges Entharzen kann die Standzeit Ihrer Fräser verlängern. Am besten gewöhnen Sie sich an, die Fräser regelmäßig zu reinigen.

Standzeit

Mit dem Begriff „Standzeit" beschreibt man, wie lange eine Werkzeugschneide scharf und Einsatzbereit bleibt. Je höher die Standzeit, desto besser. Eine feste Regel, wie lange Werkzeuge scharf bleiben, gibt es nicht. Das ist von vielen Faktoren, wie Schneidenmaterial, zu bearbeitendes Holz, Hitzeentwicklung bei der Bearbeitung und der Pflege des Werkzeuges abhängig.

Aufbewahrung der Fräser

Die Schneiden von Oberfräsern sind sehr empfindlich und sollten sorgsam behandelt werden. Kontakt mit anderen Metallteilen ist zu vermeiden. Daher empfiehlt es sich, die Fräser so aufzubewahren, dass sie nicht aneinanderstoßen können.

Hochwertige Fräser werden in der Regel bereits in einer sicheren Verpackung verkauft. Diese Verpackung kann zur dauerhaften Aufbewahrung benutzt werden. Oft enthält die Verpackung auch Angaben über die Art des Fräsers oder zeigt das Profil das mit dem Fräser erzeugt wird.

◀ Gut verpackt erleiden Ihre teuren Fräser keine Beschädigungen.

Das wichtigste Zubehör

Die Oberfräse gilt zwar als sehr vielseitig, aber erst das Zubehör ermöglicht diese Vielseitigkeit. Meist ist im Lieferumfang einer Oberfräse schon das allernötigste Zubehör enthalten. Das wäre ein Parallelanschlag und eine Kopierhülse. Mit diesen beiden Zubehörteilen können Sie das Einsatzspektrum Ihrer Maschine schon enorm erweitern.

Darüber hinaus gibt es vom Hersteller oder von anderen Anbietern viele weitere Zubehörteile wie zum Beispiel Schablonen, Frästische, Einstellhilfen und vieles mehr. Lernen Sie die wichtigsten kennen:

▼ Erst das Zubehör macht eine Oberfräse zu einer der vielseitigsten Maschinen in der Holzwerkstatt. Einige Zubehörteile können Sie ganz einfach selbst bauen.

Der Parallelanschlag

Der Parallelanschlag ist eines der wichtigsten Zubehörteile zur Handoberfräse. Mit ihm ist es möglich, parallel zu einer vorhandenen Kante zu arbeiten. Er sollte gewisse Eigenschaften haben, damit die Arbeit mit ihm sicher ist und alle Einstellungen präzise und schnell durchgeführt werden können. Dazu gehören zum Beispiel seitlich verschiebbare Anschlagbacken. Können die Anschlagbacken verstellt werden, kann man die Lücke im Anschlag, die je nach Fräsgang benötigt wird, so klein wie möglich halten. Eine Feineinstellung erleichtert das Einstellen des Abstandes zwischen Fräser und Anschlag enorm.

Bei vielen Parallelanschlägen kann eine Absaughaube direkt an der Unterseite des Anschlages angebracht werden. Das ist dann natürlich sehr praktisch. Meist ist ein Parallelanschlag im Lieferumfang der Fräse enthalten. Aber nicht immer ist dieser von ausreichend guter Qualität. Wenn man

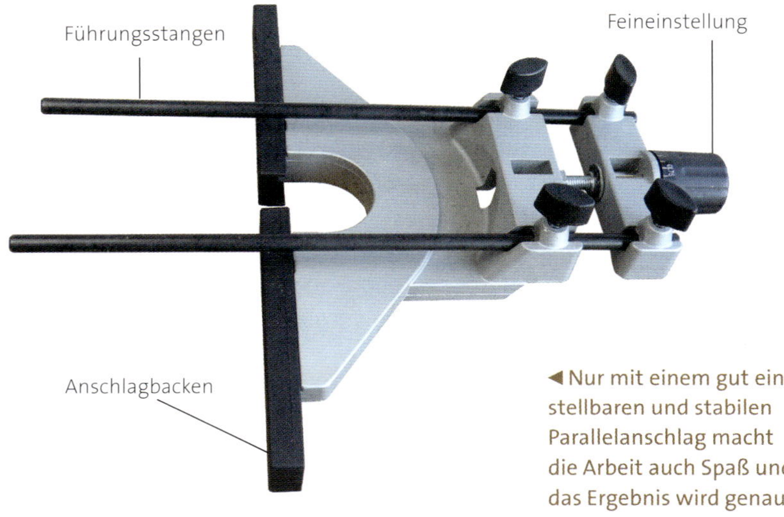

◀ Nur mit einem gut einstellbaren und stabilen Parallelanschlag macht die Arbeit auch Spaß und das Ergebnis wird genau.

► Einen zweiten Parallelanschlag können Sie auch ganz leicht selbst bauen. Er benötigt auch nicht unbedingt eine eigene Feineinstellung.

▼ Das Funktionsprinzip einer Kopierhülse ist einfach, aber wirkungsvoll. Sie müssen beim Schablonenbau aber ein wenig rechnen, damit später auch alles genau passt.

einen solchen Anschlag nachträglich kauft, muss man auf den Abstand der beiden Führungsstangen achten, damit der Anschlag auch an der Fräse befestigt werden kann.

Bei der Bearbeitung schmaler Werkstücke kann man einen zweiten Parallelanschlag einsetzen, um die Fräse sehr sicher zu führen. Der zweite Anschlag ist eine Zwangsführung: Die Maschine kann nicht von der Kante weglaufen. So können beispielsweise sehr gut Nuten, Gratfedern oder Fälze an Kanten gefräst werden. Der doppelte Parallelanschlag erhöht nicht nur die Genauigkeit, sondern auch die Sicherheit. Statt einen solchen Anschlag zu kaufen, können Sie auch eine zweite Führung selbst anfertigen. Diese muss dann nicht unbedingt auch mit einer Feineinstellung ausgestattet werden. Je nach Fräse kann es jedoch notwendig sein, längere Führungsstangen zu verwenden, damit ein zweiter Parallelanschlag genutzt werden kann.

Kopierhülsen

Zum Fräsen an einer Schablone nutzt man in der Regel eine Kopierhülse. Die Hülse wird in der Laufsohle der Oberfräse befestigt und je nach Oberfräsenmodell noch bei der Befestigung genau zum Fräser zentriert.

Mit Hilfe von Kopierhülsen kann die Oberfräse nun an einer Kante entlanggeführt werden. In der Regel ist diese Kante eine Schablone, die auf dem Werkstück befestigt wird. Im Gegensatz zur Arbeit mit einem Bündigfräser erzeugt die Kombination aus Kopierhülse und Fräser keine 1:1-Kopie einer Kontur. Der Fräser wird immer mit einem Versatz von mehreren Millimetern an der Kontur entlanggeführt.

Es ist sinnvoll, mehrere solcher Hülsen in verschiedenen Durchmessern zu haben. Dieser Aspekt kann in die Kaufentscheidung für eine Oberfräse mit einfließen, denn nicht für jede Oberfräse sind verschiedene Kopierhülsen erhältlich. Besonders für sehr preisgünstige Maschinen werden oft keine Kopierhülsen in unterschiedlichen Durchmessern angeboten.

Praktisch, aber nicht zwingend erforderlich, sind Systeme, bei denen die Kopierhülse gewechselt werden kann. Die Anwendung der Kopierhülsen zeige ich Ihnen auf Seite 145.

Messgeräte

Nachdem Fräser und Anschläge montiert sind, muss eine Oberfräse erst einmal richtig eingestellt werden. Nur mit dem Zollstock wird das schwierig. Es gibt aber Hilfsmittel, mit denen man die Einstellungen schon sehr genau hinbekommt. Um eine Probefräsung kommt man dennoch nicht herum.

Ein spezielles Einstell- und Messgerät ist eine Messbrücke. Mit ihr kann die Frästiefe und der Abstand des Fräsers zum Anschlag sehr genau eingestellt werden. Es gibt diese Messbrücken (auch gelegentlich als Tiefenmesser bezeichnet) mit Digitalanzeige. Diese Variante ist eindeutig der analogen vorzuziehen, da man sie an jedem beliebigen Punkt nullen kann. Dadurch ist es nicht nur möglich, ein absolutes Maß zu messen, sondern auch einen Punkt relativ zu einem vorhandenen. Das werden Sie schnell zu schätzen wissen.

Die Messbrücke wird auf die Referenzfläche, also die Grundplatte der Oberfräse oder die Oberfläche des Frästisches, aufgesetzt. Achten Sie darauf, dass die Anzeige auf null steht. Ist das nicht der Fall, wird das Gerät über die entsprechende Taste genullt. Nun wird die Frästiefe verstellt. Das genaue Tiefenmaß kann auf der Anzeige bequem abgelesen werden. Der Messstab muss dabei auf dem höchsten Punkt des Fräsers aufliegen.

Wird der Abstand des Fräsers zum Anschlag gemessen, ist es wichtig, den Messstab am höchsten Punkt des Schneidenflugkreises zu positionieren. Das ist nicht immer ganz einfach. Es gibt aber einen Trick, mit dem das sehr gut gelingt. Zunächst drücken Sie den Stab gegen den Fräser. Nun wird der Fräser gegen die Laufrichtung von Hand gedreht. Dabei schiebt er der Messstab hinaus., genau bis auf den höchsten Punkt des Schneidenflugkreises. Würde man den Fräser in Laufrichtung drehen, schnitte er jedes Mal ein kleines Stück Kunststoff aus dem Messstab. Bereits nach wenigen Einsätzen wäre die Messbrücke unbrauchbar.

Ebenfalls in digitaler Ausführung zu empfehlen ist ein Messschieber. Der Messwert kann schneller abgelesen werden als bei einem analogen Messschieber. Auch dieses digitale Messwerkzeug hat den Vorteil, dass man es an jedem beliebigen Punkt nullen kann. Messungen relativ von einem vorhandenen Punkt sind also auch damit durchführbar. Das Einstellen der Oberfräse oder des Frästisches

◄ Eine solche Messbrücke ist nicht nur praktisch, um die Oberfräse einzustellen. Sie ist auch an der Tischkreissäge sehr nützlich.

◄ Ein digitales Messgerät zusammen mit einer Feineinstellung am Parallelanschlag: So werden genaue Einstellungen zum Kinderspiel.

ist damit zwar nicht gut möglich, dafür kann man damit sehr bequem das Ergebnis einer Fräsung kontrollieren. Da es bei der Holzbearbeitung nicht auf Hundertstelmillimeter ankommt, reicht ein einfaches Modell. Der Messschieber sollte nach Möglichkeit eine Feststellschraube haben. Das erleichtert es, ein einmal festgelegtes Maß an mehreren Werkstücken zu prüfen.

Ein sehr sinnvolles Messwerkzeug findet sich mit Sicherheit in Ihrer Werkzeugkiste. Es handelt sich um Bohrer. Wenn sie einen Satz Holz- oder Metallbohrer besitzen, haben Sie einen kompletten Satz Einstellwerkzeuge im Raster von 0,5 Millimetern. Damit können Frästiefen schnell, einfach und genau eingestellt werden. Und das funktioniert so: Sie stellen Ihre Oberfräse auf das zu fräsende Werkstück. Wenn Sie mit einer Schablone fräsen, stellen Sie die Oberfräse auf die Schablone als würden Sie fräsen wollen. Das Werkstück ist dann bereits unter der Schablone positioniert. Drücken Sie die Fräse herunter, bis der Fräser auf Ihrer Werkstückoberfläche aufsitzt. Das ist jetzt die Nullposition. Ziehen sie den Tiefenanschlag nach oben und legen Sie zwischen Tiefenanschlag und Anschlagpunkt einen Bohrer. Der Durchmesser des Bohrers muss der gewünschten Frästiefe entsprechen. Der Tiefenanschlag wird abgesenkt. Der Weg, um den die Fräse eintauchen kann, ist nun genau auf das Maß des Bohrers begrenzt. Die Frästiefe ist eingestellt.

▼ Für den Einsatz in der Holzwerkstatt muss es nicht der teuerste Messschieber sein. Wichtig ist jedoch, dass er über eine Feststellschraube verfügt. Das erleichtert die Anwendung.

▼ Bohrer eignen sich ganz hervorragend, um die Frästiefe an einer Oberfräse einzustellen. Wenn es noch feiner abgestuft sein soll, können Sie eine Fühlerlehre verwenden.

Weiteres Zubehör

Wie erwähnt ist die Oberfräse ein sehr vielfältiges Werkzeug. Mit weiterem Zubehör können Sie aber aus dieser Maschine noch mehr herausholen. Die Möglichkeiten sind nahezu grenzenlos.

Absaughauben

Staub und Späne belasten die Atemluft und verschlechtern die Sicht auf das Werkstück. Und mal ehrlich, wer will schon ständig die Werkstatt fegen? Mit einer guten Staubabsaugung kann man die Späne dort einfangen, wo sie entstehen. Das schont die Nerven und Ihre Gesundheit. Allerdings ist das beim Arbeiten mit der Oberfräse nicht immer ganz einfach. Damit die Späne gut abgesaugt werden können, müssen Sie dort eingefangen werden, wo sie entstehen. Dazu sind mitunter unterschiedliche Absaughauben notwendig.

Wenn Ihr Parallelanschlag die Möglichkeit bietet, eine Absaughaube zu montieren, schließen Sie dort Ihren Werkstattsauger an, wann immer Sie mit dem Anschlag eine Kante bearbeiten. Bei Fräsungen an der Kante ohne Parallelanschlag bietet sich eine Absaughaube an, die unter der Grundplatte platziert werden kann. Solche Hauben können Sie für Ihre Oberfräse fertig kaufen oder auch selbst bauen.

Eine Besonderheit der Oberfräsen von Festool ist der Spanfänger. Er wird von unten an die Grundplatte der Fräse montiert. Er umschließt den Fräser. So entsteht eine Art Absaugkanal. Die oben oder hinten an der Fräse angeschlossene Absaugung funktioniert dann auch sehr gut bei der Bearbeitung von Kanten.

▼ Oft ist eine Absaugung am Parallelanschlag eine sehr saubere Sache. Die Späne werden dort abgesaugt, wo sie entstehen. Allerdings wird die Fräse dadurch ein wenig unhandlich.

◀ Wenn der Parallelanschlag nicht benötigt wird, kann eine Absaughaube von unten montiert werden. Diese deckt auch den Fräser ein wenig ab und sorgt für mehr Sicherheit.

◀ Ein drehbarer Spanfänger sorgt für eine gute Absaugung und mehr Sicherheit. Leider aber nur bei Oberfräsen der Marke „Festool“.

▶ Für die Arbeit mit einem Zinkenfräsgerät reicht eine einfache Oberfräse mit einer Leistungsaufnahme von etwa 1000 Watt aus. Wichtig ist eine gute Einstellbarkeit der Frästiefe.

▶ Nicht nur stabil und einfach zu verleimen, sondern auch noch schön anzusehen: Mit den meisten Zinkenfräsgeräten können solche halbverdeckten Zinken hergestellt werden.

▶ Der Parallelanschlag kommt schnell an seine Grenzen. Mit längeren Stangen würde er zu instabil. Die gefräste Nut wäre nicht mehr gerade.

Fräsgeräte

Für spezielle Aufgaben gibt es spezielles Zubehör. So zum Beispiel Fräsgeräte für Zinkenverbindungen oder Schlitz und Zapfen. Diese Geräte bilden mit der Oberfräse, den zu verwendeten Kopierhülsen und Fräsern eine Einheit. Alles muss zusammenpassen, damit die Ergebnisse auch stimmen. Wie die Arbeit mit Handwerkzeugen, so verlangt auch das Fräsen von Verbindungen mit solchen Geräten eine gewisse Einarbeitung und Übung. Mitunter sind auch einige Probefräsungen notwendig. Je mehr ein Fräsgerät kann, desto länger müssen sie sich einarbeiten.

Bei einfachen Zinkenfräsgeräten ist der Zeitaufwand jedoch überschaubar. Vor allem bei Geräten, bei denen die Abstände der Zinken nicht frei wählbar sind, kommt man sehr schnell zu guten Ergebnissen. Die Einschränkungen, welche durch die Maßvorgaben entstehen, sind in der Regel nicht so dramatisch. So sind Sie zum Beispiel bei der Höhe von Schubladen an ein Rastermaß gebunden.

Zinkenverbindungen werden nicht nur bei Schubladen verwendet. Auch die Ecken kleiner Kästchen oder Regale können mit Zinkenverbindungen unterschiedlichster Form verbunden werden. Die Eckverbindung wird dann zu einem wichtigen Gestaltungselement.

Führungsschiene

Zugegeben, man benötigt es nicht oft. Aber manchmal ist es doch sinnvoll, die Oberfräse auf oder entlang einer Schiene zu führen. Mit dieser Technik kann man beispielsweise eine Gratnut in eine Brettfläche fräsen. Das dürfte auch das prominenteste Beispiel für diese Anwendung sein. Es gibt aber hin und wieder auch andere Anwendungen, bei denen eine schnurgerade Fräsung in einer Fläche benötigt wird. Bis zu einem gewissen Abstand zu einer vorhandenen Kante können solche Fräsungen auch mit Hilfe des Parallelanschlages gemacht werden. Wird dieser Abstand jedoch größer, gelingt dies nicht mehr.

Die einfachste Alternative ist es, die Fräse an einer geraden Kante entlang zu führen. Das kann ein Richtscheit oder ein Sperrholzstreifen sein, der auf die Fläche aufgespannt wird. Oder eben die Führungsschiene ihrer Handkreissäge. An deren Rückseite kann eine Oberfräse entlanggeführt werden. Die Fixiermöglichkeiten der Schiene wie Schraub- oder Klemmzwingen stehen Ihnen dann auch beim Fräsen zur Verfügung. Der Nachteil dieser Variante ist aber, dass Ihre Fräse nur in einer Richtung geführt wird. Sie kann sich immer noch von der Schienenkante wegbewegen. Das führt dann zu einer ungenauen Fräsung. Im schlimmsten Fall ist dann Ihr Werkstück unbrauchbar.

Für eine bessere Führung sorgen Adapter, mit denen die Oberfräse an der Schiene entlang zwangsgeführt wird. Diese Adapter müssen sowohl zur Oberfräse als auch zur Führungsschiene passen. Nahezu jeder Maschinenhersteller, der Oberfräsen und Handkreissägen mit Führungsschienen anbietet, hat auch einen solchen Adapter im Programm.

Damit die Maschine, die ja nur zum Teil auf der Führungsschiene anliegen kann, nicht abkippt, verfügt entweder der Adapter oder die Maschine selbst über einen entsprechenden Höhenausgleich oder Abkippschutz. Je nach Modell gibt es auch eine Feineinstellung für den Abstand zwischen Führungsschiene und Fräser.

Die meisten Oberfräsen haben an der Laufsohle Markierungen, welche der Fräsermitte entsprechen. Mit diesen Markierungen kann die Maschine samt Führungsschiene schon sehr genau auf die genaue Position am Werkstück eingestellt werden. Diese Markierungen sind auch in vielen anderen Situationen sehr nützlich.

Beim Arbeiten mit der Führungsschiene und einem Adapter ist die richtige Handhaltung wichtig. Eine Hand sollte unbedingt auf dem Führungsschienenadapter bleiben. Und zwar genau dort, wo der Adapter auf der Schiene geführt wird. Tut man das nicht, kann der Adapter etwas wackeln, oder im ungünstigsten Fall sogar aus der Führung herausrutschen.

▲ Das wäre die einfachste Lösung: Die Fräse wird an einer geraden Kante entlanggeführt. Allerdings ist diese Methode auch fehlerträchtig.

◀ Mit einem speziellen Adapter können Oberfräsen an einer Führungsschiene betrieben werden. Ein seitliches Verrutschen der Fräse ist dann nicht mehr möglich.

Diese Markierungen sind ▶ recht unscheinbar, aber sehr nützlich. Bei vielen Anwendungen erleichtern Sie das Positionieren der Oberfräse auf einer Markierung.

Vor dem ersten Fräsen

Gleichlauf/Gegenlauf

Wenn man sich mit rotierenden Werkzeugen wie Sägen oder Fräsen beschäftigt, stolpert man zwangsläufig irgendwann über die Begriffe „Gleichlauf" und „Gegenlauf". Ein abstraktes Thema, das nicht leicht zu erklären ist.

"Immer in die richtige Richtung fräsen ...", ... niemals im Gleichlauf fräsen." Das sind Sätze, die man immer wieder liest und hört, wenn es um die richtige Richtung beim Fräsen geht. Aber was bedeutet das alles? Warum ist Gegenlauf gut und Gleichlauf böse? Um das zu verstehen, muss man erst einmal die beiden Begriffe definieren.

Gegenlauf:
Der Fräser dreht sich gegen die Vorschubrichtung. Als Bediener muss man die Maschine gegen das Holz schieben, während der Fräser zerspant. Beim Frästisch wird das Holz gegen den Fräser geschoben. Die Maschine, beziehungsweise das Werkstück, können kontrolliert geführt werden. Man muss bei dieser Erklärung berücksichtigen, dass bei einer Oberfräse die Drehrichtung des Fräsers nicht geändert werden kann. Bei der Handgeführten Fräse (Motor nach oben) dreht der Fräser von oben gesehen immer gegen den Uhrzeigersinn. Im Frästisch eingebaut (Motor unten) dreht der Fräser im Uhrzeigersinn.

Gleichlauf:
Beim Gleichlauf entspricht die Vorschubrichtung der Drehrichtung des Fräsers. Der Fräser beschleunigt hierbei die Maschine (oder bei Frästisch und Tischfräse das Holz). Die Maschine oder das Werkstück sind dann viel schwieriger zu kontrollieren. Bei einer Tischfräse oder einen Frästisch kann das Werkstück weggeschleudert werden, bei einer handgeführten Oberfräse kommt es leicht zum Rückschlag der Maschine. In beiden Fällen besteht durchaus eine reale Gefahr, dass Sie dabei mit Ihrer Hand in den laufenden Fräser geraten.

Wie ausgeprägt sich dieses Verhalten zeigt, ist davon abhängig, wie stark die bei der Zerspanung wirkenden Kräfte sind. Also wie groß der Fräser

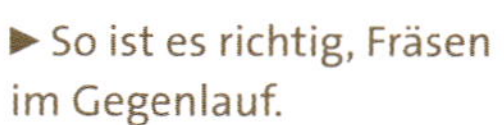

► So ist es richtig, Fräsen im Gegenlauf.

►► So bitte nicht. Fräsen im Gleichlauf ist gefährlich.

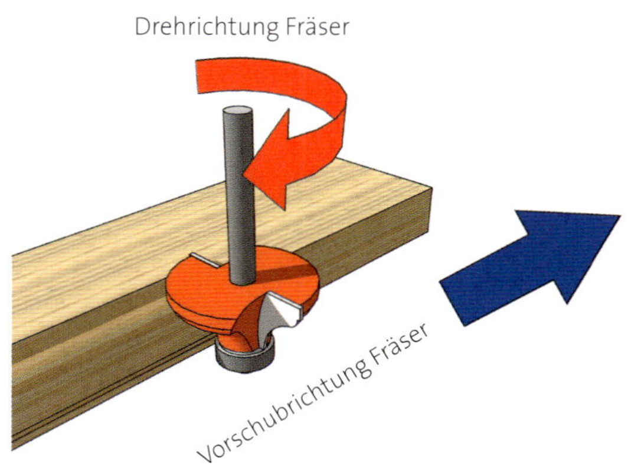

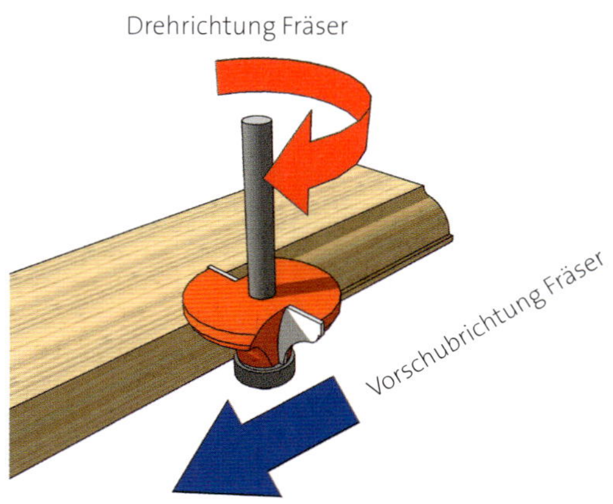

Zustellung

Der Begriff Zustellung wird im Zusammenhang mit spanabnehmenden Bearbeitungen benutzt. Man bezeichnet damit die Anzahl der Schritte, mit denen ein Zerspanungsvorgang durchgeführt wird. Ein Beispiel: Ihre Oberfräse verfügt nicht über genügend Leistung um eine Nut in einem einzigen Arbeitsgang zu fräsen. Sie fräsen Schrittweise. Jeder dieser Schritte wird als „Zustellung" bezeichnet.

ist und wie viel Material abgenommen wird. Es kann sein, dass Sie bei einer kleinen Abrundung mit einem Radiusfräser von zum Beispiel zwei Millimetern, kaum einen Unterschied bemerken, ob Sie nun im Gleich- oder im Gegenlauf fräsen. Bei einer Falzfräsung von 20 x 15 Millimetern in einer Zustellung wird es aber schon sehr gefährlich, diese im Gleichlauf zu fräsen.

Man liest und hört immer wieder den Tipp, im Gleichlauf zu fräsen, um Ausrisse zu vermeiden. Zugegeben, es wird hier und da schon mal praktiziert. Allerdings sollte man dann genau wissen, was man tut. In der Praxis macht es so mancher Profi so, dass er im Gegenlauf vorarbeitet, also das meiste zu entfernende Material wegfräst. Dann wird noch einmal minimal nachgestellt und die letzten Zehntelmillimeter werden im Gleichlauf weggefräst. Das Ergebnis ist in der Regel eine saubere Fräsung. Wie gesagt, in der professionellen Praxis wird das manchmal gemacht. Ich rate Ihnen dennoch davon ab. Wenn Sie Probleme mit Ausrissen beim Fräsen haben, arbeiten Sie in mehreren Zustellungen und achten Sie darauf, dass der Fräser scharf ist. Das führt ebenfalls zu sehr sauberen Ergebnissen, birgt aber ein geringeres Gefahrenpotenzial.

Mit drei Faustregeln behalten Sie auch ganz einfach den Überblick über die richtige Fräsrichtung:

- Am Frästisch und der Tischfräse ist die Vorschubrichtung von rechts nach links.
- Außenkanten werden mit der Handoberfräse gegen den Uhrzeigersinn bearbeitet.
- Innenkanten (Aussparungen) werden mit der Handoberfräse im Uhrzeigersinn bearbeitet.

Tipps zur eigenen Sicherheit

Die allgemeinen Sicherheitsvorkehrungen, die man bei der Arbeit mit Maschinen beherzigen muss, gelten natürlich auch für die Oberfräse. Dazu gehört, dass man einen Gehörschutz benutzt, wenn möglich eine Staubabsaugung und/oder eine Schutzbrille. Die Oberfräse ist mit einem drehenden Fräser ausgerüstet, der schwere Verletzungen hervorrufen kann. Es gilt also, die Hände und andere Körperteile nicht in die Nähe des sich drehenden Fräsers zu bringen. Aufgrund der vielseitigen Anwendungsmöglichkeiten der Oberfräse müssen auch unterschiedliche Vorkehrungen zum Schutz vor unbeabsichtigtem Kontakt mit dem Fräser getroffen werden.

Hierbei kann man oft zwei Fliegen mit einer Klappe schlagen: Denn Vorrichtungen zur Staubabsaugung umschließen sehr oft den Fräser und schützen so nicht nur vor Staub und Spänen, sondern auch vor Verletzungen.

Wenn Sie mit der Oberfräse (oder mit einer anderen Holzbearbeitungsmaschine) arbeiten, sollten Sie aufmerksam und konzentriert bei der Sache sein. Lassen Sie sich nicht ablenken. Wenn Sie unkonzentriert oder krank sind, sollten Sie nicht mit der Oberfräse arbeiten.

Bevor Sie die Maschine einschalten, müssen Sie immer den richtigen Sitz des Fräsers prüfen. Kontrollieren Sie auch alle anderen lös- und verstellbaren Teile der Maschine auf festen Sitz. Bei Arbeiten an der Maschine, also beim Rüsten und Umbauen muss der Netzstecker natürlich gezogen sein, damit die Maschine nicht versehentlich eingeschaltet werden kann.

Wichtig ist auch, dass man nur Maschinenzubehör und Fräser verwendet, welche für die jeweilige Maschine und die jeweilige Aufgabe auch geeignet sind.

Bevor Sie die Maschine einschalten, werfen Sie noch einen Blick auf den Boden. Sind weder der Saugschlauch, noch ein Kabel im Weg? Liegen Klötzchen auf dem Boden oder gibt es sonstige Stolperfallen? Wenn nicht, kann es losgehen.

Nach dem Abschalten laufen Oberfräsen oft noch etwas nach. Auch ein auslaufender Fräser kann noch Schaden anrichten. Achten Sie also darauf. Legen Sie die Maschine erst zur Seite, wenn der Fräser sich nicht mehr dreht.

Erste Fräsungen

Wenn Sie Ihre ersten Fräsungen mit der Oberfräse machen, lassen sie es ruhig angehen. Gewöhnen Sie sich erst an die Maschine. Das geht am besten mit sehr einfachen Fräsungen entlang einer Kante. Bei der Kantenbearbeitung wird immer von links nach rechts gefräst. Das ist dann Gegenlauf.

Damit man sich beim Arbeiten mit der Oberfräse voll und ganz auf die Maschine konzentrieren kann, wird das Werkstück gut fixiert.

Kantenbearbeitung mit Anlaufkugellager

Das Profilieren von Kanten ist eine der einfachsten Arbeiten, die man mit der Oberfräse durchführen kann, sofern man Profilfräser mit Anlaufkugellager benutzt. Das Anfräsen von Profilen mit Hilfe einer Tastvorrichtung oder dem Parallelanschlag hingegen ist schon schwieriger, da sich hier jeder Bedienfehler negativ auf das Fräsergebnis auswirkt: Jeder Wackler an der Maschine führt zu einer Delle im Profil. Das kann bei der Verwendung von Fräsern mit Anlaufkugellager kaum passieren.

Generell sollte man auch beim Fräsen von Profilen darauf achten, erst quer zur Faser zu fräsen und erst dann längs. Das verringert sichtbare Ausrisse.

Die Absaugung erfolgt beim Fräsen von Profilen an einer Kante entlang am besten von unten. Die Absaugung dient dann auch gleichzeitig als Abdeckung für den Fräser. Die Markierungen an der Kante der Laufsohle Ihrer Oberfräse erleichtern zwar das Ansetzen der Maschine an Eckpunkten. Dennoch kommt es gerade dort, beim Ansetzen des Fräsers oft zu Brandspuren. Diese sind schwierig zu vermeiden, da man ja mit der Maschine recht langsam an die Kante heranfährt. Der Vorschub fehlt und es entsteht viel Reibungshitze am Holz.

Bei schwierig zu fräsenden Hölzern wie Esche oder Eiche ist es ratsam, auch kleinere Profile in mehreren Arbeitsgängen zu fräsen. Im ersten Durchgang wird das meiste Material entfernt. Es kann dabei zu kleinen Ausrissen kommen. In einem zweiten Fräsgang wird nur noch wenig Material abgenommen. Diese Fräsung wird in der Regel viel sauberer. Die Ausrisse werden weggefräst.

▼ Einfacher geht es kaum noch. Das Anlaufkugellager sorgt für die Führung entlang der Kante. Sie müssen nur die Frästiefe genau einstellen.

▼ Leichte Brandspuren lassen sich vor allem am Anfang der Kante oft nicht verhindern. Sie sind aber schnell per Hand ausgeschliffen.

Arbeiten mit dem Parallelanschlag

Der Parallelanschlag ist neben dem Kopierring das wichtigste Zubehör für die Oberfräse. Mit ihm können Fräsungen in einem fest vorgegebenen Abstand zu einer vorhandenen geraden Kante ausgeführt werden. Das gelingt aber nur dann richtig, wenn der Anschlag richtig an die Kante gedrückt wird. Verkantet man oder übt man ungleichmäßigen Druck aus, kann die Fräsung verlaufen. Vor allem beim Anfahren an eine Kante und auf den letzten Zentimetern besteht diese Gefahr. Drücken Sie also am Anfang der Fräsung die vordere Anschlagbacke gegen Ihr Werkstück. Liegen beide Backen an der Kante an, wird gleichmäßiger Druck auf den gesamten Anschlag ausgeübt. Am Ende der Fräsung darf der Druck nur noch dort erfolgen, wo der Anschlag auch noch an der Kante anliegt.

Nuten

Eine Nut kann man mit der Oberfräse auf zwei verschiedene Arten fräsen, entweder mit einem Scheibennutfräser oder mit einem Schaftfräser. Der Scheibennuter eignet sich sehr gut für sehr dünne Nuten, während der Schaftnutfräser seine Stärken bei breiten und tiefen Nuten hat. Der Scheibennuter kann im Gegensatz zum Schaftnutfräser mit einem Anlaufkugellager ausgerüstet werden. Er kann dann sehr gut geführt werden, man ist dann allerdings bezüglich der Nuttiefe festgelegt. Ohne ein solches Anlaufkugellager wird der Scheibennuter mit dem Parallelanschlag benutzt. Tun Sie sich selbst einen Gefallen und benutzen Sie wann immer es geht einen Scheibennuter.

Ist die Nutzung eines Scheibennnuters nicht möglich, nimmt man einen geraden Schaftfräser. Der Schaftfräser kann nicht mit einem Anlaufkugellager benutzt werden, er wird mit Hilfe

► Ein Scheibennuter schneidet mühelos auch tiefe und schmale Nuten, aber nur randnah zur Kante des Werkstückes.

Druck gegen Werkstückkante

◄ Das Ansetzen der Maschine: Der Druck geht auf nur über die vordere Anschlagbacke gegen das Werkstück.

Druck gegen Werkstückkante

◄ Liegt der Parallelanschlag mit beiden Anschlagbacken an, erfolgt auch der Druck auf beiden Backen gegen die Kante des Werkstückes.

Druck gegen Werkstückkante

◄ Am Ende der Werkstückkante erfolgt der Druck nur noch an der hinteren Anschlagbacke in Richtung der Werkstückkante.

► Bei dünnen Nuten werden die Fräsungen mit einem Schaftfräser sehr schnell unsauber. Vor allem dann, wenn Sie zu schnell fräsen.

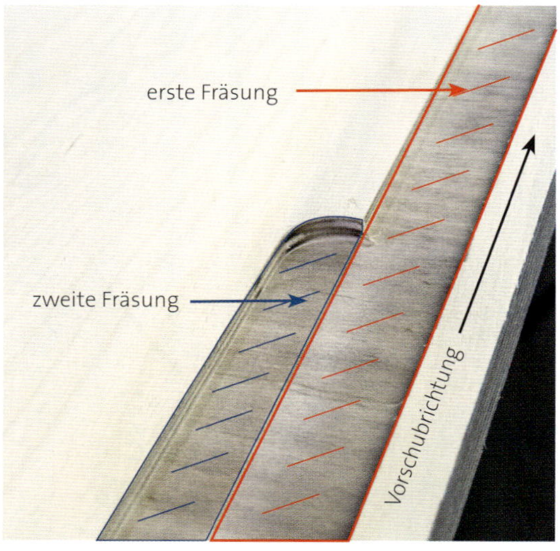

► Beim Verbreitern einer Nut müssen Sie darauf achten, im Gegenlauf zu fräsen. Anderenfalls wird Ihre Fräsung nicht sauber und das Fräsen selbst wird gefährlich.

des Parallelanschlages oder gar des doppelten Parallelanschlages genutzt. Er fräst bei weitem nicht so problemlos wie ein Scheibennuter. Das gilt vor allem für das Fräsen von schmalen Nuten. Die Spanabfuhr ist schlecht und aufgrund der geringen Schnittgeschwindigkeit tut sich ein dünner Schaftfräser sehr schwer beim Fräsen einer Nut.

Breite Nuten lassen sich hingegen gut mit Schaftfräsern erstellen. Gleich- und Gegenlauf heben sich beim Fräsen einer Nut gegenseitig auf. Es spielt daher keine Rolle ob Sie von rechts nach links oder von links nach rechts fräsen. Dennoch sollten sie sich am besten angewöhnen an einer Kante von links nach rechts zu fräsen. Im Zweifel liegen Sie damit immer richtig.

Soll die Nut breiter werden als der Durchmesser des Fräsers, dann kommen Gleich- und Gegenlauf wieder ins Spiel. In einem solchen Fall versetzen Sie die Nut von der Kante gesehen nach innen. Fräsen Sie wieder von links nach rechts. Sie fräsen dann, wie es sein soll, im Gegenlauf.

► Mit einem Falzfräser, der über ein Anlaufkugellager verfügt, ist das Fräsen eines Falzes am einfachsten. Auch an geschwungenen Kanten kann er benutzt werden.

Fälzen

Ein Falz kann mit speziellen Fräsern geschnitten werden, aber auch mit einem Scheibennuter oder Schaftnutfräser. Spezielle Falzfräser sind in der Regel mit einem Anlaufkugellager bestückt, das die Falztiefe fest definiert. Das spart sehr viel Einstellarbeit, wenn man sich auf bestimmte Falzmaße festlegen kann.

Möchte man das nicht, bleibt immer noch der Parallelanschlag. Mit seiner Hilfe können an geraden Kanten Fälze gefräst werden. Die beiden Anschlagbacken werden dabei nur so weit geöffnet, wie es unbedingt nötig ist. Im Idealfall benutzen Sie einen Fräser, dessen Durchmesser mindestens doppelt so groß ist wie der Falz tief werden soll. Damit erreichen Sie die saubersten Ergebnisse. Haben sie keinen passenden Fräser, können Sie den Falz auch in mehreren Schritten fräsen. Das ist auch dann notwendig, wenn die Leistung Ihrer Oberfräse nicht ausreichend ist, um einen breiten oder tiefen Falz in einer Zustellung zu fräsen.

Arbeiten mit Schablonen

Mit Hilfe von Schablonen können Sie mehrere Werkstücke immer wieder gleich bearbeiten, zum Beispiel eine Griffmuschel in mehrere Schubladenfronten einfräsen. Dabei müssen es nicht gleich Klein- oder Großserien sein, die zu produzieren sind. Oft sind Schablonen schon bei zwei oder drei gleich zu bearbeitenden Werkstücken sinnvoll.

Es kann auch notwendig sein, eine Schablone für ein Einzelstück zu fertigen. Zum Beispiel dann, wenn die Oberfräse weder mit dem Parallelanschlag noch mit einer Führungsschiene präzise genug geführt werden kann. Das kommt oft bei rechteckigen Ausfräsungen vor.

Schablonenfräsen mit Kopierhülse

Üblicherweise tastet eine Kopierhülse, die auch als Kopierring bezeichnet wird, eine Schablone ab. Der in der Oberfräse eingespannte Fräser folgt somit dem Verlauf der Schablone. Er tut dies allerdings mit einem Versatz, der sich aus dem Durchmesser der Kopierhülse und dem des Fräsers ergibt.

Der Versatz zwischen Außenkante Kopierring und Innenkante Fräser errechnet sich anhand dieser einfachen Formel:

$$\text{Versatz} = \frac{\varnothing\ \text{Kopierring} - \varnothing\ \text{Fräser}}{2}$$

Bei der Festlegung der Abmessungen für die Schablone muss dieser Versatz berücksichtigt werden.

Bevor man mit dem Bau der Schablone beginnt, sollte man sich Gedanken darüber machen, mit welchem Fräser man die Ausfräsung machen kann, welche Kopierhülse verwendet werden sollte und wie groß die Schablone werden soll. Bei unregelmäßigen Ausfräsungen darf der Fräser nicht größer sein als die schmalste Stelle der Ausfräsung.

Die Wahl der Kopierhülse richtet sich nach dem Fräser. Üblicherweise nimmt man die kleinstmögliche Kopierhülse. Je nach verwendeter Oberfräse muss die Hülse zentriert werden. Hierbei wird die Kopierhülse nur eingelegt, man spannt statt des Fräsers einen Zentrierdorn ein und entspannt die Tiefeneinstellung der Maschine. Der Dorn zentriert nun die Hülse, die dann erst festgeschraubt wird. Nach dem Befestigen der Kopierhülse wird der Dorn gegen den Fräser getauscht.

Die Größe der Schablone muss so gewählt werden, dass die Oberfräse eine gute Auflage hat und die Schablone noch mit Schraubzwingen oder ähnlichen Hilfsmitteln auf dem Werkstück befestigt werden kann. Ist es nicht möglich, die Schablone mit Schraubzwingen zu befestigen, kann man sie auch mit doppelseitigem Klebeband aufkleben.

Soll eine Schablone über einen längeren Zeitraum hinweg benutzt werden, muss sie aus einem stabilen Material gebaut werden. Hartes Sperrholz oder Multiplex eignet sich besonders gut für den Bau von Schablonen. Vor allem die Stabilität der Kanten ist hier wichtig. Denn beim Fräsen werden Sie die Kopierhülse fest gegen die Kante drücken. Die Hülse liegt dabei nur punktuell an. Ein weiches Material würde dabei schnell Dellen bekommen. Diese Dellen werden beim Fräsen leider auch übertragen.

Ein Vorteil der Nutzung von Kopierhülsen zum Fräsen mit Schablonen ist, dass mit einer Schablone unterschiedlich große Fräsungen erstellt werden können. Verändert man den Durchmesser des Fräsers, so verändert sich auch die Größe und Form der Fräsung. Das gleiche gilt für die Kopierhülse.

Durch geschicktes Kombinieren von Fräser und Kopierhülse ist es beispielsweise möglich mit nur einer Schablone eine Griffmulde mit Kante zu fräsen:

Die Schablone wird dazu auf dem Werkstück, zum Beispiel einer Schubladenfront, befestigt. Nun fräst man das Griffloch mit Hilfe einer Kopierhülse

▼ Groß genug und aus stabilem Material sollte eine Frässchablone sein. Die Schablone muss mindestens so dick sein wie der Überstand des Kopierringes über die Laufsohle der Fräse ist.

◀ Bei den meisten Herstellern erfolgt die genaue Zentrierung von Kopierhülsen mittels eines solchen Zentrierdornes. Je nach Oberfräsenmodell wird nicht der Kopierring selbst zentriert, sondern dessen Aufnahme an der Oberfräse. Das müssen Sie dann nur einmalig nach dem Kauf der Maschine machen.

► Zwei Fräsungen, eine Schablone. Solche Griffmulden sind mit einer rechteckigen Schablone leicht zu fräsen.

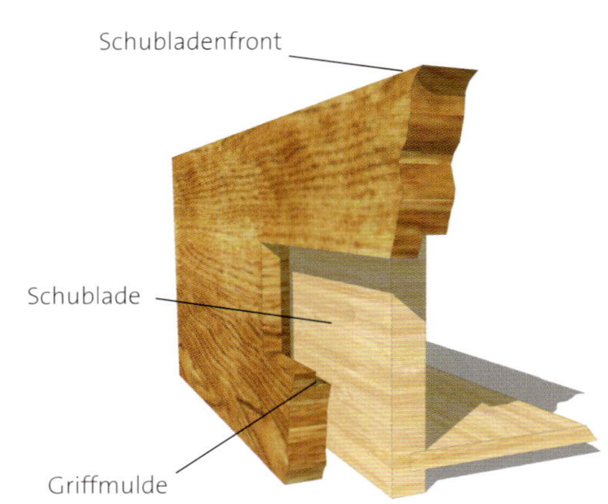

und einem geraden Nutfräser. Wechselt man nach dem Fräsen des Griffloches die Kopierhülse gegen eine kleinere aus und verringert die Frästiefe, entsteht ein Falz im Griffloch. Fertig ist die Griffmulde.

Ein weiterer Vorteil liegt darin, dass man bei der Wahl des Fräsers vollkommen frei ist. Der Fräser muss also nicht über ein Anlaufkugellager verfügen. So wäre es beispielsweise auch möglich, die Griffmulde mit einer Innenrundung zu fräsen. Man benötigt lediglich einen passend geformten Fräser.

Schablonenfräsen mit Anlaufkugellager

Ohne Rechenarbeit geht der Bau einer Schablone vonstatten, die mit einem Bündigfräser benutzt werden soll. Bei einem Bündigfräser handelt es sich um einen geraden Fräser, bei dem ein Anlaufkugellager montiert ist. Das Lager hat exakt den gleichen Durchmesser wie der Fräser selbst. Fährt man mit ihm eine Schablone ab, so entsteht eine genaue 1:1-Kopie der Schablonenkontur.

Bündigfräser gibt es sowohl mit obenliegendem als auch mit untenliegendem Kugellager. Für die Arbeit auf einem Frästisch empfiehlt sich ein Fräser mit obenliegendem Kugellager. Er muss bei der Arbeit nicht unnötig hoch überstehen. Arbeiten Sie mit der handgeführten Fräse, so ist ein Bündigfräser mit obenliegendem Anlauflager und Grundschneide zum Eintauchen ins Werkstück besonders vielseitig einsetzbar.

Ein Beispiel für die Nutzung eines solchen Fräsers ist das passgenaue Einnuten eines Regalbodens in die Seitenwand eines Möbels:

Zunächst zeichnen Sie die genaue Position des Regalbodens an. Die Stärke des Bodens wird jedoch nicht angezeichnet. An der markierten Position wird mit Schraubzwingen eine breite Leiste befestigt. An die Leiste wird der einzunutende Boden gestellt. Dann wird eine zweite Leiste, ebenfalls mit Schraubzwingen, direkt am Regalboden befestigt.

Die beiden befestigten Leisten bilden die Schablone, an der entlang der Bündigfräser läuft. Sie müssen lediglich die Nuttiefe einstellen. Fahren Sie nun die „Schablone" ab, so erhalten Sie eine Nut, in die der Regalboden perfekt hineinpasst.

► Viele Bündigfräser haben eine Schneidenlänge von 30 Millimetern. Das ist für viele Aufgaben zu lang. Wesentlich vielseitiger ist ein Fräser mit nur 20 Millimetern Schneidenlänge.

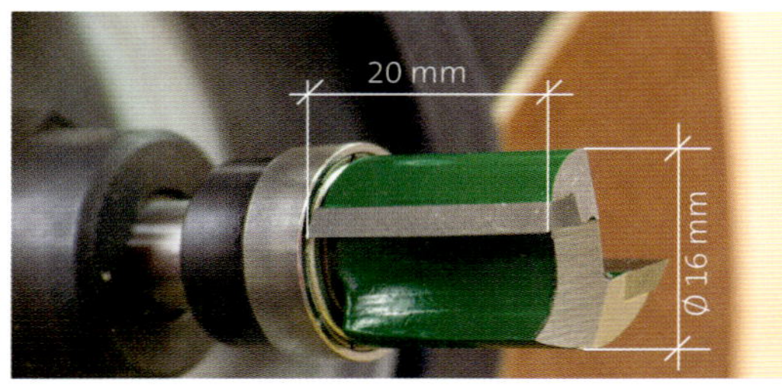

Kopierhülsen und die Absaugung

Viele Kopierhülsen behindern die Absaugung, da sie komplett geschlossen sind. Nur wenige Hersteller spendieren ihren Kopierhülen Fräsungen, durch die abgesaugt werden kann. Und selbst dann funktioniert die Absaugung nicht so gut wie beim Arbeiten ohne Kopierhülse. Es ist also unvermeidbar, dass Sie bei der Arbeit mit Kopierhülsen einer stärkeren Staubbelastung ausgesetzt sind als bei anderen Arbeitsgängen.

▼ Wenn Sie solche passgenauen Verbindungen erstellen, müssen die zu verbindenden Teile vor dem Fräsen geschliffen werden. Schleifen Sie erst hinterher, leidet darunter die Präzision, wenn die Teile dünner werden.

► Eine provisorische Schablone entsteht unter Zuhilfenahme der originalen Werkstücke. Durch Messen und Anzeichnen würden Sie nie diese Genauigkeit erreichen.

Schablonen anfertigen

Das Benutzen einer Schablone ist die eine Sache. Eine ganz andere Sache ist die Anfertigung einer Schablone. Es erfordert mitunter eine gehörige Portion Kreativität und Phantasie, eine Schablone für eine bestimmte Aufgabe anzufertigen. Mit den folgenden vier Tipps gelingen Ihnen auch Schablonen für komplexe Formen:

▶ Bauen sie die Schablone aus Einzelteilen zusammen

Versuchen Sie nicht, komplexe Formen oder Aussparungen mit ganz genauen Abmessungen mit einer Stich- oder Kreissäge aus einer Platte herauszuschneiden. Das wird meist nicht besonders präzise. Viel genauer und auch einfacher ist es, eine Schablone aus mehreren Einzelteilen aufzubauen. Beispielsweise aus Sperrholzstreifen, die schichtweise und überlappend verleimt und verschraubt werden.

Benötigen Sie eine Aussparung in einer bestimmten Größe, so schneiden Sie sich zunächst ein Sperrholz mit den benötigten Maßen. Bauen Sie die Schablone um dieses Sperrholz herum auf. Das wird auf jeden Fall genau.

▶ Erst nur Leimen, dann verschrauben

Sollen Einzelteile einer Schablone möglichst genau miteinander verbunden werden, verleimen Sie diese zunächst miteinander. Gerne auch in mehreren Schritten. Lassen Sie den Leim trocknen. Erst dann werden die notwendigen Schrauben eingedreht. Durch dieses Vorgehen verhindern Sie, dass die Einzelteile sich beim Verschrauben gegeneinander verschieben. Wenn Ihnen das zu lange dauert, können Sie auch Sekundenkleber benutzen, um die Teile vor dem Verschrauben zu fixieren.

◀ Beim Verleimen der Einzelteile sind solche Federzwingen sehr praktisch. Der Pressdruck dieser Zwingen ist hierfür vollkommen ausreichend.

◀◀ Einzelteile einer Schablone werden um ein Klötzchen herum angeordnet. So kann nichts verrutschen und die Schablone ist schnell gebaut.

▶ Lassen Sie Platz für Späne
Wenn sich zwischen Schablonenkante und Anlaufkugellager beziehungsweise Kopierhülse Späne sammeln, wird die Schablonenkante nicht mehr richtig abgetastet. Das ist ärgerlich. Planen Sie dies in den Schablonenbau ein und schaffen sie Platz für Späne. Beispielsweise durch eine Lücke oder einen Falz.

Gleichmäßige Kurven dank Stahllineal
Ein einfaches Stahllineal ist sehr gut dazu geeignet, um geschwungene Kanten zu zeichnen. Es biegt sich gleichmäßig, beispielsweise entlang von eingedrehten Schrauben. Entlang der Linealkante kann die Kontur dann nachgezeichnet werden. Nach Gebrauch nimmt das Lineal seine ursprüngliche Form gleich wieder ein und man kann es wieder zum Messen nehmen.

▼ In diese Lücke werden beim Fräsen die Späne gedrückt. Dadurch sammeln sich keine Späne an Stellen, die mit der Kopierhülse abgetastet werden.

▼ Sanfter Schwung ohne Spezialwerkzeuge. Ein Stahllineal ist auch sonst sehr praktisch, nicht nur beim Bau geschwungener Schablonen.

▼ Ein Frästisch mit Anschlag, Andruckvorrichtung und integrierter Höhenverstellung.

Der Frästisch

Frästische sind im professionellen Umfeld kaum zu finden, im Hobbybereich aber sehr beliebt. Im Prinzip handelt es sich bei einem Frästisch lediglich um eine Platte, an der die Oberfräse kopfüber nach unten befestigt wird. Statt die Maschine über Ihr Werkstück zu bewegen, steht die Maschine nun still und Sie bewegen das Werkstück. In der Regel sind Frästische noch mit einem Anschlagsystem versehen. Diese ersetzen den Parallelanschlag der handgeführten Maschine.

Mit einem Frästisch kann man viele Arbeiten einfacher durchführen als mit einer handgeführten Maschine. Im professionellen Bereich werden für diese Arbeitsgänge meist große Tischfräsen eingesetzt.

Der Frästisch ist bei vielen Arbeiten sicherer als die handgeführte Maschine. Vor allem, wenn es um die Bearbeitung von Kleinteilen geht. Meist lässt sich der Frästisch auch viel besser absaugen als die handgeführte Oberfräse. Auch das macht die Nutzung eines Frästisches angenehmer und komfortabler.

Der Nachteil eines Frästisches ist, dass er mehr Platz braucht als eine handgeführte Oberfräse, die nach Gebrauch wieder im Koffer oder im Regal verschwindet. Je nach Ausführung ist ein Frästisch auch eines der teuersten Zubehörteile für eine Oberfräse. Man kann natürlich einen Frästisch auch selbst bauen. Ein einfacher Frästisch ist nichts anderes als eine Platte, unter der die Maschine montiert wird und einer Leiste als Anschlag. Komfortabel wird ein Frästisch aber erst mit einer gut funktionierenden Höhenverstellung und verstellbaren Anschlagbacken. Das ist bei einem Selbstbau aber schon mit verhältnismäßig viel Aufwand verbunden.

Nicht sachgemäße Verwendung

Auch wenn Frästische inzwischen sehr beliebt sind und einige Werkzeughersteller Fräsen und gleich auch die passenden Tische verkaufen, so entspricht der Betrieb im Frästisch oft einer nicht sachgemäßen Verwendung. Zumindest dann, wenn man nach manchen Bedienungsanleitungen geht. Schauen Sie sich also die Bedienungsanleitung genau an, um nicht im Falle eines Falles den Gewährleistungsanspruch zu verlieren.

Die Anatomie eines Frästisches

Wie bereits erwähnt, kann ein einfacher Frästisch lediglich aus einer Holzplatte als Basis und einer Leiste als Anschlag bestehen. Das ist aber alles andere als komfortabel. Inzwischen gibt es Frästische mit sehr gut ausgeklügelten Anschlagsystemen, Höhenverstellungen inklusive Digitalanzeigen und vielen anderen nützlichen und auch übertriebenen Funktionen. Die Grenze zwischen nützlich und übertrieben ist hierbei fließend. Auf die wichtigsten Punkte gehe ich nun ein.

Das Anschlagsystem

Der wohl wichtigste Teil des Frästisches ist der Fräsanschlag. Er sollte sich leicht, aber möglichst genau einstellen lassen. Verfügt der Anschlag über zwei Befestigungspunkte, so gelingen genaue Einstellungen auch ohne komplizierte Feineinstellungen. Der Trick ist dann, dass man nur eine Befestigung des Anschlages löst und am gegenüberliegenden Ende den Anschlag verstellt. So entsteht ein Drehpunkt. Verstellt man den Anschlag am Ende um beispielsweise einen Millimeter, so wirkt sich das direkt am Fräser nur um etwa einen halben Millimeter aus.

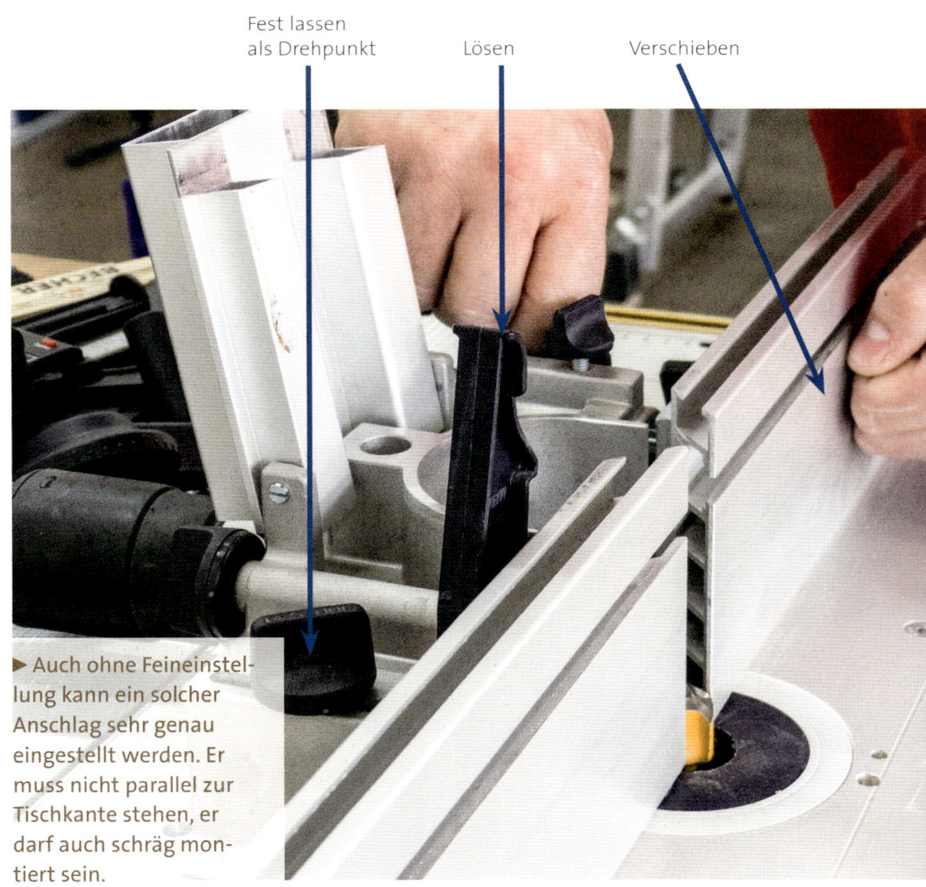

▶ Auch ohne Feineinstellung kann ein solcher Anschlag sehr genau eingestellt werden. Er muss nicht parallel zur Tischkante stehen, er darf auch schräg montiert sein.

► Verstellbare und groß dimensionierte Anschlagbacken sind wichtig für sicheres und genaues Fräsen. Sind sie aus Aluminium oder Holz, verzeihen Sie auch mal einen kurzen Kontakt mit dem drehenden Fräser. Stahlblech ist deshalb Tabu!

Die beiden Anschlagbacken müssen verstellbar sein. Nur so kann die Lücke zwischen Fräser und Anschlagkante möglichst klein gehalten werden. Wird diese Lücke zu groß, verschlechtert sich vor allem bei kleinen Werkstücken die Führung entlang des Anschlages, Die Absaugleistung wird auch geringer.

Die Oberfläche der Anschlagbacken sollte möglichst glatt sein, damit Ihr Werkstücke im wahrsten Sinne reibungslos daran entlang geschoben werden können. Eine rohe Holzoberfläche ist also ungeeignet. Um auch Fräsungen durchführen zu können, die nicht unmittelbar an der Werkstückkante entlang verlaufen, ist es von Vorteil, wenn der gesamte Anschlag weit hinter den Fräser geschoben werden kann.

Die Absaugung

Je weniger Späne umherfliegen und je weniger Staub in der Luft ist, desto besser. Daher ist auch beim Frästisch eine gute Absaugung Gold wert. Was bei der handgeführten Oberfräse nicht gut funktioniert, gelingt beim Frästisch meist problemlos: die Absaugung an mehreren Punkten gleichzeitig. In der Regel werden Oberfräsen, die im Frästisch betrieben werden, an zwei Punkten abgesaugt. Einer der Punkte ist der Fräsanschlag, direkt hinter dem Fräser. Der zweite Punkt ist der eigentliche Absaugpunkt der Oberfräse. Im Frästisch befindet er sich dann unter dem Tisch.

Als Absauggerät kommt in der Regel ein Werkstattsauger zum Einsatz, Für die Absaugung an zwei Stellen benötigt man allerdings ein Abzweigstück, an dem die beiden Schläuche angeschlossen werden können.

Leider gibt es aber auch beim Arbeiten mit dem Frästisch einige Fräsungen, bei denen eine effektive Absaugung nahezu unmöglich ist. Beispielsweise dann, wenn eine Nut mit einem geraden Nutfräser in die Fläche gefräst wird. Dabei landen die meisten Späne neben den Frästisch. Die Absaugung am Fräsanschlag nutzt hier nichts. Der Sog unter dem Frästisch ist zu gering, um die Späne aus Ihrer Flugbahn in den Schlauch zu ziehen.

▲► Durch die Absaugung an gleich zwei Positionen arbeitet man am Frästisch mit einer wesentlich geringeren Staubbelastung als mit der handgeführten Oberfräse – deshalb Tabu!

▲ Das Fräsen von Nuten in eine Fläche ist ein Arbeitsgang, bei dem nur sehr schlecht abgesaugt werden kann. Wie durch einen Kanal werden die Späne durch die Nut befördert.

Späne von oben

Beim Betrieb der Oberfräse im Frästisch werden viele Späne und auch feiner Staub von oben auf die Maschine fallen. Dieser Teil der Maschine ist im Handbetrieb nicht so stark den Spänen ausgesetzt. Es ist daher ratsam, regelmäßig die Späne und den Staub von der Unterseite der Maschine zu entfernen. Vor allem die Spannzange und das Innere der Antriebsspindel müssen regelmäßig kontrolliert und bei Bedarf gereinigt werden.

Andruckvorrichtungen

Sowohl die Tischfläche als auch der Fräsanschlag bieten Ihnen die Möglichkeit, an ihnen Vorrichtungen zu befestigen. Die meist benutzte Vorrichtung dürfte in diesem Fall die Andruckvorrichtung sein. Andruckvorrichtungen werden auch als Druckfeder oder Druckkamm bezeichnet. Sie machen das Fräsen komfortabler, präziser und vor allem sicherer. Sie müssen nicht mit Ihrer Hand in den Gefahrenbereich greifen, um das Werkstück zu halten oder gegen den Anschlag zu drücken. Diese Aufgabe übernehmen die Andruckvorrichtungen für Sie. Darüber hinaus garantieren Sie einen konstanten Druck, auch wenn Sie selbst beim Fräsen mit Ihren Händen einmal umgreifen und dabei kurz keinen Druck ausüben.

Je nach Ausführung einer solchen Andruckvorrichtung dient sie auch gleichzeitig als Abdeckung des Fräsers. Das bringt noch einmal mehr Sicherheit. Sie können nicht versehentlich in den laufenden Fräser greifen.

Bei der Positionierung der Andruckvorrichtungen achtet man darauf, dass kein punktueller Druck direkt auf den Fräser ausgeübt wird. Das könnte nämlich dazu führen, dass Ihr Werkstück an die Kante der hinteren Anschlagbacke anstößt. Dieses Problem haben sie aber nur dann, wenn Ihre Andruckvorrichtung mit kurzen Einzelfedern ausgerüstet ist.

◄ Dank der Druckfedern wird das Werkstück sicher geführt. Ihre Hände müssen sich dazu nicht im Gefahrenbereich direkt am Fräser befinden.

◄◄ Die Positionierung einer langen Andruckfeder.

◄ Die Positionierung zweier kurzer Andruckfedern.

Kantenbearbeitung

Kanten abrunden oder mit anderen Profilen versehen, das geht auf dem Frästisch sehr einfach. Über die Fräserhöhe und die Position des Fräsanschlages bestimmen Sie, ob das Profil des Fräsers komplett angefräst wird, oder nur teilweise. Werden gerade Kanten bearbeitet, können Sie jeden beliebigen Fräser verwenden. Ein Anlaufkugellager ist nicht notwendig. Die Arbeitsweise entspricht der beim Fräsen mit dem Parallelanschlag.

Am Frästisch werden Sie aber weniger Probleme haben, genau am Anfang der zu bearbeitenden Kante mit dem Fräsen zu beginnen. Und auch das Arbeiten genau bis zum Ende der Kante ist kein Problem. Sie werden vor allem am Start- und Endpunkt Ihrer Fräsung keine Brandstellen haben, wenn Sie am Frästisch arbeiten.

◄ Wie beim Fräsen mit dem Parallelanschlag kann auch bei der Arbeit mit dem Anschlag des Frästisches jeder beliebige Fräser genutzt werden.

Wenn Sie einen Fräser mit Anlaufkugellager im Frästisch verwenden, können Sie das Lager in Kombination mit dem Fräsanschlag nutzen. Stellen Sie den Anschlag einfach einen halben Millimeter hinter die Flucht des Anlaufkugellagers am Fräser ein. Auf diese Weise können sie den Anschlag als Hilfe zum Heranfahren an den Fräser nutzen. Die eigentliche Profilfräsung wird jedoch durch das Anlaufkugellager des Fräsers bestimmt.

Sie können auf dem Frästisch nicht nur gerade Kanten bearbeiten, sondern nahezu jede beliebige Form. Allerdings kann bei solchen geschweiften Werkstücken der gerade Fräsanschlag meist nicht mehr genutzt werden. Mit ihm entfallen dann auch wichtige Sicherheitseinrichtungen wie Fräserabdeckung und Andruckfeder. Sie müssen also anders für Sicherheit sorgen. Eine sogenannte Bogenfräshaube wäre eine Möglichkeit. Leider bieten nur wenige Hersteller von Frästischen ein solches Zubehör an. Je nach Ausführung bieten diese Hauben auch eine Absaugmöglichkeit.

Geschweift

Runde, bauchige und kurvenförmige Konturen werden oft mit dem Begriff „geschweift" beschrieben. Damit sind in der Regel keine einfachen Abrundungen oder kreisrunde Werkstücke gemeint, sondern meist flache Bögen und ineinander übergehende Rundungen.

► Anschlag und Anlaufkugellager können kombiniert werden. Der Anschlag erleichtert das Anfahren des Werkstückes an den laufenden Fräser.

Nuten

Beim Fräsen von Nuten am Frästisch kann man sowohl einen geraden Nutfräser verwenden als auch einen Scheibennuter. Für breite Nuten bleibt jedoch nur der gerade Nutfräser, über den das Werkstück flach liegend geschoben wird. Solange man die Nut ebenso breit macht wie der Fräser ist, muss bei diesem Arbeitsgang nicht auf Gleich- und Gegenlauf geachtet werden. Wird aber die Nutbreite durch mehrere Frägänge hergestellt, dann kommen Gleich- und Gegenlauf wieder zum Tragen.

Fräsen Sie bei allen Durchgängen immer von rechts nach links. Verbreitern Sie die Nut dann durch das Versetzen des Anschlages nach hinten. So fräsen Sie immer im Gegenlauf und müssen nicht über die Fräsrichtung nachdenken. Die bleibt wie sonst auch, eben von rechts nach links.

▼ Beim ersten Durchgang der Nut ist die Vorschubrichtung prinzipiell noch egal. Gewöhnen Sie sich dennoch an, am Frästisch immer von rechts nach links zu arbeiten.

▼ Beim zweiten Durchgang ist die Vorschubrichtung nicht mehr egal. Fräst man in die falsche Richtung, arbeitet man im Gleichlauf. Das muss man tunlichst vermeiden.

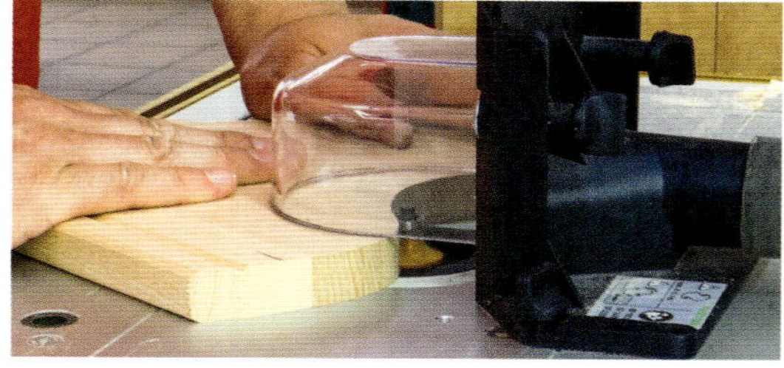

►► Eine solche Absaughaube ermöglicht das saubere und sichere Bearbeiten von geschwungenen Werkstücken. Die Finger können nahe am Geschehen bleiben, ohne dass es gefährlich wird.

Fälzen

Beim Fälzen gehen Sie ähnlich vor wie beim Nuten. Auch hierbei wird von rechts nach links gefräst. Ist der zu fräsende Falz breiter als der halbe Durchmesser des verwendeten Fräsers, müssen Sie die Falzbreite in mehreren Schritten fräsen. Tut man das nicht, riskiert man große Ausrisse durch einen ungünstigen Austrittswinkel der Fräserschneide.

Für das Fräsen von Fälzen nimmt man Fräser mit Grundschneide. Sie sorgen dafür, dass beide Flächen des Falzes sauber gefräst werden. Bei Fräsern ohne Grundschneide riskieren Sie mindestens eine unsaubere Fläche und Kante.

Mit speziellen Falzfräsern, die ein Anlaufkugellager haben, können Sie auch am Frästisch arbeiten. Das Einstellen der Falztiefe entfällt dann. Solche Fräser funktionieren auch an geschweiften Werkstücken.

Wenn Sie sehr oft Fälze fräsen, sollten Sie über einen Fräser mit Wendeplatten nachdenken. Diese Fräser sind zwar in der Anschaffung teuer, haben aber sehr geringe Verbrauchskosten. Richtig große Falzfräser haben einen Durchmesser von 50 Millimetern. Die Schnittgeschwindigkeit ist dadurch sehr hoch. Die Güte der gefrästen Oberfläche ist in der Regel hervorragend. Mit Fräsen unter 1400 Watt Leistungsaufnahme ergeben solche großen Fräser jedoch keinen Sinn.

Schmalseiten bearbeiten

Enden von schmalen Werkstücken oder sehr kleine Werkstücke können nicht einfach am Fräsanschlag entlang geschoben werden. Die Gefahr, dass sich das Werkstück im Freiraum zwischen den beiden Anschlagbacken verkantet, ist einfach zu groß. Daher muss in einem solchen Fall unbedingt ein Hilfsmittel verwendet werden. Das einfachste Hilfsmittel ist ein sogenanntes Vorsatzbrett. Dabei handelt es sich beispielsweise um ein ausreichend großes Stück Sperrholz aus der Restekiste.

Das Vorsatzbrett wird auf dem Fräsanschlag befestigt. Am einfachsten geht das mit Schraubzwingen. Aber dabei ist Vorsicht geboten. Schraubzwingen können sich durch Vibrationen lösen. Nehmen Sie lieber Hebelzwingen, das ist sicherer. Die Zwingen müssen so befestigt werden, dass die Arbeit durch sie nicht behindert wird. Das Vorsatz-

◄ Ein Falzfräser mit Anlaufkugellager und eine Bogenfräshaube werden benötigt, um am Frästisch geschweifte Teile mit einem Falz zu versehen.

▲ Mit einem Nutfräser, der eine Grundschneide hat, kann man sehr gut Fälze fräsen. Wird der Falz breiter, fräst man einfach in mehreren Schritten.

► Ein solch großer Falzfräser ist eine tolle Sache. Die Anschaffungskosten sind allerdings hoch und er passt nicht in alle Oberfräsen.

◄ So sollten Sie niemals Fräsen! Das Werkstück hat keine ausreichende Anlagekante. Es kann verklemmen oder es wird ruckartig in Richtung des Fräsers gezogen.

◄ Eine Vorrichtung zum Fräsen von schmalen Werkstücken. Die beiden Klemmzwingen halten das Werkstück sicher in Position.

▲ Ein paar Holzreste reichen aus, um das Fräsen von schmalen Werkstücken sicher zu machen.

◄ Richtig positioniert bietet Ihnen ein Vorsatzbrett eine durchgehende Anschlagkante.

▲ Hebelzwingen lösen sich nicht durch Vibrationen. Bei Schraubzwingen kann das jedoch vorkommen.

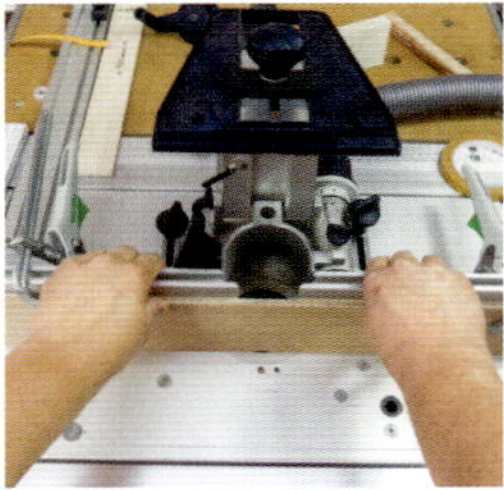

▲ Bei laufender Fräse wird der Anschlag nach hinten geschoben ...

▲ ... der Fräser schafft sich selbst die passende Aussparung. Natürlich dürfen die eigentlichen Anschlagbacken nicht vom Fräser berührt werden.

▲ Wenn möglich, gestalten Sie das Vorsatzbrett so, dass Sie noch alle vorhandenen Schutzvorrichtungen nutzen können.

▲ Eine Holzleiste ist bereits ein ausreichender Schutz für Ihre Finger.

▲ Ein Holzklotz in passender Größe erleichtert das Führen des Werkstückes.

▲ Mit dieser Handhaltung gelingt die Führung des Werkstückes sicher und präzise

▲ Auch solch kleine Querschnitte (20 x 20 mm) lassen sich dank Vorsatzbrett sicher und präzise bearbeiten.

brett selbst wird im einfachsten Fall direkt über den Fräser gesetzt. Bei vielen Fräsungen funktioniert diese Vorgehensweise sehr gut. Manchmal benötigt man aber den durchgehenden Anschlag auch unterhalb des Fräsers. Dann wird das Vorsatzbrett direkt auf den Maschinentisch aufgesetzt und befestigt. Der komplette Fräsanschlag inklusive Vorsatzbrett wird dann in den laufenden Fräser hineingeschoben. Das setzt voraus, dass die Fräserhöhe bereits ganz genau eingestellt ist.

Im Idealfall hat man noch die Möglichkeit, den Fräser abzudecken – entweder mit der am Frästisch befestigten Andruckfeder oder einfach mit einem Restholz. Wenn Sie sich für das Restholz entscheiden, so sollte dieses unbedingt gut befestigt werden. Sie können es anschrauben oder auch mit doppelseitigem Klebeband und ein wenig Leim befestigen. Die Abdeckung darf ebenso wie die Schraubzwingen nicht beim Fräsen stören.

Zu guter Letzt benötigen Sie noch einen Holzklotz, der in etwa so dick wie Ihr Werkstück ist. Dieser muss mindestens einen rechten Winkel haben. Legen Sie nun Ihr Werkstück an den Fräsanschlag mit Vorsatzbrett. Den Holzklotz legen Sie dahinter. Der rechte Winkel am Klotz sorgt für eine gute Führung des Werkstückes. Außerdem verhindert der Klotz Ausrisse beim Austritt des Fräsers. Das Werkstück wird gegen den Klotz gedrückt und beides wird am Anschlag entlanggeführt. So fräsen Sie nicht nur sicher, sondern auch sehr genau und sauber. Sollten Sie beim Fräsen einmal verwackeln, macht das nichts. Wiederholen Sie den Fräsgang dann einfach.

Als Material für ein solches Vorsatzbrett eignen sich glatt beschichtete Werkstoffe sehr gut. Wenn Sie aber nur einfaches Sperrholz zur Hand haben, macht das auch nichts. Schleifen Sie die Oberfläche des Vorsatzbrettes fein und reiben Sie mit einem Teelicht darüber. Wenn Sie ein Maschinengleitmittel haben, können Sie auch dieses nehmen. Das Werkstück lässt sich nach einer solchen Behandlung viel besser am Anschlag entlangführen.

Die Verwendung eines Vorsatzbrettes kostet nur wenige Minuten und so gut wie kein Geld. Es gibt also kaum einen Grund, der dagegenspricht, aber viele Gründe, die dafür sprechen.

Spannlade

Nicht immer kann ein Vorsatzbrett verwendet werden. Zum Beispiel beim Fräsen eines Zapfens. Dann ist keine durchgehende Anschlagkante durch das Vorsatzbrett möglich. In einem solchen Fall verwendet man eine Spannlade. Die Lade bietet eine Kante, die lang genug ist, um sicher am Fräsanschlag entlanggeführt zu werden. Auf der Spannlade wird das kurze Werkstück befestigt.

Der Bau einer solchen Spannlade ist einfach. Sie benötigen ein Trägerbrett mit einer geraden Kante, das mindestens neun Millimeter dick ist. Die Länge sollte nicht unter 300 Millimetern liegen. Auf dem Trägerbrett wird ein Anschlag genau im rechten Winkel zur Längskante befestigt. Um das Werkstück zu befestigen benutzen Sie am besten die Unterteile von Klemmzwingen. Sie sind preiswert und vor allem vorwiegend aus Holz. Sollte einmal eine solche Klemme einem Fräser zu nahekommen, nimmt der Fräser keinen Schaden. Bei einem Kniehebelspanner aus Stahl wären dann Spanner und Fräser reif für die Mülltonne. Der große Vorteil der Holzklemmen ist, dass man sie leicht bearbeiten und anpassen kann.

Auch bei der Nutzung einer Spannlade geht die Sicherheit immer vor. Der Fräser muss abgedeckt werden.

Warum nicht gleich alles auf dem Frästisch machen?

Bei all den Vorteilen, die ein Frästisch hat, könnten Sie sich nun fragen, warum man denn überhaupt noch handgeführt fräsen soll und nicht gleich alle Fräsarbeiten auf dem Tisch gemacht werden können. Die Antwort ist recht einfach: Wo die Grenzen des Frästisches erreicht werden, hat die handgeführte Maschine wieder ihre Vorteile. Das ist zum Beispiel dann der Fall, wenn die Werkstücke schlicht und einfach zu groß sind, um auf dem Tisch bearbeitet zu werden. Dann ist es angenehmer, die Fräse zum Holz zu bringen, statt umgekehrt.

Ein zweiter Punkt ist, dass man am Frästisch nur in einem sehr begrenzten Abstand zur Kante arbeiten kann. Mit der Handgeführten Fräse können Sie auch in einer großen Platte eine Fräsung machen.

Vergessen darf man auch nicht, dass nicht jeder Holzwerker über den notwendigen Platz verfügt, seinen Frästisch permanent aufgebaut zu lassen. Wenn sie also Ihren Frästisch erst aufbauen müssen, sind Sie mit der handgeführten Maschine oft auch einfach schneller als mit dem Frästisch. So haben Frästisch und handgeführte Oberfräse ihre Berechtigung in der Werkstatt. Beide in Kombination sorgen für nahezu unbegrenzte Möglichkeiten beim Arbeiten mit der Oberfräse.

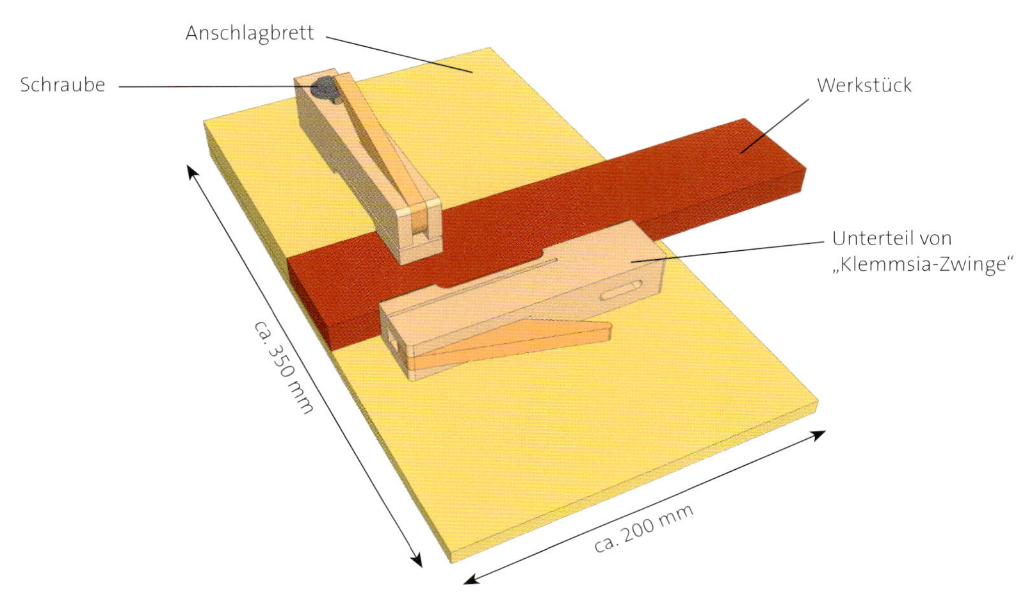

◀ So kann eine Spannlade aufgebaut sein. Die Maße sind nur als Vorschlag zu verstehen. Sie müssen an Ihre Werkstücke angepasst werden.

6 Schleifen

6 Schleifen

Meist wird mit dem Begriff „Oberflächenbehandlung“ das Aufbringen eines Oberflächenmittels wie Lack, Öl oder sonstigen Schutzanstrichen verbunden. Auch das Färben des Holzes mit Beizen oder Lasuren wird hiermit in Verbindung gebracht. Das Schleifen des Holzes wird hingegen nicht unbedingt mit der Oberflächenbehandlung gleichgesetzt. Dabei wird hier der Grundstein für eine schöne Oberfläche gelegt. Die Art der späteren Oberflächenbehandlung entscheidet über den notwendigen Schleifaufbau und die Qualität der unbehandelten Oberfläche. Die Oberflächenbehandlung ist entscheidend für die Wirkung des fertig behandelten Holzes. Das Schleifen und die spätere Oberflächenbehandlung müssen daher gut aufeinander abgestimmt sein.

Ein Exzenterschleifer mit passenden Schleifmitteln und Zubehör gehört zur Grundausstattung jeder Holzwerkstatt.

▶ Bei diesem Exzenterschleifer ist das Gehäuse mehrfach durch Gummieinlagen von Motor und Getriebe entkoppelt. Das verringert die Vibrationen in der Griffpartie.

Das Schleifen wird meist als lästig und unangenehm angesehen, als notwendiges Übel. Mit dafür verantwortlich sind die unangenehmen Dinge, die man mit diesem Arbeitsgang verbindet: Staub, Lärm und Vibrationen.

Doch dagegen lässt sich etwas tun. Gegen den Lärm hilft ein geeigneter Gehörschutz. Dem Staub kann man entweder mit einer Staubschutzmaske oder, noch besser, mit einem geeigneten Absauggerät begegnen. Bei den Vibrationen, die auf Dauer unangenehm kribbelnde und taube Hände verursachen, helfen nur Maschinen mit entsprechend gut entkoppelten Griffbereichen. Leider trifft das meist nur auf Geräte für professionelle Anwender zu, die in der Regel etwas teurer sind als Maschinen für Heimwerker. Wer viel schleift, sollte aber dennoch über die Anschaffung einer vibrationsarmen Maschine nachdenken.

▲ Für verschiedene Werkstoffe gibt es unterschiedliche Schleifmittel in unterschiedlichen Formaten und von verschiedenen Herstellern.

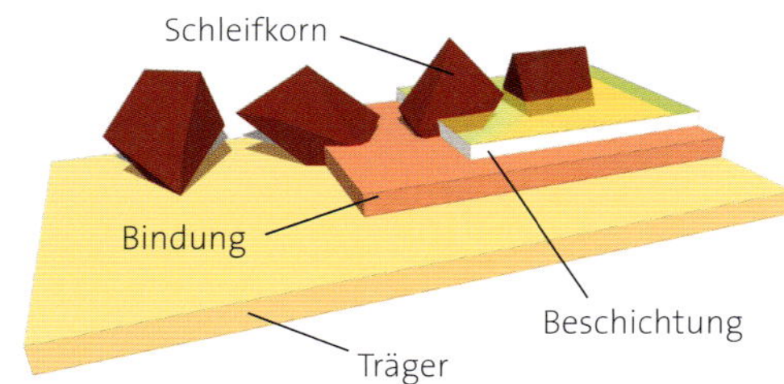

▲ Der Grundaufbau ist bei den meisten Schleifpapieren gleich. Lediglich die verwendeten Materialien sind unterschiedlich.

Aufbau eines Schleifpapieres

Einer der Hauptfaktoren für eine gut geschliffene Holzoberfläche ist das verwendete Schleifmittel. Seine Bedeutung wird meist unterschätzt und es wird dann irgendein Schleifpapier genommen. Was dann dazu führen kann, dass die Oberfläche nicht so aussieht, wie man es sich vorstellt. Dann wird der Arbeitsgang „Schleifen" sehr schnell frustrierend und auch teuer. Es lohnt sich also durchaus, sich einmal mit diesem Thema näher zu beschäftigen.

Die meisten Schleifmittel, besonders „Schleifmittel auf Träger" wie der offizielle Fachausdruck für Schleifpapiere lautet, bestehen aus drei Grundkomponenten: dem Trägermaterial, dem Schleifkorn selbst und der Bindung. Je nach Anwendung kommt noch eine Kaschierung oder eine Beschichtung hinzu.

Das **Trägermaterial** ist je nach Einsatzgebiet des Schleifmittels sehr unterschiedlich. Für die meisten Schleifmittel kommt inzwischen Papier als Trägermaterial zum Einsatz, Spezielle Schleifmittel nutzen aber auch Gewebe, Schaumstoffe und Kunststoffmaterialien als Träger. Auch Kombinationen aus all diesen Materialen sind möglich.

Auf das Trägermaterial wird das eigentliche **Schleifkorn** aufgebracht. Der Begriff „Sandpapier" stammt noch von einem der ersten verwendeten Schleifkörner, dem sogenannten „Schmirgel",

Klett ist nicht gleich Klett

Bei Klettbelägen gibt es durchaus Unterschiede. So verwenden die verschiedenen Maschinenhersteller auch verschiedene Haftbeläge auf ihren Schleiftellern. Es gibt unterschiedliche Systeme wie Haken- und Flauschband oder Pilzkopfband. Diese noch in unterschiedlichen Längen. Daher kann es durchaus sein, dass das gleiche Schleifmittel auf Tellern unterschiedlicher Hersteller unterschiedlich gut haftet.

der auch Quarzsand enthielt. Bei modernen Schleifmitteln kommen Produkte der technischen Keramik zum Einsatz. Unter anderem Korund, Aluminiumoxyd, Siliciumkarbit, Chromoxid oder Zirkoniumoxyd. Da all diese Schleifkörner eine unterschiedliche Struktur haben, ist das Verhalten eines Schleifmittels vom Schleifkorn abhängig. Korund z.B. bricht nicht so scharfkantig wie Aluminiumoxyd. Daher ist Schleifpapier mit Aluminiumoxyd aggressiver als Korund- Schleifmittel. Darüber hinaus haben die unterschiedlichen Schleifkörner auch unterschiedliche Härten. Je nach Einsatzzweck wählen die Hersteller also auch das verwendete Schleifkorn aus. Auch hier sind Kombinationen unterschiedlicher Schleifkörner für ein Schleifmittel möglich.

Die **Bindung** ist dafür zuständig, das Schleifkorn auf dem Trägermaterial zu fixieren. Dabei soll die Bindung dem Schleifkorn genügend Halt bieten, aber auch so flexibel sein, dass sich beispielsweise ein Schleifband noch gut über die Rollen eines Bandschleifers bewegen lässt. Auch beim Abziehen und Aufbringen von Schleifpapier auf Schwing- und Exzenterschleifer ist eine gewisse Flexibilität der Bindung notwendig.

Neben diesen drei Grundelementen, aus denen die meisten Schleifpapiere bestehen, sind oft auch noch weitere Komponenten notwendig. Etwa eine Kaschierung auf der Rückseite. So müssen zum Beispiel Schleifmittel für Maschinen mit Kletttteller einen entsprechenden Belag auf der Rückseite haben, damit sie auf einem solchen Klettbelag haften. Beschichtungen, die noch über der Bindung liegen, verleihen Schleifpapieren spezielle Eigenschaften. So zum Beispiel reduzieren spezielle Beschichtungen das Anhaften von Staub auf dem Papier oder verhindern, dass klebrige Substanzen wie Harz und Lack das Schleifmittel zusetzen und unbrauchbar machen.

Ein weiterer Aspekt, der von vielen Anwendern unterschätz wird, ist die Art der Streuung. Damit ist gemeint, in welchen Abständen zueinander die einzelnen Schleifkörner auf das Trägermaterial aufgebracht wurden. Sitzt hierbei ein Korn direkt neben dem Anderen, spricht man von einer geschlossenen Streuung. Werden die Abstände größer, ist von einer halboffenen Streuung die Rede. Bei besonders großen Abständen zwischen den Körnern handelt es sich um eine offene Streuung.

Eine offene Streuung hat den Vorteil, dass sich das Schleifpapier nicht so schnell mit Holzstaub, Harzen und sonstigen Stoffen zusetzt. Das hat dann den Vorteil, dass die Lebensdauer des Schleifmittels verlängert wird. Der Nachteil ist, dass weniger Schleifkörner pro Fläche vorhanden sind, welche für Abtrag sorgen. Das wird jedoch meist durch die Verwendung von aggressiven Schleifkörnern kompensiert. Somit spricht auch nichts gegen die Verwendung offen gestreuter Schleifpapiere als universelles Schleifmittel für Holz und Holzwerkstoffe.

Geschlossene Streuung

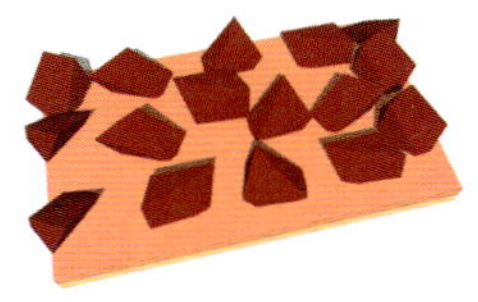

Halboffene Streuung

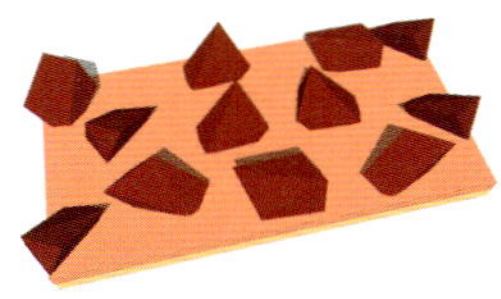

Offene Streuung

Offen gestreut für Lacke und Spachtel?

Die meisten Hersteller von Schleifmitteln deklarieren offen gestreute Schleifpapiere immer noch für das Schleifen von Lacken und Spachtelmassen. Hier kommen dann auch Schleifmittel zum Einsatz, die für Holz unnötig hart und somit teuer sind. In der Regel eignen sich diese Schleifpapiere aber dennoch hervorragend für das Bearbeiten von Holz. Inzwischen gibt es aber auch Hersteller, die den Wünschen der Anwender folgen und offen gestreute Schleifmittel auch ganz speziell für Holz anbieten.

Ein kleiner Überblick über Schleifmittel

Zum Schleifen benötigt man ein Schleifmittel. Landläufig spricht man dann von Schleifpapier. Neben den Schleifmitteln auf Papierträger gibt es aber noch weitere Varianten. Lassen Sie sich von der Vielfalt der angebotenen Schleifpapiere, Gitter, Vliese, Schwämme und Gewebe nicht zu sehr verwirren. Meist kommen Sie mit einem guten Schleifpapier in mehreren Körnungen und einigen Schleifvliesen aus.

Papiere

Für den Einsatz auf den meisten handgeführten Schleifmaschinen nimmt man Schleifmittel mit Papierträger also Schleifpapier. Papier als Träger ist preisgünstig und ausreichend belastbar. Viele Hersteller verwenden für Schleifpapier mit groben Körnungen ein stärkeres und stabileres Papier als bei den feineren Körnungen. Da es beim Schleifen mit groben Körnungen meist etwas stärker zur Sache geht, macht das auch durchaus Sinn. Damit die Absaugung der Schleifmaschine funktioniert, muss das Schleifpapier mit Löchern versehen werden. Diese Lochung muss mit den Löchern im Schleifteller der Maschine übereinstimmen. Nur so ist eine gute Absaugung gewährleistet. Sie müssen beim Kauf von Schleifpapieren also immer auf die passende Lochung achten.

Neben der Lochung ist natürlich auch die Abmessung der Bögen oder Scheiben wichtig. Das Schleifpapier ist meist minimal größer als der Schleifteller der Maschine. Einige Maße wie zum Beispiel ein Durchmesser von 125 und 150 Millimetern oder Abmessungen von 230 x 115 Millimetern haben sich aber als Standards durchsetzen können. So bieten inzwischen fast alle Hersteller von Schleifmitteln eine große Auswahl an Papieren passend für alle gängigen Schleifmaschinen an.

► Schleifpapiere in unterschiedlichen Stärken. Das dickere Papier ist für starke Beanspruchungen, das dünnere für das Schleifen von Farben und Lacken.

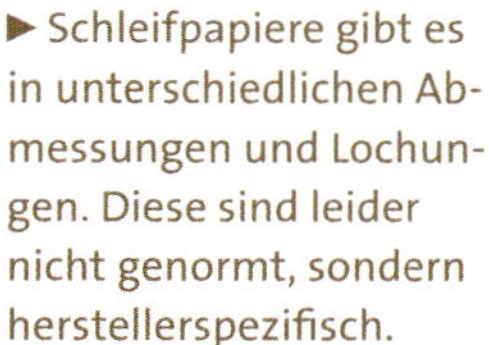

► Schleifpapiere gibt es in unterschiedlichen Abmessungen und Lochungen. Diese sind leider nicht genormt, sondern herstellerspezifisch.

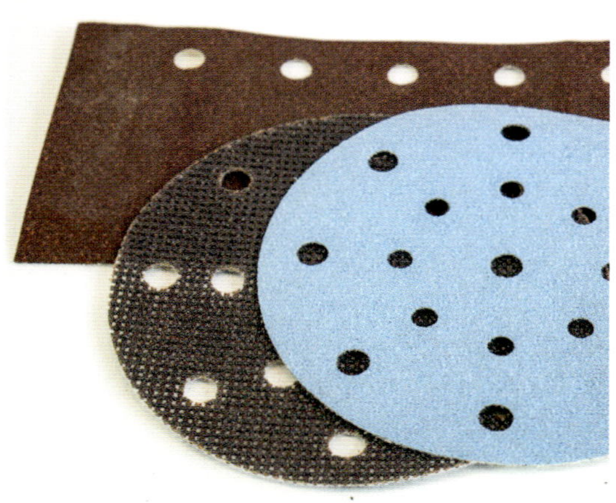

Multilochung

Es gibt Schleifpapiere mit einer sogenannten Multilochung. Das sind Schleifscheiben und Bögen, bei denen die komplette Fläche mit kleinen Löchern versehen ist. Mit einem dazu passenden Schleifteller erreicht man eine sehr gute Absaugleistung. Darüber hinaus können diese Schleifscheiben aber auch unabhängig von der Lochung der Schleifteller der unterschiedlichen Hersteller verwendet werden.

Vlies

Im Gegensatz zu Schleifpapieren besteht ein Schleifvlies nicht aus mehreren Lagen (Träger, Bindung, Korn) sondern aus einem Fasergewebe, das mit Schleifkörnern durchsetzt ist. Das Gewebe ist sehr flexibel und setzt sich aufgrund seiner offenen Struktur nicht so schnell zu. Es kann mit einem offen gestreuten Schleifmittel verglichen werden. In der Regel kann ein solches Vlies nicht besonders gut abgesaugt werden. Dafür hat es andere Vorteile. Es passt sich beispielsweise sehr gut an Profile und Rundungen an. Schleifvlies eignet sich daher hervorragend zum Nacharbeiten von profilierten Kanten. Da es sich nicht zu sehr zusetzt, benutzt man Schleifvlies auch gerne dann, wenn leicht klebrige Anstriche wie Öle oder Lasuren geschliffen werden müssen. Schleifvlies ist wesentlich teurer als Schleifpapier. Daher bietet es eine gute Ergänzung zum herkömmlichen Schleifpapier. Ein vollwertiger Ersatz dafür ist es nicht.

Bei Schleifvlies wird keine Körnung angegeben. Die meisten Hersteller machen aber vergleichende Angaben wie „Entspricht Korn 280". Schleifvliese erhalten sie wie Papier auch in unterschiedlichen Abmessungen und Zuschnitten oder als Rollenware.

▲ Ein mehrmals gefaltetes Stück Schleifvlies eignet sich hervorragend, um Rundungen und andere Profile zu schleifen.

▼ Schleifvliese sind meist unterschiedlich eingefärbt. So kann man feine und grobe Vliese ganz einfach unterscheiden. Eine herstellerübergreifende Farbkodierung gibt es aber leider nicht.

Stahlwolle

Bevor sich die Schleifvliese durchsetzen konnten wurde stattdessen Stahlwolle verwendet. Die passt sich ebenfalls jeder Kontur an und ist gut um Lasuren und Öle zu schleifen. Man erreicht damit eine sehr feine Oberfläche. Vorausgesetzt man nimmt sehr feine Stahlwolle. Wie alle anderen Schleifmittel ist auch Stahlwolle von grob bis fein erhältlich. Allerdings hat Stahlwolle zwei entscheidende Nachteile: Beim Schleifen zerfasert sie. Nicht selten sammeln sich dann die feinen Stahlpartikel in Ecken und Fugen. Von dort aus lassen sie sich dann meist nur schwer entfernen. Bei einem Schleifvlies passiert das nicht. Ein weiterer Nachteil ist der, dass die feinen Fasern der Stahlwolle bei gerbsäurehaltigen Hölzern wie Eiche zu Verfärbungen führen, sobald Feuchtigkeit oder gar Nässe ins Spiel kommen. Das ist übrigens auch der Fall, wenn Sie die Oberfläche mit Wasserlack behandeln.

Lose Fasern und Verfärbungen. Die preisgünstige Stahlwolle kann Ihnen richtigen Ärger bereiten. Greifen Sie daher besser zu Schleifvlies. Das ist unproblematischer in der Anwendung.

▶ Schleifgitter bieten viele Vorteile und werden von mehreren Herstellern angeboten. Es gibt sie in den gängigen Abmessungen und mit Klettbelag.

Gitter und Gewebe

Schleifgitter wie z.B. Abranet von Mirka nehmen eine gewisse Sonderstellung bei den Schleifmitteln ein. Als Trägermaterial wird hier ein Gewebe statt einer geschlossenen Trägerschicht verwendet. Dadurch ist keine auf die jeweilige Schleifmaschine abgestimmte Lochung notwendig um die Absaugfunktion zu nutzen. Diese Schleifgitter sind daher nicht herstellerspezifisch. Die Standzeit ist sehr hoch. Da es sich hierbei um sehr aggressive Schleifmittel handelt, sollte die Körnung zumindest im unteren, also groben Bereich lieber eine Stufe feiner als sonst üblich gewählt werden. Aufgrund der sehr offenen Struktur setzt sich ein solches Gitter kaum zu, auch bei schwierig zu schleifenden Materialien. Gelegentliches Ausklopfen verlängert die Standzeit noch einmal.

Formen und Größen

Das verwendete Schleifmittel muss zur Maschine oder genauer zum Schleifteller der Maschine passen. Bei Exzenterschleifern haben sich Durchmesser von 125 und 150 Millimetern etabliert. Da im professionellen Bereich meist mit 150 Millimetern Durchmesser gearbeitet wird, ist das Angebot in dieser Größe vielfältiger. Auch interessante Zubehörteile oder Werkzeuge für den Handschliff werden meist für diese Größe angeboten.
Bei Schwingschleifern mit eckiger Schleifplatte gibt es drei gängige Maße:

- 230 x 115 mm bei großen Schwingschleifern
- 130 x 80 mm bei kleinen Schwingschleifern
- 75 x 533 mm für Bandschleifer

Darüber hinaus gibt es viele Sonderformen und Größen. Bei der Auswahl und Anschaffung einer Schleifmaschine sollte daher das Angebot an verfügbaren Schleifmitteln ein entscheidendes Kriterium sein. Denn am Ende nutzt die beste Schleifmaschine nichts, wenn sie nicht mit dem am besten geeigneten Schleifpapier bestückt ist.

Überblick Schleifmaschinen

Zwar macht das Schleifpapier die eigentliche Arbeit also das Abtrennen der Holzfaser, aber nur, wenn es bewegt wird. Dafür sorgt meist eine elektrisch betriebene Schleifmaschine. Neben der Beschaffenheit des Schleifpapiers spielt die Schleifmaschine eine wesentliche Rolle für ein gleichmäßiges und schönes Schleifbild. So wie es beim Schleifmittel Unterschiede gibt, gibt es diese auch bei den Maschinen. Jeder Maschinentyp hat seine Vor- und Nachteile. Keine Maschine kann alles. Auf Dauer macht die Kombination von zwei unterschiedlichen Maschinen Sinn. Eine gute Kombination ist ein Exzenterschleifer mit einem Schleifteller-Durchmesser von 150 Millimetern und ein kleiner Schwingschleifer. Mit diesen beiden Maschinen decken Sie die häufigsten Anwendungen ab: Den Schliff von Flächen, Kanten und schmalen Werkstücken.

▼ Schleifmaschinen gibt es in ganz unterschiedlichen Ausführungen. Darunter sind Spezialisten und universell einsetzbare Maschinen.

Bandschleifer

Bandschleifer treten in der Holzbearbeitung immer mehr in den Hintergrund. Sie haben den Vorteil, dass man mit ihnen viel Material in kurzer Zeit abtragen kann. Aber sie sind schwer zu kontrollieren, haben ein hohes Eigengewicht und sind sehr laut. Als Vorteil von Bandschleifern wird oft angeführt, dass man mit ihnen genau in Faserrichtung schleifen kann. Das sorgt in der Tat für ein sehr gutes Schleifbild. Das Schleifen mit der Maserung ist aber nur bei relativ großen Flächen problemlos möglich. Bei einem Rahmen wird es schon schwierig.

Will man mit einem Bandschleifer eine große Fläche gleichmäßig schleifen, benötigt man einen speziellen Schleifrahmen. Er ermöglicht erst den kontrollierten Materialabtrag. Ein solcher Schleifrahmen kostet nicht selten fast ebenso viel wie der Bandschleifer selbst. Für viele günstige Modelle ist ein Schleifrahmen erst überhaupt nicht erhältlich.

Für das Schleifen von kleinen Teilen oder Kanten können die meisten Bandschleifer stationär eingesetzt werden. Dazu benötigt man eine Vorrichtung, mit deren Hilfe die Maschine kopfüber oder aufrechtstehend auf einer Unterlage, zum Beispiel der Werkbank, befestigt werden kann. Hat man dann noch einen Anschlag, steht der sicheren Bearbeitung ganz kleiner Teile nichts mehr im Weg.

▼ Bandschleifer Bosch PBS 75

Exzenterschleifer

Exzenterschleifer konnten sich in der Vergangenheit gegen die meisten anderen Schleifmaschinen behaupten. Sie bieten einen sehr guten Kompromiss zwischen schnellem Abtrag und gutem Schleifbild. Dazu laufen sie recht vibrationsarm, sind kostengünstig in Verbrauch und Anschaffung und leicht zu handhaben. Es gibt nur wenig, was gegen eine solche Maschine spricht.

Während im professionellen Bereich meist Maschinen mit einem Durchmesser von 150 Millimetern verwendet werden, bieten preisgünstige Maschinen oft nur einen Schleifteller mit 125 Millimetern Durchmesser. Will man große Flächen bearbeiten ist der kleinere Schleifteller im Nachteil. Außerdem ist der Zubehörmarkt für Maschinen mit 150 Millimetern Tellerdurchmesser größer.

Etwas verwirrend kann die Tatsache sein, dass es Exzenterschleifer sowohl für den Fein- als auch für den Grobschliff gibt. Man erkannt das an einer Angabe, die jeder Hersteller zu seinen Exzenterschleifern macht: Dem Schwingkreis. Je größer der dort angegebene Wert, umso höher der Abtrag. Der Wert gibt an, um wie viel die Bewegung des Schleiftellers exzentrisch ist. Vereinfacht könnte man sagen, es ist die Angabe wie viel sich der Schleifteller bewegt. Beim Schleifen von Holz ist ein Schwingkreis von fünf Millimetern vollkommen in Ordnung. Für den Zwischenschliff von Lacken kann man hingegen zu einer Maschine mit einem Schwingkreis von drei Millimetern greifen.

▼ Exzenterschleifer Metabo SXE 450 Turbotec

Während ein Exzenterschleifer beim Schleifen von Flächen sehr einfach in der Handhabung ist, stellt sich das Bearbeiten von schmalen Teilen und Kanten als schwieriger heraus. Der Grund liegt in der kreisförmigen Bewegung des Schleiftellers. Diese Bewegung drückt den Schleifer auf schmalen Werkstücken gerne mal zur Seite. Rahmenecken und Werkstücke mit Aussparungen lassen sich mit etwas Vorsicht jedoch gut schleifen. Man muss dabei lediglich darauf achten, dass der Schleifteller nicht an einer Kante anstößt.

Schwingschleifer

Die meisten Schwingschleifer, die derzeit im Handel sind, wurden für den Feinschliff optimiert. Es gibt zwar auch Schwingschleifer für den Grobschliff, diese sind aber eher die Ausnahme. Vor allem solche Schwingschleifer mit einer großen Schleifplatte von 230 x 115 mm, eignen sich hervorragend für den Feinschliff von großen Flächen. Da ein Schwingschleifer keine Drehbewegung ausführt ist er an Kanten oder auf schmalen Werkstücken einfacher zu führen als ein Exzenterschleifer. Beim Arbeiten mit dem Schwingschleifer können gut sichtbare Kringel im Schleifbild entstehen. Der Grund für das Entstehen dieser Kringel liegt in der lediglich nur schwingenden Bewegung der Schleifplatte. Wird ein Schwingschleifer zu wenig oder sehr langsam über die Holzoberfläche geführt, entstehen diese Kringel. Verstärkt wird dieser Effekt noch, wenn nicht abgesaugt wird, oder das Schleifpapier schon stumpf ist.

▲ Schwingschleifer Mafell UVA 115E

Rotationsschleifer

Wenn hoher Abtrag gefragt ist, kommen immer öfter Rotationsschleifer zum Einsatz. Sie haben eine gewisse Ähnlichkeit mit Exzenterschleifern. Die Bewegung des Schleiftellers und somit des Schleifkornes entspricht auch der eines Exzenterschleifers. Allerdings entsteht die Drehbewegung hier nicht durch die Vibration, sondern ganz direkt durch den Antriebsmotor und ein Getriebe. Die meisten Rotationsschleifer können mittels Schalter auf einen herkömmlichen Exzenter-Modus geschaltet werden. Solche Schleifmaschinen eignen sich dann sowohl für den Grob- als auch für den Feinschliff.

Die Anschaffung eines solchen Rotationsschleifers sollte allerdings gut überlegt werden. Die vielseitigen Einsatzmöglichkeiten werden nämlich mit einem hohen Gewicht, starken Vibrationen und einem hohen Anschaffungspreis erkauft. Wenn Sie den hohen Abtrag nicht oder nur selten benötigen, reicht ein herkömmlicher Exzenter- oder Schwingschleifer vollkommen aus.

▼ Rotationsschleifer Festool Rotex 150 FEQ

Deltaschleifer

Der Deltaschleifer kann etwas, das viele andere Maschinen so nicht können: Er kann in Ecken hinein schleifen. Das klingt erst einmal verlockend, hat aber viele Nachteile. So entstehen beim Schleifen einer Ecke meist Beschädigungen an den angrenzenden Holzteilen. Die Abtragsleistung dieser Maschinen ist in der Regel auch meist sehr bescheiden. Darüber hinaus sind die Schleifmittel viel teurer als die sonst üblichen Größen und Formen.

Wenn Sie beim Bau von Möbeln einen Deltaschleifer, auch Dreiecksschleifer genannt, benötigen, ist meist im Vorfeld schon etwas schiefgelaufen. Denn in der Regel können alle Bauteile eines Möbels vor dem Zusammenbau von Korpus, Rahmen oder Schubladen geschliffen werden. Es gibt also eigentlich keinen Grund noch einmal mit einer Maschine in den Ecken zu arbeiten.

Bei der Aufarbeitung alter Möbel oder bei Renovierungsarbeiten sieht das natürlich anders aus. Da kann eine solche Maschine schnell zum universellen Problemlöser werden. Noch dazu wenn es sich bei der Maschine um einen Oszillationsschleifer handelt. Denn ein solcher Schleifer kann auch mit Sägeblättern und sehr speziellen Vorsätzen bestückt werden.

▼ Multitool Stanley FME 650K

► Es gibt große Unterschiede bei den eingebauten Absaugsystemen in Schleifmaschinen. Aufgesteckte Filterbeutel lassen sich sehr gut entsorgen, während Staubkassetten ausgeklopft werden müssen.

Die Absaugung beim Schleifen

Schleifstaub ist gesundheitsschädlich und sollte am Entstehungsort entfernt also an der Schleifmaschine abgesaugt werden. Die Gesundheitsgefährdung ist aber nur ein Argument, das für die Benutzung einer Staubabsaugung spricht. Ein weiterer Grund ist die längere Standzeit der Schleifmittel bei Benutzung einer Absaugung. Auch das Schleifbild verbessert sich, wenn abgesaugt wird, da der abgetragene Staub nicht mehr durch die Maschine in die Poren und über die Fläche gerieben wird.

Es gibt auch Maschinen mit einer guten

Eigenabsaugung in einen Staubbeutel. Bei einigen Maschinen funktioniert diese Eigenabsaugung auch zufriedenstellend. Oft jedoch findet man Staubbeutel, die nur eine Alibifunktion erfüllen, aber keine ausreichende Staubabscheidung bieten.

Wenn kein Absauggerät benutzt wird, sollten Sie eine Staubmaske tragen. Für den gelegentlichen Einsatz sind Papiermasken geeignet, auf Dauer jedoch teuer und nicht sehr angenehm zu tragen. Besser sind Halbmasken mit auswechselbaren Filtern. Bei diesen Masken können die Tragebänder eingestellt werden, das Belüftungssystem ist besser und sie passen sich besser an die Konturen des Gesichtes an. Je nach Modell und Hersteller sind auch verschiedene Größen zu bekommen. Wichtig beim Kauf einer Staubmaske ist die Kennzeichnung der Filterklasse. Für Holzstaub werden Filter der Klasse „P2" verwendet. Aber Achtung, diese Filter sind nur dazu geeignet, Partikel von der Lunge fern zu halten. Gegen Gase helfen diese Filter nicht. Bei einigen Halbmasken können jedoch die Partikelfilter gegen verschiedene Gasfilter ausgetauscht werden.

Schleifen in Abstufungen

Auf den meisten Schleifpapieren ist eine Zahl aufgedruckt, welche die sogenannte „Körnung" angibt. Dass es sich hierbei um die Anzahl der Schleifkörner auf eine bestimmte Fläche oder die reale Korngröße handelt ist nicht richtig. Die Zahl gibt an, wie viele Maschen auf einen Zoll (25,4 mm) Länge das Sieb hatte, mit dem die Schleifkörner selektiert wurden. Das klingt kompliziert, ist aber für den Anwender nicht relevant. Wichtig zu wissen ist lediglich, dass es ein einheitliches System gibt, nach dem man erkennen kann, ob ein Schleifmittel grob (kleine Zahl) oder fein (große Zahl) ist. Ein sehr wichtiges Detail hierbei ist der Buchstabe „P", welcher der Zahl vorangestellt ist. Denn nur wenn dies der Fall ist, wurden die Schleifkörner nach der beschriebenen Norm selektiert und sortiert. Bei Schleifmitteln ohne diese Kennzeichnung ist also nicht sichergestellt, dass die aufgedruckte Zahl wirklich der Körnung entspricht. Das Fehlen des vorangestellten „P" spricht also nicht unbedingt für einen Hersteller.

Anschlussprobleme

Leider sind weder die Anschlüsse, noch die Muffen oder Schläuche an Elektrowerkzeugen und Absauggeräten standardisiert oder genormt. Mit Adaptern und Zwischenmuffen kann man aber nahezu jede Maschine an jeden Schlauch anschließen. Diese Lösungen sind dann aber meist unhandlich. Sie sollten daher beim Kauf einer Maschine oder eines Absauggerätes auch diesen Aspekt berücksichtigen.

► Die Arbeit mit einer solchen Halbmaske ist nicht ganz so angenehm wie die Verwendung eines wirkungsvollen Absaugsystems. Ihre Gesundheit sollte es Ihnen aber Wert sein.

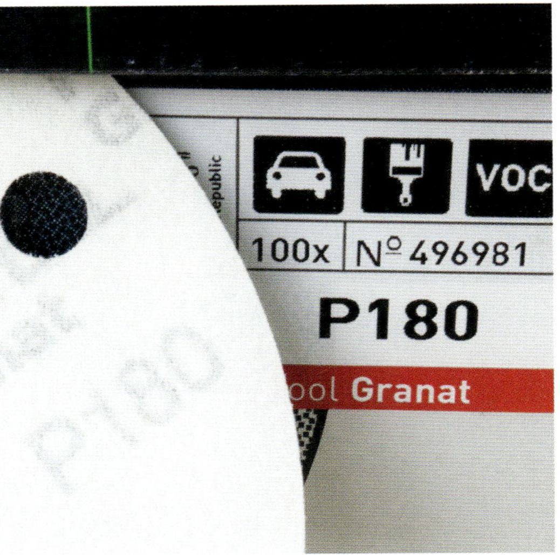

◄ Die Körnung ist sowohl auf der Verpackung als auch auf jedem einzelnen Schleifmittel angegeben. So wissen Sie immer ganz genau, womit sie gerade arbeiten.

Körnungen – und wie fein man schleifen sollte

Es gibt keine allgemeingültige Regel, wie fein eine Holzoberfläche geschliffen werden soll. Es ist immer davon abhängig, wie die fertige Oberfläche wirken soll. Bei einem eher rustikalen Möbelstück wird man sicherlich nicht so fein schleifen müssen wie bei der Oberfläche eines modernen Möbels. Es kommt auch ein wenig auf die Holzart an. Bei vielen Nadelhölzern beispielsweise ist ab Korn 240 kaum noch eine Veränderung zu sehen oder zu spüren, wenn mit noch feineren Körnungen geschliffen wird. Bei sehr engporigen und harten Hölzern hingegen kann die Oberfläche sehr fein, bis zu einer Politur geschliffen werden.

▼ Manche Hölzer lassen sich regelrecht polieren. Allerdings ist es nur in Ausnahmefällen sinnvoll, mit Körnungen über 320 zu arbeiten.

▲ Grobes Schleifpapier hinterlässt tiefe Kratzer. Diese Kratzer müssen im folgenden Schleifgang entfernt werden. Das kann sehr mühsam sein.

Zwischenschliff

Der sogenannte Zwischenschliff erfolgt immer dann, wenn ein Oberflächenmittel wie zum Beispiel ein Lack in mehreren Schichten aufgetragen wird. In einem solchen Fall lässt man den ersten Auftrag gut durchtrocknen. Dann wird meist per Hand die Oberfläche etwas geschliffen, dann erfolgt der nächste Auftrag. Der Zwischenschliff glättet die Oberfläche und sorgt für einen guten Kontakt zwischen den Schichten.

▲ Das ist ärgerlich: Eine furnierte Tischlerplatte wurde zu stark geschliffen. Die oberste Furnierschicht ist weg und das Trägermaterial ist sichtbar.

Die Entscheidung, wie fein geschliffen wird, kann man auch von der Oberflächenbehandlung abhängig machen. Wird eine schichtbildende Oberflächenbehandlung gewählt, muss nicht so fein geschliffen werden, da zwischen den einzelnen Schichten ja noch ein Zwischenschliff erfolgen muss. Dieser Zwischenschliff, der meist mit Körnung 280, 320 oder höher durchgeführt wird, sorgt dann für eine entsprechend glatte Oberfläche.

Wählt man eine Oberflächenbehandlung, bei der kein Zwischenschliff erfolgt, muss man die Körnung des Endschliffes danach wählen, wie glatt sich die fertige Oberfläche anfühlen soll.

Ein wichtiger Punkt ist nicht nur, mit welcher Körnung man den Schliff beenden soll, sondern auch, mit welcher Körnung man beginnt. Das ist in erster Linie davon abhängig, in welchem Zustand die Holzoberfläche ist. Meist ist es nicht notwendig, gröber als Korn 80 zu schleifen. Sind in der Oberfläche Ausbrüche und Dellen, kann man auch schon mal mit Korn 60 beginnen, um diese zu entfernen. Noch gröbere Körnungen sollten nur im Sonderfall angewendet werden, da die Kratzer, die solch grobe Schleifmittel hinterlassen, nur schwer zu entfernen sind.

Der Abtrag ist auch nicht zu unterschätzen und die daraus resultierende Maßänderung der Werkstücke. Besondere Vorsicht ist bei Furnieren und Sperrhölzern geboten. Deren Deckschicht ist nur sehr dünn und mit einem groben Schleifmittel schnell durchgeschliffen.

Im Idealfall schleift man von grob nach fein ohne eine Körnung zu überspringen. Da dies jedoch sehr Zeitintensiv ist, wird es in der Praxis nur selten so gemacht. Meist werden Körnungen übersprungen. Diese Sprünge sollten jedoch nicht zu groß sein. Denn das feine Schleifmittel muss die Kratzer des groben entfernen. Überspringt man mehrere Körnungen, ist das Entfernen dieser Kratzer sehr schwierig und schnell ist ein Werkstück verschliffen. Besonders kritisch ist das Überspringen der Körnungen beim Grobschliff (bis Korn 150). Je feiner das Schleifmittel wird, umso unkritischer ist das Überspringen. Ein Ablauf, der bei den meisten Massivhölzern und Furnieren angewendet werden kann, ist wie folgt: Man beginnt mit Korn 80, dann Korn 120 und 180. Wenn feiner geschliffen werden soll, geht es weiter mit Korn 240 und am Ende Korn 320.

Wenn ein Rotationsschleifer verwendet wird, führen Sie den letzten Schleifgang, besser noch die beiden letzten Schleifgänge nicht im Rotationsmodus durch, sondern im Exzentermodus. Die Oberflächenqualität steigt dadurch deutlich.

Und bei alledem beachten Sie unbedingt, dass ein schönes Schleifbild nur mit scharfem Schleifmittel erreicht werden kann. Ein stumpfes Schleifmittel drückt die Fasern nach unten und schneidet sie nicht ab. Das Abstumpfen eines Schleifmittels ist ein schleichender Vorgang und besonders dem Laien fällt es schwer zu beurteilen, ob ein Schleifmittel noch scharf ist oder schon stumpf. Eine gute Hilfe, um das zu beurteilen, ist es, einen direkten Vergleich zwischen einem neuen Schleifmittel und dem, das gerade in Benutzung ist, zu machen. Das geeignete Messgerät für einen solchen Vergleich sind Ihre Fingerspitzen. Fühlen Sie die Schärfe eines neuen Schleifmittels im Vergleich zu dem gerade benutzten. Sie werden erstaunt sein, wie gut man nur durch das Fühlen beurteilen kann, wie scharf ein Schleifmittel noch ist.

Rotationsschleifer erfordern eine andere Vorgehensweise als Schwing- oder Exzenterschleifer. Man muss beide Betriebsmodi richtig kombinieren, um eine gute Oberflächenqualität zu erreichen.

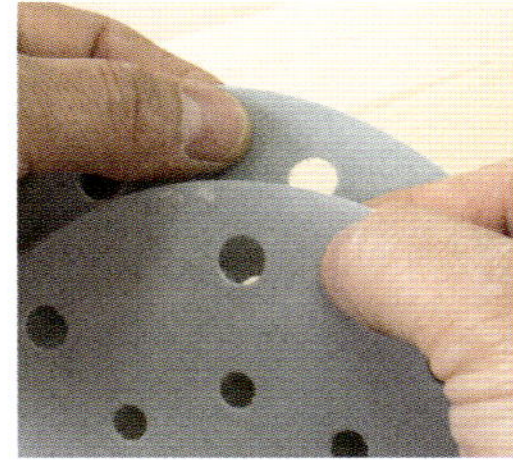

◀ Ihre Fingerspitzen sind ein guter Indikator dafür, ob ein Schleifpapier noch ausreichend scharf ist. Vergleichen Sie einfach, wie sich ein neues Schleifpapier gegenüber einem gebrauchten anfühlt.

Schonender und sicherer Halt für Ihre Werkstücke

Beim Schleifen entstehen Vibrationen, die auch das zu schleifende Werkstück in Bewegung versetzen. Es wandert dann regelrecht über die Werkbank. Dabei hat schon so manche fertig geschliffene Oberfläche Kratzer und Dellen bekommen.

Es gibt aber einen einfachen Weg, um das zu verhindern. Man muss das Werkstück am Rutschen hindern. Sehr einfach gelingt das mit einer sogenannten Anti-Rutsch-Matte. Diese gibt es in unterschiedlichen Ausführungen. Die einfachsten bekommen Sie im Teppichhandel. Leider haben diese meist zu wenig Gripp. Sie schonen dann zwar das Werkstück und verhindern Kratzer, am Wandern hindern Sie das zu schleifende Holz jedoch nicht.

Wesentlich besser eignen sich hingegen Matten, die ursprünglich zur Ladungssicherung in LKWs gedacht sind. Solche Matten bekommen Sie bei Betriebsausstattern und inzwischen auch im gut sortierten Werkzeughandel. Sie sind robust und bieten guten Halt. Gleichzeitig dämpfen sie die beim Schleifen auftretenden Vibrationen. Ist die Matte einmal zu sehr mit Schleifstaub zugesetzt,

◀ Achten Sie beim Kauf einer solchen Anti-Rutsch-Matte darauf, dass Sie für die Ladungssicherung geeignet ist. Nur dann funktioniert sie auch zuverlässig auf Ihrer Werkbank.

◀ Werkstückstopper oder „Bench-Cookies" können ebenso wie die Anti-Rutsch-Matten mit Wasser von anhaftendem Staub befreit werden. Danach halten Sie Ihre Werkstücke wieder sicher an Ort und Stelle.

können Sie sie einfach mit Wasser abwaschen. Nach dem Trocknen hat sie dann wieder den gewohnten Gripp.

Alternativ zu den Matten können Sie auch die sogenannten „Bench Cookies“ verwenden. Sie haben eine beidseitige Anti-Rutsch-Beschichtung und bringen Ihr Werkstück einige Zentimeter in die Höhe. Das hat Vorteile, wenn man Kanten bearbeiten will. Auch beim Arbeiten mit der Oberfräse leisten die Bench-Cookies gute Dienste. Allerdings müssen Sie bei unterschiedlich großen Werkstücken immer wieder neu angeordnet werden.

Glanz betont Unebenheiten
Ob man kleine und große Unebenheiten am fertigen Möbelstück sieht, ist auch von der Oberflächenbehandlung abhängig. Eine glänzende Oberfläche zeigt Ihnen vor allem bei Gegenlicht jede Unebenheit. Eine matte Oberfläche verzeiht Ihnen solche kleinen Fehler schon mal.

▲ Es ist keine Kraft oder Druck von oben notwendig. Im Gegenteil. Den besten Fortschritt erreichen Sie, wenn kein Druck von oben auf die Schleifmaschine ausgeübt wird.

▲ Ein mit Bleistift dünn aufgezeichnetes Raster kann Ihnen dabei helfen ein Gefühl dafür zu bekommen, ob Sie gleichmäßig schleifen. Es zeigt Ihnen auch, wie hoch der Abtrag beim Schleifen wirklich ist.

▲ Das ist eine gute Übung: Einen Meter schleifen und dafür etwa sechs Sekunden benötigen.

► Der sogenannte Kreuzgang ist eine gute Methode um fast automatisch eine Fläche gleichmäßig zu bearbeiten.

Gleichmäßiges Schleifen

Das Schleifen selbst ist keine schwierige Tätigkeit. Wenn man ein paar Dinge beachtet, gelingen perfekt geschliffene Oberflächen im Handumdrehen.

Die wichtigste Regel beim Schleifen mit einer Schleifmaschine ist: „vermeiden Sie zu hohen Druck“. Viele Anwender gehen davon aus, dass eine Schleifmaschine schneller arbeitet, wenn man darauf möglichst viel Druck ausübt. Das Gegenteil ist aber der Fall. Übt man Druck aus, bremst man zunächst einmal den Motor der Maschine ab. Die Drehzahl sinkt. Dadurch entsteht weniger Abtrag. Dazu kommt noch, dass sich eine Schleifmaschine, auf die man Druck von oben ausübt, viel schwieriger führen lässt. Auch die Absaugung arbeitet besser, wenn man nicht zu viel drückt. Es ist vollkommen ausreichend die Maschine zu führen. Das Eigengewicht der Schleifmaschine übt hierbei ausreichend Druck von oben auf das Schleifmittel aus.

Bewegen Sie die Schleifmaschine nicht zu schnell über das Holz. Lassen sie der Maschine Zeit Ihre Arbeit zu tun. Andererseits darf die Maschine aber auch nicht zu langsam bewegt werden, da man dabei Gefahr läuft unbeabsichtigt zu viel Material abzutragen. Hier einen genauen Wert anzugeben ist schwierig. Eine gute Geschwindigkeit beim Arbeiten mit Exzenter- und Schwingschleifer sind zehn Meter pro Minute. Versuchen Sie ruhig, dafür ein Gefühl zu bekommen, indem Sie sich eine Strecke von einem Meter markieren und diese in 6 Sekunden mit der Schleifmaschine abfahren.

Der nächste Punkt wäre der Bewegungsablauf, der ein gleichmäßiges Schleifbild erzeugt. Vermeiden Sie es, die Maschine unkontrolliert, kreuz und quer über die Fläche zu bewegen. Setzen Sie bei einem rechteckigen Werkstück an einer Ecke an, bewegen Sie die Maschine nun gerade über das Werkstück, versetzen Sie die Maschine am Bahnende um eine halbe Schleiftellerbreite und bewegen sie die Maschine in die andere Richtung zurück. Fahren Sie so die ganze Fläche ab. Dann das Ganze noch einmal quer zu den eben abgefahrenen Bahnen, im sogenannten Kreuzgang. So erreichen Sie, dass überall gleich viel geschliffen wird. An den Ecken muss der Schleifteller noch zu zwei Dritteln aufliegen, damit das Abkippen der Maschine verhindert wird.

An dieser Stelle möchte ich noch kurz auf verschiedene Härtegrade bei Schleiftellern eingehen. Hersteller von professionellen Schleifmaschinen bieten zumindest für Exzenter- und Rotationsschleifer verschiedene Schleifteller an. Diese haben unterschiedliche Härtegrade. Ein weicher Teller passt sich der Oberfläche an. Er ist ideal für den Feinschliff. Verkantet man die Maschine versehentlich, gibt erst einmal der Teller nach. Ein sehr harter Schleifteller tut das nicht und ist daher sehr gut geeignet um Unebenheiten auf Flächen zu entfernen. Ein Teller mit mittlerem Härtegrad kann als Universalteller angesehen werden. Wenn Rundungen geschliffen werden sollen, bieten sich sehr weiche Zwischenlagen aus Schaumstoff an, die man mittels Klettbelag zwischen Schleifteller und Schleifmittel befestigen kann.

▲ Bei den Ecken ist Vorsicht geboten. Lassen Sie die Schleifmaschine hier nicht zu lange verweilen. Der Schleifteller soll noch zu etwa zwei Dritteln aufliegen.

Ein harter Teller kann Unebenheiten überbrücken und hilft dabei eine ebene Fläche zu erzeugen. Er kommt öfter zum Einsatz als ein sehr weicher Teller.

Schleifen von Hand

Nicht immer ist eine Schleifmaschine das Mittel der Wahl. Oft genug kann man nur von Hand schleifen. Sei es beim Kantenbrechen, oder beim Schleifen von Profilen. Hier ist Handarbeit gefragt. Und auch hierfür gibt es natürlich die passenden Werkzeuge und Hilfsmittel. Das bekannteste von ihnen ist der Schleifklotz. Dies kann ein einfacher Holzklotz sein, ein Klotz aus Kork oder gar ein Schleifklotz mit Klettbelag und der Möglichkeit, eine Absaugung anzuschließen. Wie bei den Schleiftellern für Maschinen macht es auch beim Schleifklotz Sinn, verschieden harte Ausführungen zu nutzen. Nur wenige Hersteller bieten fertige

Kanten brechen

Wenn eine scharfe Kante ganz leicht verrundet wird, damit man sich nicht daran verletzen kann, nennt man das „die Kante brechen". Im Gegensatz zu einer Verrundung bleibt beim Brechen der Kante die eckige Form des Werkstückes komplett erhalten. Das Kantenbrechen geschieht in der Regel mit einem feinen Schleifpapier und einem Schleifklotz.

▲ Vorsicht ist bei solch sehr weichen Auflagen geboten. Sie verrunden die Ecken von Werkstücken. Schleifen Sie keine Flächen damit!

◄ Einer oder mehrere Schleifklötze gehören in jede Holzwerkstatt. Ob aus Kork, Holz oder mit Absaugung hängt dabei von Ihren ganz persönlichen Vorlieben ab.

Der „HookIt Handteller" von 3M ist ein praktisches Hilfsmittel. Er kann auch mit sogenannten Interfacepads bestückt werden. Das ist dann eine ideale Kombination zum Schleifen von Profilen und Rundungen.

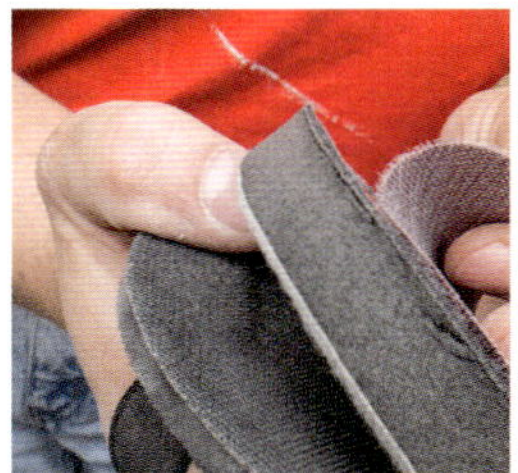

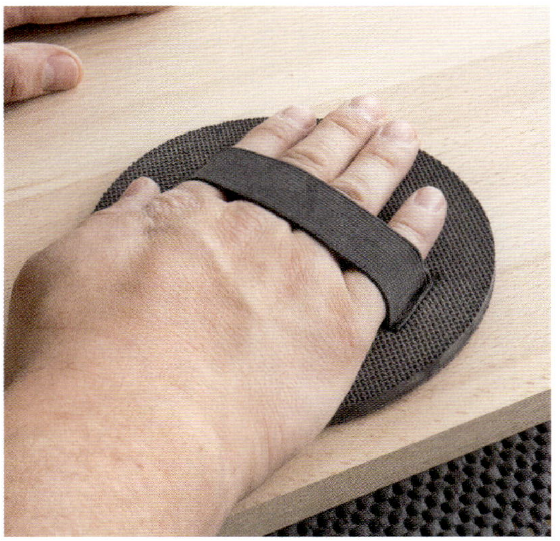

Diese praktischen Handschleifklötze sind leider nur für Scheiben mit einem Durchmesser von 150 Millimetern erhältlich. Diese Scheiben können dann aber auf ihrer gesamten Fläche genutzt werden.

Schleifklötze in verschiedenen Härtegraden an. Das ist auch nicht notwendig, da man sich diese selbst ganz einfach herstellen kann.

Als Grundlage dient ein Holzklotz, dessen Form und Größe man den individuellen Vorlieben anpassen sollte. Auf diesen Klotz klebt man dann einen entsprechend harten- oder weichen Belag. Als gute Quelle für solche Beläge erweist sich der Baustoffhandel. Dort gibt es unterschiedliche Beläge für Reibebretter, wie man sie zum Verputzen nimmt. Es gibt diese Beläge aus weichem Schaum, Gummi, Filz und vielen anderen, unterschiedlich festen Materialien.

Ein weiteres sehr praktisches Hilfsmittel für das Schleifen von Hand ist ein Klettteller für den Handschliff. Dabei handelt es sich um einen Schaumstoffteller mit meist 150 Millimetern Durchmesser. Auf einer Seite ist ein Klettbelag, auf der gegenüberliegenden Seite eine Handschlaufe. Der Teller wird mit einer Schleifscheibe bestückt. Durch die Schlaufe lässt sich der Teller sehr gut handhaben. Er eignet sich hervorragend zum Schleifen von Profilen und ist eine gute und preiswerte Alternative zu Schleifschwämmen.

Als sehr praktisch erweisen sich Schleifklötze, auf die mittels Klettbelag runde Schleifscheiben befestigt werden können. Die Schleifscheibe wird zwischendurch immer wieder einmal gedreht. So kann das Schleifpapier zu hundert Prozent ausgenutzt werden. Bei gelochtem Schleifpapier muss man jedoch aufpassen, dass man an Ecken von Werkstücken nicht hängen bleibt. Nutzer von Schleifgittern haben dieses Problem natürlich nicht.

7 Oberflächenbehandlung

7 Oberflächenbehandlung

Eine Oberflächenbehandlung schützt das Holz nicht nur, es verändert es auch. Selbst eine Behandlung, bei der keine Farbe mit im Spiel ist, kann das Holz anders aussehen lassen. Öle zum Beispiel lassen die Maserung stärker hervortreten, Wachse und Lacke verleihen dem Holz Glanz. Kommen noch Farbpigmente wie zum Beispiel bei Lasuren und Beizen mit ins Spiel, hat man unzählige Möglichkeiten, ein bereits fertig gebautes Möbelstück nochmals zu verändern. Diese ganzen Möglichkeiten aufzuzeigen und zu erklären würde den Rahmen dieses Buches sprengen. Es ist auch erst einmal nicht notwendig. Daher beschränkt sich dieses Kapitel auf einige einfache Techniken, die in jeder Hobbywerkstatt umsetzbar sind. Wenn Sie sich später eingehender mit dem Thema beschäfti-

► Das Angebot an Ölbasierenden Oberflächenmitteln ist inzwischen so groß geworden, dass es schwer fällt, den Überblick zu behalten. Erschwerend kommt noch hinzu, dass jeder Hersteller andere Bezeichnungen verwendet.

gen wollen, gibt es genügend Literatur zu diesem spannenden, aber auch sehr komplexen Thema.

In diesem Buch werde ich mich auf die Oberflächenbehandlung mit Öl, Wachs und wasserlöslichen Lacken beschränken. Auch bei den Projekten in diesem Buch kommen diese Oberflächenbehandlungen noch einmal vor. Dort gehe ich dann auch noch auf einige spezielle Aspekte wie das Kombinieren von Lack und Öl am gleichen Möbel oder auch die Reihenfolge der Arbeitsfolgen ein.

Zur Oberflächenbehandlung gehört auch das Schleifen als wichtige Vorarbeit. Nur auf einer gut vorbereiteten Holzoberfläche wird die Oberflächenbehandlung gelingen. Alles Wissenswerte zum Schleifen finden Sie ab Seite 157.

Das Ölen

Die Behandlung mit Öl gehört mit zu den ältesten Verfahren um eine Holzoberfläche vor Schmutz und eindringendem Wasser zu schützen. Heute bietet der Handel eine Vielzahl von Ölen unter unterschiedlichen Bezeichnungen an. Dabei gibt es nur wenige Öle, die sich zur Oberflächenbehandlung von Holz eignen. Die Öle, die am häufigsten eingesetzt werden, sind Leinöl und Tungöl. Sie gehören zu den Ölen, die ohne Zusatzstoffe aushärten. Walnussöl härtet ebenfalls aus, wird aber seltener eingesetzt, da es keinen so guten Schutz bietet wie die anderen Öle. Olivenöl, Rapsöl oder andere Speiseöle sind nicht geeignet. Sie härten nicht aus und bieten somit keinen Schutz. Im schlimmsten Fall kann es sogar zu einem ranzigen Geruch kommen.

Öle, ohne Zusatzstoffe brauchen sehr lange bis zu ihrer vollständigen Aushärtung. Mitunter können bis dahin Monate vergehen. Während dieser Zeit bleibt auch der typische Geruch dieser Öle. Vor allem Tungöl und Leinöl riechen sehr intensiv. Die Aushärtung ist ein chemischer Prozess, der Sauerstoff benötigt. Eine gute Belüftung des Raumes, in dem das Öl aushärtet, ist daher von Vorteil. Die Aushärtung geschieht nicht durch die Verdunstung des Lösemittels, sondern durch Vernetzung (Polymerisation). Durch den Zusatz von Trockenstoffen, sogenannten Sikkativen wird dieser Prozess beschleunigt.

Auch Lösemittel, Harze und Wachse werden den Ölen beigemischt. Die jeweilige Zusammensetzung bestimmt die Eigenschaften des Öles. In der Regel geben die Hersteller die Inhaltsstoffe an. Leider gibt es keine eindeutigen Bezeichnungen, nach denen man sich als Verbraucher richten kann. Allerdings haben sich einige Begriffe inzwischen gut etabliert:

Sikkativ

Als Sikkativ werden Trockenstoffe bezeichnet. Sie werden Ölen beigemischt, um die Zeit zu verkürzen, die das Öl zum Vernetzen benötigt. Früher wurde Blei als Trockenmittel verwendet. Inzwischen sind Blei- und Kobaltfreie Trockenstoffe die Regel. Sikkative werden dem Öl nur in kleinen Mengen beigesetzt (unter 5 %). Sie haben meist eine dunkle Farbe, was sich auch ein wenig auf die Farbe der geölten Oberfläche auswirkt.

Firnis

Ein Öl, dem bereits Trockenstoffe beigemischt wurden. In der Regel ist das Öl auch bereits eingedickt, gereinigt und eventuell auch gekocht. Ein Firnis härtet meist binnen eines Tages soweit aus, dass sich die Oberfläche nicht mehr ölig anfühlt. Die vollständige Vernetzung kann aber dennoch mehrere Wochen dauern. Ein Firnis bildet keine Schutzschicht auf dem Holz. Er kann das Holz nur kurze Zeit vor eindringenden Flüssigkeiten schützen.

▼ Leinölfirnis ist der wohl gebräuchlichste Firnis im Handel. Viel seltener sind Firnisse basierend auf anderen Ölen wie Tungöl oder Walnussöl. Mit einem separaten Sikkativ kann man aber jedes aushärtende Öl selbst zu einem Firnis machen.

▶ Man muss schon genau hinsehen, um den Unterschied zwischen Firnis, Hartöl und Hartwachsöl zu erkennen. Ein Blick auf die Inhaltsstoffe verschafft aber meist Klarheit.

Hartöl

Hier werden dem Firnis noch Harze beigemischt. Die natürlichen oder künstlich hergestellten Harze sind im Öl gelöst. Diese Öle bilden nur eine sehr dünne Schicht (Mikroschicht) auf dem Holz. Sie schützen gut vor eindringender Feuchtigkeit, sind aber mechanisch nicht sehr belastbar.

▶ Das enthaltene Wachs macht den feinen Unterschied zum Hartöl aus. Hartwachsöle werden in der Regel in zwei bis drei schichten aufgetragen. Dazwischen wird fein geschliffen.

Hartwachsöl

Dem Firnis werden Wachse beigemischt. Das Öl dringt in die Holzfasern ein, während das Wachs auf der Oberfläche bleibt und dort eine schützende Schicht bildet. Das verwendete Wachs ist meist Carnaubawachs, ein hartes, pflanzliches Wachs. Nicht selten werden auch Harze beigemischt.

Lösemittel im Öl

Vielen Ölen, die man fertig kauft, werden Lösemittel beigemischt. Die Gründe hierfür sind unterschiedlich. Ein Lösemittel kann ein dickflüssiges Öl verdünnen, sodass es sich besser auftragen lässt. Lösemittel werden aber auch gerne eingesetzt, weil sie günstig sind und die Öle sich dann billiger herstellen lassen. Ein zu hoher Anteil an Lösemitteln ist eher negativ zu bewerten. Im Grunde braucht ein Öl keine Lösemittel. Wenn möglich sollten Sie daher Öle ohne Lösemitteln den Vorzug geben. Bei Bedarf können Sie selbst Testbenzin oder Balsamterpentin zusetzen, wenn Ihnen das Öl zu dickflüssig ist.

Schichtbildend oder nur eindringend?

Grundlegend unterscheidet man zwischen Ölen, die schichtbildend sind und solchen, die keine Schicht auf der Holzoberfläche erzeugen. Die Verarbeitung dieser beiden Arten von Ölen unterscheidet sich sehr.

Ein Öl, das keine Schicht bildet, wird nur einmalig aufgetragen. Das Holz wird zuvor so fein geschliffen, bis es so glatt ist, wie die fertige Oberfläche sein soll. Das Öl wird satt auf das Holz aufgetragen. Zieht das Öl ein, trägt man wieder auf. Diesen Vorgang wiederholt man nach Bedarf über einen Zeitraum von etwa einer halben Stunde. Danach sind die Holzfasern mit Öl gesättigt. Das nicht eingezogene Öl muss komplett vom Holz entfernt werden. Verbleibt noch Öl auf der Fläche, wird dieses lange Zeit zum Aushärten brauchen und die Oberfläche bleibt klebrig.

Anleitung „Einfache Öloberfläche“

Eine so behandelte Oberfläche eignet sich für Möbel, die mechanisch nur wenig belastet werden und nur selten mit Flüssigkeiten in Berührung kommen. Also beispielsweise Regale und Schränke.

Das Holz fühlt sich nun zwar trocken an, das Öl benötigt aber noch mindestens einen Tag, bis es soweit durchgehärtet ist, dass man die Oberfläche belasten kann. Die ersten zwei Wochen darf die Oberfläche jedoch nicht mit Wasser in Kontakt kommen. Sie wird sonst wieder rau werden.

◄ Das benötigen Sie: Handschuhe (kein Latex!), Küchenschwamm, Tücher zum Abwischen, Eine Unterlage zum Schutz Ihrer Werkbank.

4

◄ Wie fein das Holz geschliffen werden soll, ist davon abhängig, wie glatt die fertige Oberfläche später sein soll. Da kein Zwischenschliff erfolgt, ist die fertig geölte Fläche so glatt wie Sie im Vorfeld schleifen.

◄ Das Öl wird mit einem Schwamm satt aufgetragen. Seien sie nicht zu zaghaft. Überall muss flüssiges Öl auf dem Holz stehen.

▲ Über einen Zeitraum von 20–30 Minuten kann das Öl ins Holz einziehen. Wartet man länger, beginnt das überstehende Öl auszuhärten. Dann lässt es sich nur schwer wieder entfernen.

▼ Nach der Wartezeit wird das nicht eingezogene Öl mit gut saugendem Tuch abgewischt.. Man nennt das „den Überstand entfernen“. Die Oberfläche muss sich danach trocken anfühlen.

► Nach dem Schleifen wird die Holzoberfläche sehr sorgfältig entstaubt. Spezielle Staubbindetücher binden den Staub, ohne Rückstände zu hinterlassen. Statt ein solches Tuch zu verwenden können Sie den Holzstaub auch absaugen.

Anleitung „Schichtbildendes Öl“

◀ Das wird gebraucht: Schleifklotz und Schleifpapier Korn 320, Rolle, Schwamm oder Schwammpinsel zum Auftragen, eine Schutzauflage für die Werkbank, zum Beispiel Papier.

▲ Das Öl wird dünn aufgetragen. Für große Flächen eignet sich eine Schaumstoffrolle am besten, kleine Flächen lassen sich mit einem Schwamm oder einem Schwammpinsel streichen. Ein normaler Pinsel ist eher schlecht geeignet, er hinterlässt feine Spuren im dickflüssigen Öl.

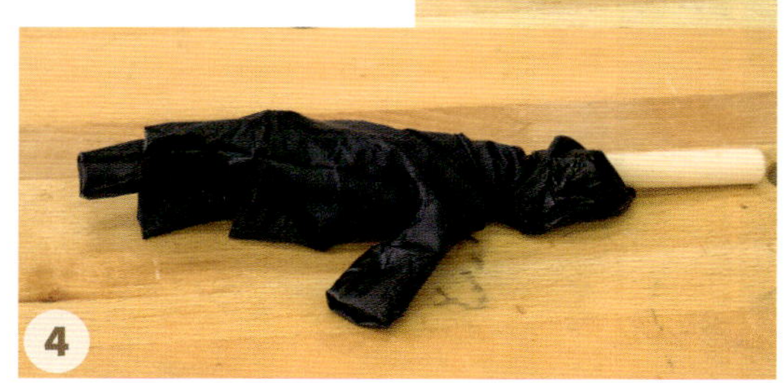

▲ Die gebrauchten Pinsel, Schwämme und Rollen können zwischen den einzelnen Aufträgen mit einem übergestülpten Handschuh oder einer Plastiktüte vor dem Austrocknen bewahrt werden. Beim nächsten Auftrag kann man sie dann wieder verwenden.

▲ Das schwierigste beim Verarbeiten der schichtbildenden Öle ist die richtige Menge aufzutragen. Zu dünn und die Oberfläche ist teilweise zu trocken, zu dick und die Fläche wird klebrig. Das Öl soll die Holzoberfläche komplett benetzen, aber nicht ungleichmäßig darauf stehen bleiben.

▼ Nachdem der erste Ölauftrag nach etwa 24 Stunden vollständig durchgetrocknet ist, wird von Hand mit Korn 320 geschliffen. Es darf nur die dünne Ölschicht leicht geschliffen werden, bis die Oberfläche glatt ist. Das Holz wird nicht mehr geschliffen.

▼ Nach dem Entstauben der Oberfläche kann der zweite Ölauftrag erfolgen. Genau wie beim ersten Auftrag darf das Öl nicht zu dick aufgetragen werden, muss aber die gesamte Fläche gleichmäßig benetzen. Bei diesem zweiten Auftrag braucht man weniger Öl, als beim ersten.

Wenn mehr Schutz gefragt ist, beispielsweise bei einem Tisch oder einer Sitzfläche, dann greift man zu schichtbildenden Ölen. Wie der Name schon sagt, bilden diese Öle eine Schutzschicht auf dem Holz und dringen nicht nur in die Holzfasern ein. Die meisten Hartwachsöle sind schichtbildend. Diese Schutzschicht wird aber erst dann wirklich robust, wenn mehrere Aufträge mit dem Öl erfolgt sind. Zwischen den Aufträgen wird immer wieder geschliffen. Somit gleichen diese Öle in der Verarbeitung schon eher einem Lack.

Meist reichen zwei Schichten Öl aus, um einen guten Schutz vor Feuchtigkeit und Abrieb zu gewährleisten. Bei sehr stark beanspruchten Oberflächen kann man jedoch durchaus noch eine dritte Schicht aufbringen. Noch mehr Schichten bringen in aller Regel keine nennenswerten Vorteile mehr.

Achtung, Brandgefahr:

Auf jeder Öldose findet sich ein Hinweis, dass sich ölgetränkte Tücher selbst entzünden können. Zugegeben, statistisch gesehen passiert dies eher selten. Aber was nutzt Ihnen die Statistik, wenn sich in Ihrer Werkstatt eben dieser seltene Fall ereignet? Öle härten durch Polymerisation aus. Eine chemische Reaktion, die durch Sauerstoff hervorgerufen wird. Öle trocknen also nicht durch Verdunsten von Lösemitteln. Bei dieser chemischen Reaktion entsteht Wärme. Kann diese Wärme zum Beispiel in zusammengeknüllten Lappen nicht entweichen, steigt die Temperatur und es kann zu einem Schwelbrand kommen. Lassen Sie die ölgetränkten Tücher also immer ausgebreitet auf einem nicht brennbaren Untergrund und bei guter Belüftung trocknen. Ölgetränkte Schwämme haben eine sehr große Oberfläche und können sich ebenfalls selbst entzünden. Drücken Sie diese daher gut aus, sodass nur noch wenig Öl im Schwamm ist. Auch die Schwämme sollten an einem sicheren Ort gut durchtrocknen, bevor sie im Hausmüll entsorgt werden können.

◄ Zusammengeknüllte Lappen, hier kann die entstehende Wärme nicht entweichen. Sie staut sich und es kann zu einem Schwelbrand kommen.

◄ So ist es besser, das Öl in den Lappen auf dem Fußboden kann aushärten, es entsteht kein Wärmestau. Nach einem Tag können die Lappen dann bedenkenlos im Hausmüll entsorgt werden.

Wachs

Ebenfalls sehr einfach in der Anwendung sind Wachse. Allerdings ist eine gewachste Holzoberfläche bei Weitem nicht so belastbar wie geöltes oder lackiertes Holz. Das gilt vor allem für den Schutz gegen Flüssigkeiten und Abrieb. Für stark belastete Möbeloberflächen wie bei Tischen und Arbeitsplatten ist Wachs daher keine gute Wahl.

Kauft man fertige Wachse, bestehen diese meist aus einer Mischung aus Bienenwachs, Carnaubawachs, Lösemitteln und Öl. Die Lösemittel und Öle machen das feste Wachs pastös, sodass es sich gut auftragen lässt. Meist haben Wachse einen weniger aufdringlichen Eigengeruch als Öle. Das macht sie auch für die Behandlung der Innenseiten von Möbeln sehr interessant. Mit einem Heißluftföhn können sie das pastöse Wachs direkt auf

► Es gibt eine Vielzahl von Wachsprodukten im Handel. Pastöse Wachse sind für die Erstbehandlung des Holzes gedacht. Flüssige Wachse auf Öl- oder Wasserbasis sind für die Nachpflege bereits behandelter Oberflächen.

der Holzoberfläche verflüssigen. Das muss nicht unbedingt sein, aber es beschleunigt den gesamten Vorgang. Heiß aufgetragenes Wachs ist nach wenigen Minuten trocken. Trägt man kalt auf, muss man der Oberfläche mindestens einen Tag zum Trocknen geben.

Wachse können nicht nur auf das rohe Holz aufgetragen werden, sondern auch auf bereits geölte Oberflächen. Auf Oberflächen, die mit einem nichtschichtbildenden Öl behandelt werden, kann eine Wachsschicht einen zusätzlichen Schutz darstellen und sorgt für eine glänzende Oberfläche.

Natürlich mit Bienenwachs

Die Hersteller der Wachse werben oft damit, dass in Ihren Mitteln Bienenwachs enthalten ist. Oft suggerieren stilisierte Waben auf der Verpackung noch mehr Natürlichkeit. Bienenwachs ist ein natürliches Wachs, das stimmt schon. Allerdings ist in den meisten Produkten weniger Bienenwachs enthalten, als man denken mag. In der Regel ist auch ein hoher Anteil Carnaubawachs darin. Carnaubawachs ist ein pflanzliches Wachs, das wesentlich härter ist als Bienenwachs. Ist also bei den Zutaten ein hoher Anteil Carnaubawachs aufgeführt und dafür weniger Bienenwachs, spricht das für dieses Produkt.

Anleitung „Holz wachsen“

◀ Das brauchen Sie: eine Schuhpolierbürste und einige weiche, saugfähige Lappen

◀ Das Wachs wird einfach mit dem Lappen direkt aus der Dose aufgenommen. Die meisten Wachse sind recht fest, so dass man den Lappen fest über das Wachs in der Dose reiben muss.

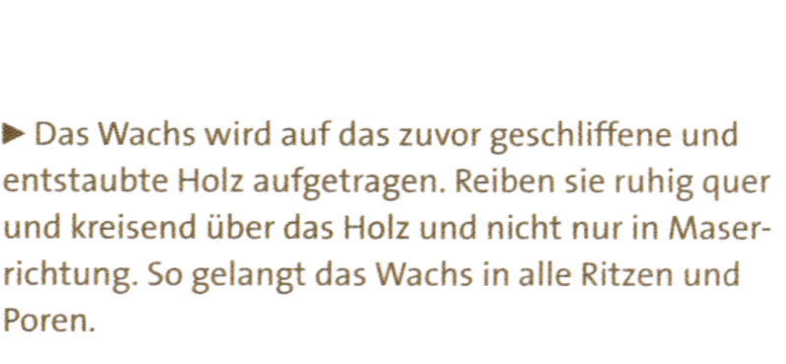

▶ Das Wachs wird auf das zuvor geschliffene und entstaubte Holz aufgetragen. Reiben sie ruhig quer und kreisend über das Holz und nicht nur in Maserrichtung. So gelangt das Wachs in alle Ritzen und Poren.

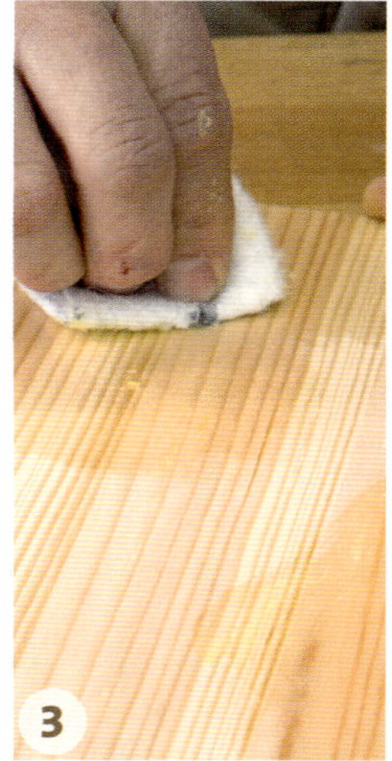

▲ Wenn Sie einen Heißluftfön haben, erwärmen Sie das aufgetragene Wachs damit direkt auf der Holzoberfläche. Stellen sie den Fön auf die höchste Stufe und bewegen sie ihn ständig. Der heiße Luftstrahl darf niemals auf dem Holz verharren.

◄ Der Heißluft verflüssigt das zuvor pastöse Wachs. Es dringt tiefer ein und verteilt sich gleichmäßig. Wenn nach dieser Behandlung zu wenig Wachs auf der Fläche ist, tragen Sie einfach wieder Wachs auf und wiederholen Sie den Vorgang.

◄ Das erhitzte Wachs kühlt binnen kürzester Zeit wieder ab. Was dann noch an weichem Wachs auf der Oberfläche verblieben ist, muss mit einem Tuch abgenommen werden. Reiben Sie dabei richtig fest über die gewachste Fläche. Sie muss sich trocken anfühlen.

▲ Mit einer Polierbürste (für Schuhe) wird noch einmal nachgerieben. Dadurch verschwindet der zu starke Glanz, den viele Wachse hinterlassen. Die Fläche wird noch einmal egalisiert und wird durch das Bürsten viel gleichmäßiger.

Wasserlacke

Als Wasserlacke werden solche Lacke bezeichnet, bei denen als Lösemittel einfaches Wasser verwendet wird. Das macht die Lacke umweltfreundlicher und man kann sie ohne Atemschutz verarbeiten, solange man sie nicht spritzt, sondern nur mit der Rolle oder einem Pinsel aufträgt. Wasserlacke trocknen schnell, was ein enormer Vorteil in der Hobbywerkstatt ist. Denn auf langsam trocknenden Oberflächenmitteln kann sich über einen längeren Zeitraum Staub in den noch feuchten Lackfilm absetzen und die Oberfläche ruinieren. Die meisten Wasserlacke lassen sich sehr gut mit einer Rolle auftragen. Die fertige Oberfläche ist sehr robust und wasserabweisend. Sogar für Treppen und Holzfußböden gibt es inzwischen wasserbasierende Lacke. Bei all diesen Vorteilen gibt es aber auch einen gravierenden Nachteil: Die Eigenfarbe. Die meisten wasserbasierenden Lacke haben eine milchig-weiße Eigenfarbe. Auf hellen Hölzern ist das ein Vorteil, da diese nicht abgedunkelt werden. Dunkle Hölzer werden durch den Wasserlack oft blass und die Maserung wird kaum hervorgehoben.

Wasserlacke eignen sich auch hervorragend für die Innenseiten von Schränken, die außen geölt werden. Im Schrankinneren ist dann die Geruchsbelästigung viel geringer. Vor allem bei Kleiderschränken oder Möbeln, in denen Lebensmittel aufbewahrt werden, ist das ein großer Vorteil.

Ist Wasserlack umweltfreundlich?

Wasserlack klingt ungefährlich, ist er meist auch. Allerdings wird ja nur das sonst meist giftige Lösemittel durch Wasser ersetzt. Andere Bestandteile des Lackes können durchaus noch die Umwelt schädigen. Daher gehören Restmengen und stark mit Wasserlack verunreinigtes Reinigungswasser nicht in die Kanalisation. Auch bei der Verarbeitung mit der Spritzpistole ist Vorsicht geboten. Das Aerosol des Wasserlackes kann die Lungen stark schädigen. Daher ist beim Spritzen eine entsprechende Schutzmaske Pflicht.

▼ Wasserlacke gibt es inzwischen von allen bekannten Herstellern. Man braucht keine spezielle Grundierung. Der erste und alle weiteren Lackaufträge können mit dem gleichen Produkt gemacht werden.

Anleitung „Wasserlack“

1

◄ Sie brauchen: eine Farbschale, eine Lackrolle, Schleifklotz und Schleifpapier Korn 320, eine Unterlage für die Werkbank.

► Nach dem Eintauchen der Rolle in den Lack wird diese auf der Abstreiffläche mit wenig Druck abgerollt. Dadurch verteilt sich der Lack in der Rolle und man kann ihn gleichmäßiger auftragen.

3

2

◄ Diese Microcrater-Rollen eignen sich am besten für das Auftragen von Wasserlacken. Die abgerundeten Enden verhindern Streifen bei größeren Oberflächen. Die Rollen können nach Gebrauch ausgewaschen und mehrfach verwendet werden.

◀ Beim ersten Ansetzen der frisch eingetauchten Rolle kommt sehr viel Lack auf die Oberfläche. Beginnt man vom Rand entfernt, kann man den Lack von dort aus gut zum Rand hin verteilen. Beginnt man am Rand, läuft der Lack an der Kante entlang herunter.

◀ Erst nachdem der Lack gleichmäßig auf der Fläche verteilt ist, rollt man auch die Randbereiche. Die Rolle ist dann nicht mehr so vollgesaugt und die Gefahr, dass Lack an den Kanten herunterläuft, ist geringer.

◀ Zum Schluss rollt man die ganze Fläche noch einmal mit einer fast trockenen Rolle und mit möglichst wenig Druck ab. Der Lack wird dadurch ganz gleichmäßig verteilt und bildet eine dünne und gleichmäßige Schicht auf dem Holz.

◀ Zwischen den einzelnen Lackaufträgen verstaut man die Lackschale und die Rolle in einer luftdichten Plastiktüte. Darin trocknet weder der Lack noch die Rolle ein. Man kann beides auf diese Art mehrere Tage frisch halten, ohne dass man Schale und Rolle reinigen muss.

◀ Nachdem der Lack komplett durchgetrocknet ist (ca. 2–4 Stunden, siehe Herstellerangaben) wird von Hand mit Korn 320 geschliffen. Es wird nur der Lack angeschliffen, der nach dem ersten Auftrag rau geworden ist. Schleifen Sie nicht bis zum Holz durch.

◀ Der Lackstaub wird mit einem Staubbindetuch entfernt. Alternativ dazu können Sie die frisch geschliffene Fläche auch mit einem Staubsauger reinigen.

▲ Der zweite Lackauftrag erfolgt genau wie der erste. Der Lackverbrauch ist beim zweiten Auftrag wesentlich geringer, da das Holz selbst keinen Lack mehr aufnimmt. Es wird nur eine dünne Schicht auf der bereits vorhandenen Lackschicht aufgebracht.

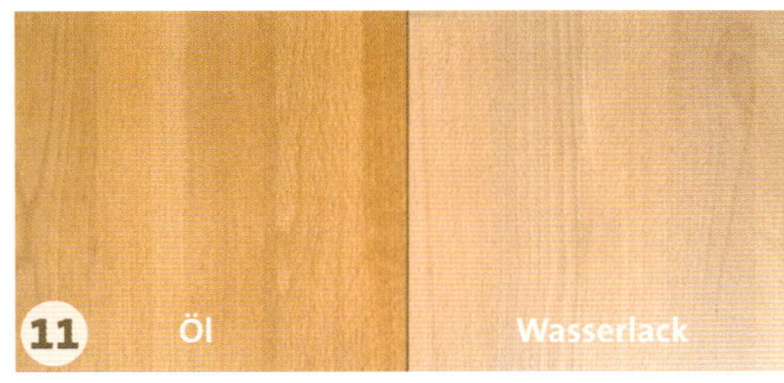

▲ Die beiden Muster zeigen sehr deutlich den Unterschied zwischen einer geölten Oberfläche und einem mit Wasserlack behandelten Holz.

▲ Solche feinen Schleifmittel sind in der Regel nicht zum Absaugen gelocht und haben als Trägermaterial einen weichen Schaumstoff. Meist werden Sie für das Schleifen von Mineralwerkstoffen angeboten. Sie eignen sich aber auch für das Schleifen fertig lackierter und geölter Flächen.

Ein feiner Nachschliff

Man kann sich noch so viel Mühe geben, dennoch kommt es manchmal vor, dass man mit der lackierten oder geölten Oberfläche nicht ganz zufrieden ist. Leichte Pinselspuren sind noch zu sehen oder kleine Staubeinschlüsse. Das ist kein Grund, die Fläche noch einmal abzuschleifen und einen erneuten Lack- oder Ölauftrag zu machen. Ein sehr feines Schleifmittel schafft hier Abhilfe.

Schleifmittel mit Körnungen von 1000 bis 5000 werden verwendet um Lacke und schichtbildende Öle nach der Trocknung noch einmal nachzuschleifen. Dabei wird nur der Lack beziehungsweise das Hartwachsöl geschliffen. Nicht das Holz. Der Schliff erfolgt von Hand, nicht mit der Maschine. Das Schleifmittel wird leicht angefeuchtet. Je nach verwendeter Körnung kann man sogar nachträglich den Glanzgrad der Oberfläche verändern.

- Korn 1000 erzeugt eine matte Oberfläche.
- Korn 2000 einen Seidenglanz.
- Mit Korn 5000 erreichen Sie eine stark glänzende Oberfläche.

8 Projekt Hängeschränkchen

8 Ein kleines Hängeschränkchen

Dieses kleine Schränkchen ist das ideale Projekt, um in das Thema Möbelbau einzusteigen. Als Material kommt Buche Leimholz sowie Sperrholz in der dazu passenden Holzart zum Einsatz. Das macht die Materialbeschaffung sehr einfach. Die beiden Plattenwerkstoffe bekommen Sie in jeder gut sortierten Holzhandlung oder auch im Baumarkt. Die Beschläge sind ebenfalls gut zu bekommen. Sowohl beim Holz als auch bei den Beschlägen müssen Sie diesem Bauvorschlag aber nicht unbedingt ganz genau folgen. Sie können das Schränkchen auch aus einer anderen Holzart bauen und Topfbänder eines anderen Herstellers verwenden.

An diesem kleinen Möbelstück finden sich grundlegende Arbeitsweisen und Techniken, die Sie auch bei größeren Schränken anwenden können. So zum Beispiel die Bauweise des Korpus mit seiner eingenuteten Rückwand oder die Lochreihe. Die Bauweise des Korpus eignet sich auch hervorragend für Schubladen. Die Tür mit Ihrer Rahmen-Füllungs-Konstruktion kann ebenfalls für größere Möbelstücke genau so nachgebaut werden. Das Gleiche gilt selbstverständlich auch für den einlegeboden, die Scharniermontage und alle anderen Details an diesem kleinen Schränkchen.

Die Anzahl der benötigten Werkzeuge, die zum Bau des Schränkchens benötigt werden, ist überschaubar. Ohne einige grundlegende Werkzeuge und Maschinen geht es allerdings nicht. An Maschinen sollte eine Tischkreissäge, ein Frästisch (Oberfräse), eine Flachdübelfräse und ein Exzenter- oder Schwingschleifer vorhanden sein. Diese Maschinenausstattung kann man durchaus als das Mindestmaß ansehen, wenn man ernsthaft in den Möbelbau einsteigen will. Wenn Sie sauber und gesundheitsbewusst arbeiten wollen, kommt auch noch ein Werkstattsauger dazu.

Die Bauanleitung ist in mehrere Teile gegliedert. Sie können sie daher nicht nur als Bauanleitung für den kompletten Nachbau nutzen, sondern auch als eine Art Nachschlagewerk, wenn Sie wissen möchten, wie man einen bestimmten Arbeitsgang, wie zum Beispiel das Einsetzen von Topfbändern macht.

▼ Die Grundkonstruktion dieses Schränkchens können Sie auch auf größere Möbel übertragen.

◀ Die Tür ist mit modernen Topfbändern (Topfscharnieren) befestigt. Sie lassen sich einfach einbauen und können in alle Richtungen nachgestellt werden. Die Lochreihe im Schrankinneren wird zur Montage der Scharniere und zum auflegen des Einlegebodens genutzt.

◀ Die Tür ist als einfache Rahmen-Füllungs-Konstruktion ausgeführt. Als gestalterisches Element taucht an einigen Stellen eine Fase auf. Das nimmt dem Schränkchen die kastige Optik.

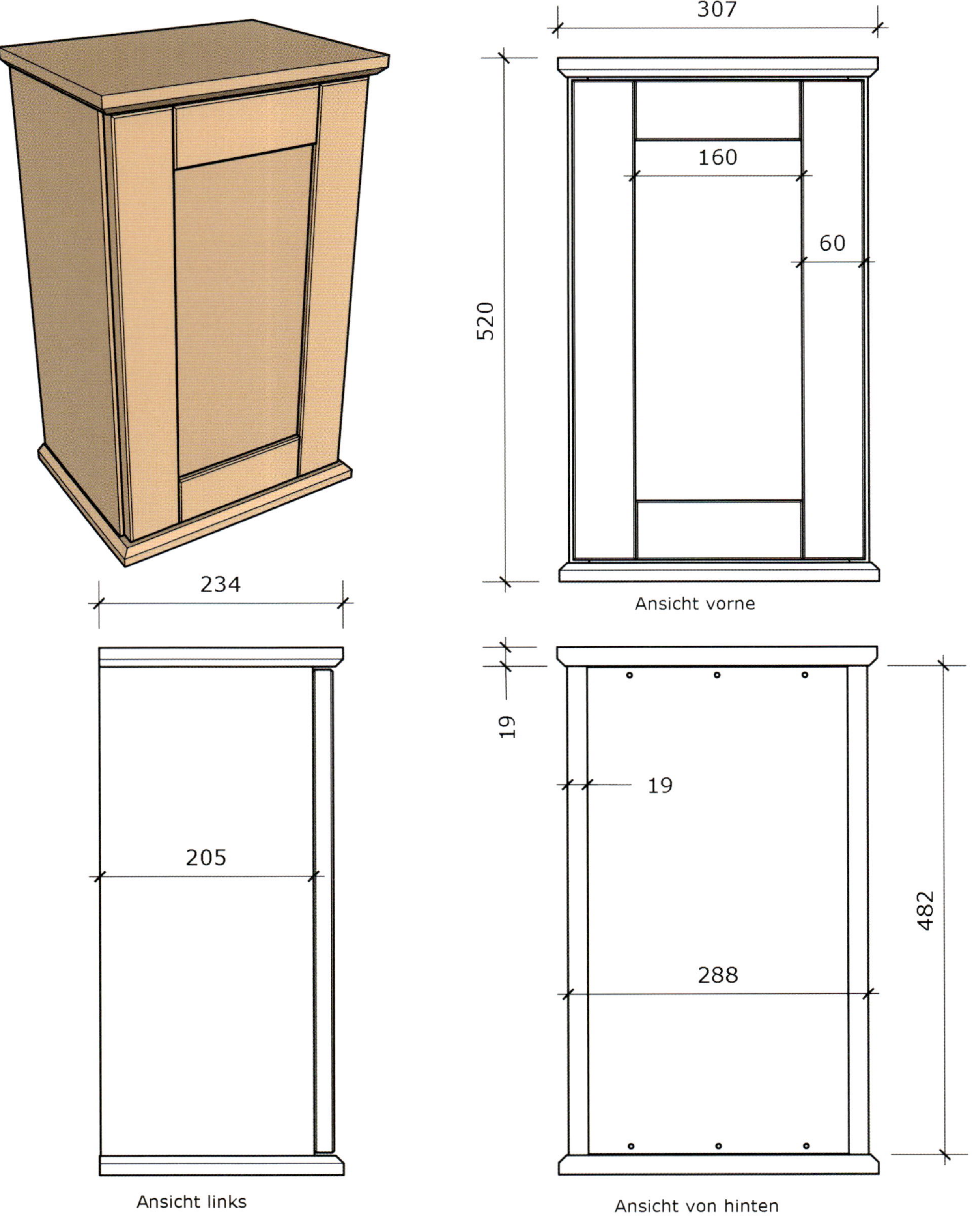
307
160
60
520
234
Ansicht vorne
19
19
205
482
288
Ansicht links
Ansicht von hinten

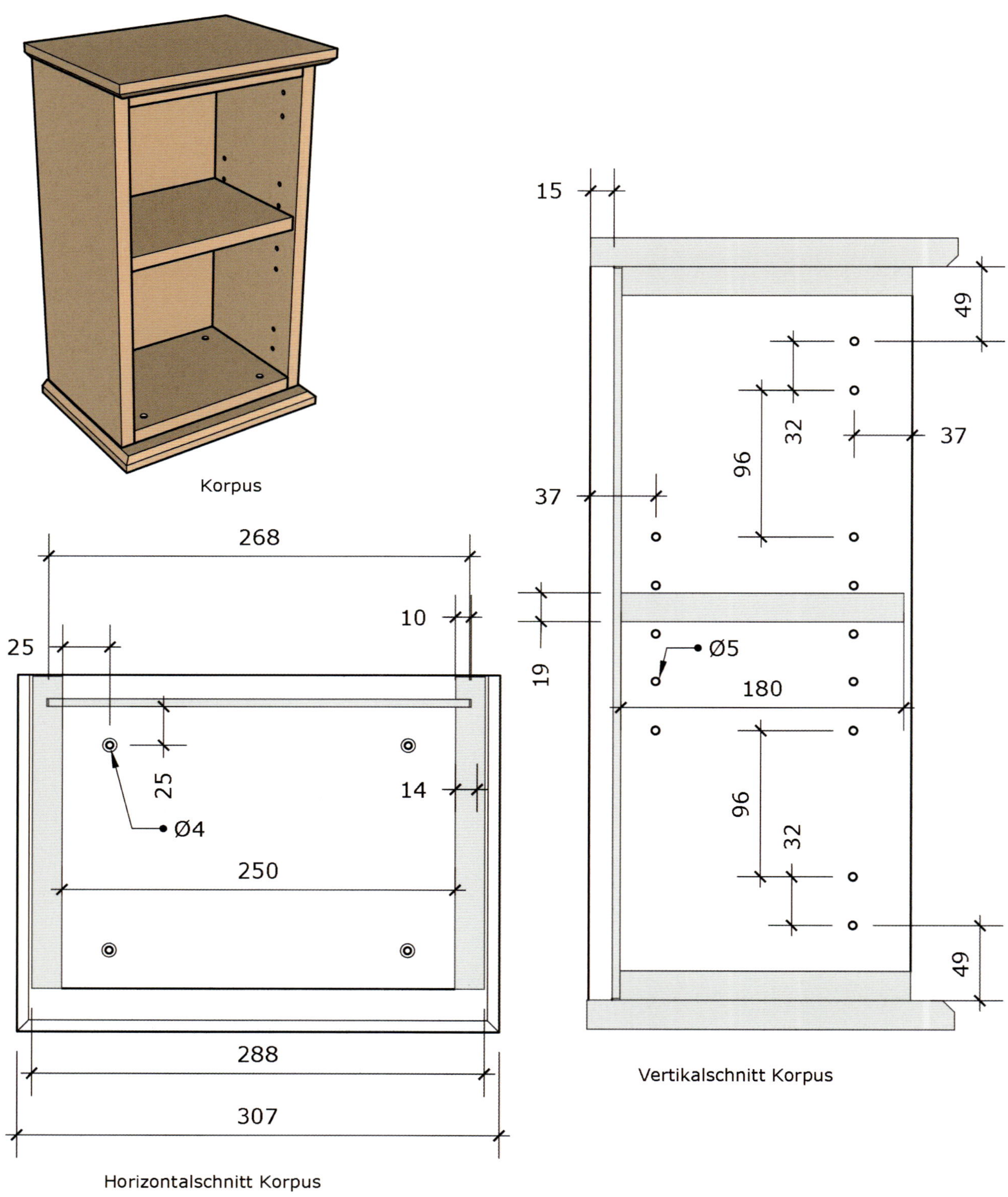

Korpus

Horizontalschnitt Korpus

Vertikalschnitt Korpus

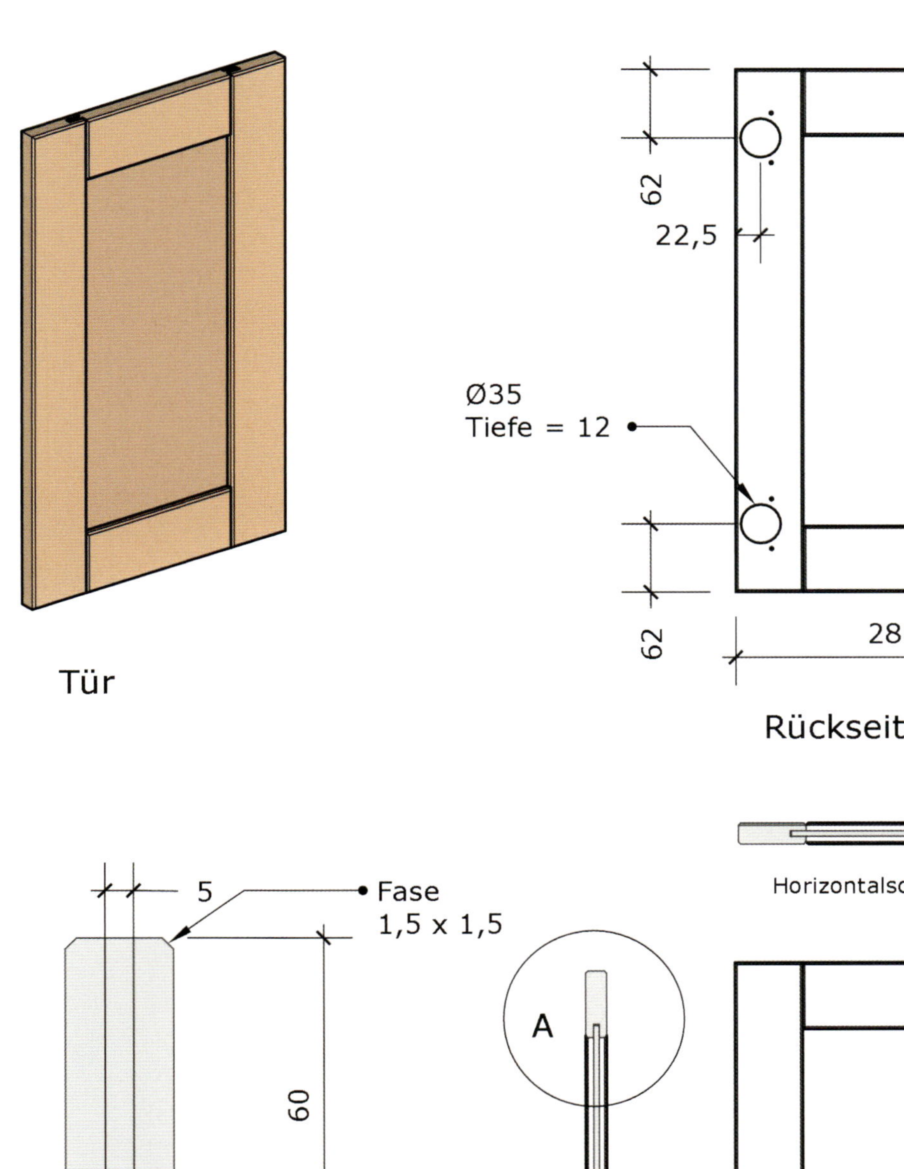
Tür
62
22,5
Ø35
Tiefe = 12
62
280
476
Rückseite Tür
Horizontalschnitt Tür
5
Fase
1,5 x 1,5
60
11
12
19
Detail A
A
Vertikalschnitt Tür
Vorderansicht Tür

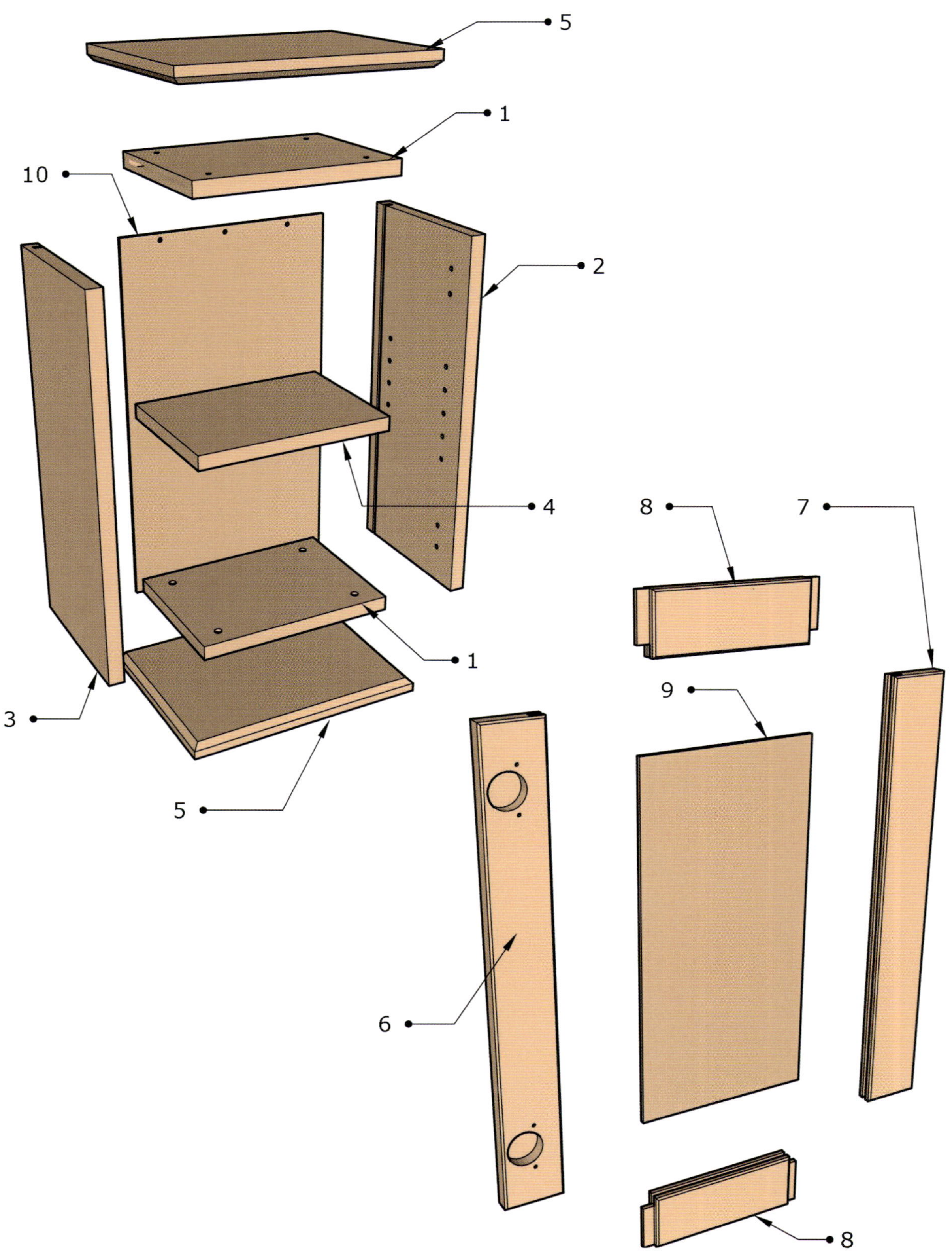
5
1
10
2
4
8
7
1
3
9
5
6
8

Stückliste

Pos.	Bezeichnung	Länge	Breite	Stärke	Menge	Material
1	Boden/Deckel	250	185	19	2	Buche Leimholz 19 mm
2	Seite links	482	205	19	1	Buche Leimholz 19 mm
3	Seite rechts	482	205	19	1	Buche Leimholz 19 mm
4	Einlegeboden	249	180	19	1	Buche Leimholz 19 mm
5	Platte	307	234	19	2	Buche Leimholz 19 mm
6	Rahmen Anschlagseite	476	60	19	1	Buche Leimholz 19 mm
7	Rahmen Griffseite	476	60	19	1	Buche Leimholz 19 mm
8	Rahmen Querstück	184	60	19	2	Buche Leimholz 19 mm
9	Füllung	378	182	5	1	Buche Sperrholz 5 mm
10	Rückwand	480	268	5	1	Buche Sperrholz 5 mm

alle Maße in Millimeter

Beschläge und Kleinteile

Pos.	Bezeichnung	Hersteller	Art. Nr.	Menge
11	CLIP top 110° Eckanschlag	Blum	71T3550	2
12	Kreuzmontageplatte + Schraube Höhe 11,5 mm Distanz 3 mm	Blum	174H7130E	2
13	Systemschraube 6mm		661.1300.HG	4
14	Bodenträger Hettich Secura 7	Hettich	0 053 012	4
15	Spanplattenschraube 3,5 x 30			8
16	Flachdübel Gr. 20			8
17	Spanplattenschraube 3,5 x 17			4
18	Spanplattenschraube 3 x 25 Rundkopf			6
19	Griff nach Wahl			1

Der Grobzuschnitt

Der erste Schritt beim Bau eines Möbelstückes ist das grobe Vorbereiten des Materials. Im Fall des Hängeschränkchens handelt es sich dabei um Leimholz mit einer Stärke von 19 Millimetern. Das Leimholz bekommen Sie im Fachhandel als ganze Platten in unterschiedlichen Größen. Verwenden Sie Leimholz mit durchgehenden Lamellen, so ist das kleinste Plattenmaß 1250 Millimeter mal 1300 Millimeter. Das ist mehr als Ausreichend für ein solches Schränkchen. Die Platte muss jedoch erst einmal in handliche Stücke zerteilt werden, die sich dann später mit der Tischkreissäge bequem auf die genauen Maße bringen lassen. Dieses Zerteilen geht am einfachsten und sichersten mit der Handkreissäge und einer passenden Führungsschiene.

► Verwenden sie zum Zuschnitt der Leimholzplatte ein Sägeblatt mit wenigen Zähnen. Die Handkreissäge tut sich damit leichter. Die daraus resultierende schlechte Schnittqualität ist zu verschmerzen, da alle Kanten noch einmal mit einem feinen Blatt nachgeschnitten werden.

► Die zu schneidende Leimholzplatte wird auf Resthölzer gelegt. Sowohl die Platte als auch das abzuschneidende Teil müssen ganz auf diesen Hölzern aufliegen. Nur so ist ein sicherer Zuschnitt möglich.

► Zeichnen Sie sich die benötigten Maße mit einer Zugabe von zehn Millimetern direkt auf der Platte an. Zum Anzeichnen eignen sich ein Stahllineal und ein Minenbleistift ganz hervorragend.

▼ Die Führungsschiene wird möglichst genau an den Strich angelegt. Die Kante der Gummilippe an der Führungsschiene entspricht genau der Schnittlinie. Für den Grobzuschnitt müssen Sie die Führungsschiene nicht mit Schraubzwingen sichern.

◀ Ablängschnitte werden mit einem Anschlagwinkel als durchgehende Line direkt auf das Holz angezeichnet. Beim Grobzuschnitt werden auch diese Schnitte mit einem grob bezahnten Sägeblatt gemacht.

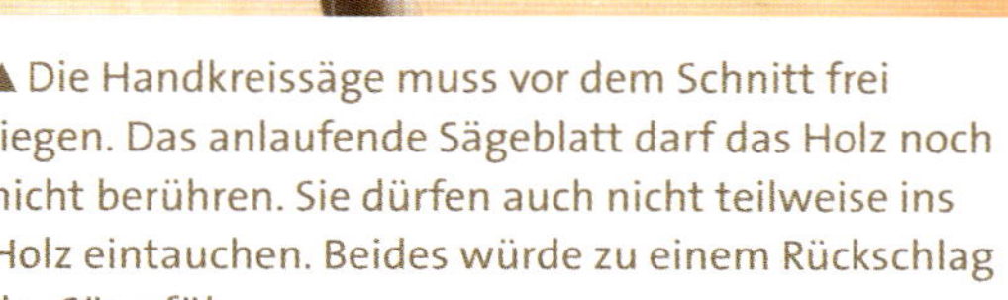

▲ Die Handkreissäge muss vor dem Schnitt frei liegen. Das anlaufende Sägeblatt darf das Holz noch nicht berühren. Sie dürfen auch nicht teilweise ins Holz eintauchen. Beides würde zu einem Rückschlag der Säge führen.

▲ Beim Sägen darf der Absaugschlauch nirgendwo hängen bleiben. Jede Unterbrechung beim Sägen wird im Schnittbild sichtbar und kann gefährlich werden. Am besten legen Sie sich den Schlauch und das Netzkabel über den Unterarm.

▲ Auch bei Querschnitten und dem Zuschnitt von kleinen Teilen müssen Sie das zu sägende Holz auf Leisten auflegen. Die Schnitttiefe wird bei allen Schnitten mit der Handkreissäge so gering wie möglich eingestellt. Maximal fünf Millimeter tiefer, als das Holz dick ist.

Das Sägen auf Fertigmaß

Mit dem Begriff „Fertigmaß" bezeichnet der Tischler das endgültige Maß eines Bauteiles. Es ist zwar möglich, das Fertigmaß auch mit der Handkreissäge und einer Führungsschiene zu schneiden, aber es ist sehr aufwendig. Vor allem das Zuschneiden von Schmalen Bauteilen oder das Sägen mehrerer gleich großer Stücke ist mit der Handkreissäge nur schwer zu realisieren. Bereits eine kleine, einfache Tischkreissäge ist dazu viel besser geeignet. Für die Schnitte auf Fertigmaß wird ein Sägeblatt mit vielen Zähnen verwendet. Das tut sich zwar etwas schwerer als ein Grobschnittblatt, hinterlässt aber eine viel glattere Schnittkante.

▼ Vor dem Sägen der Einzelteile wird jeweils eine Längskante mit dem Einhandhobel geglättet. Das spart Arbeit, da man im Anschluss nur noch eine Längskante mit dem Feinschnittblatt nachschneiden muss um dadurch die Werkstücke auf die richtigen Breiten zu bringen.

▼ Als Nächstes wird an beide Seitenteile ein sogenannter Anschnitt gemacht. Dabei wird mittels Schiebeschlitten jeweils eine der kurzen Kanten genau rechtwinklig zu einer der langen Kanten geschnitten.

▲ Der Parallelanschlag wird für das Schneiden der Seitenteile auf ein Maß von 205 Millimetern eingestellt. Die zuvor glatt gehobelte Kante liegt am Anschlag an. Eine Zuführhilfe (gelb) macht das Sägen am Parallelanschlag sicherer.

◄ Von diesem Anschnitt aus wird dann das genaue Längenmaß von 482 Millimetern angezeichnet. Es reicht ein kurzer Strich, es muss nicht die komplette Sägelinie angezeichnet werden.

◀ Beide Seitenteile müssen exakt gleich lang sein. Das geht am einfachsten, indem man die beiden Teile zusammen ablängt. Damit dabei nichts verrutscht werden die beiden Seiten mit einer kleinen Schraubzwinge am Ende zusammengespannt.

▲ Der Parallelanschlag wird jetzt auf eine Breite von 185 Millimetern eingestellt. Das entspricht der Breite des Bodens und des Deckels. Es reicht, wenn Sie das Maß anhand der Skala Ihrer Tischkreissäge einstellen. Die benötigte Präzision ergibt sich anhand der weiteren Vorgehensweise.

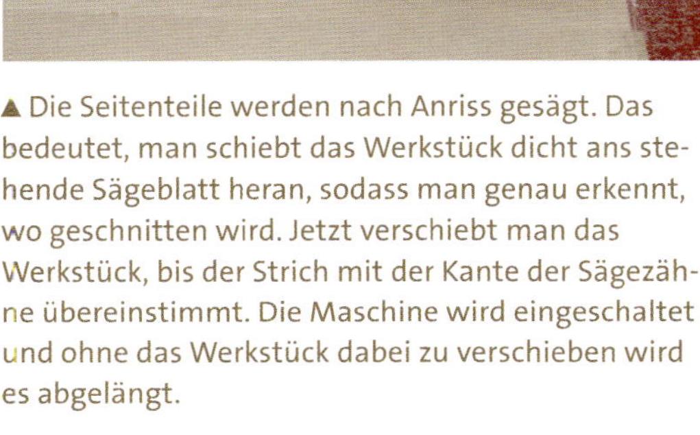

▲ Die Seitenteile werden nach Anriss gesägt. Das bedeutet, man schiebt das Werkstück dicht ans stehende Sägeblatt heran, sodass man genau erkennt, wo geschnitten wird. Jetzt verschiebt man das Werkstück, bis der Strich mit der Kante der Sägezähne übereinstimmt. Die Maschine wird eingeschaltet und ohne das Werkstück dabei zu verschieben wird es abgelängt.

▼ Deckel und Boden werden auf Breite geschnitten, aber noch nicht abgelängt. Nach diesem Schnitt darf der Parallelanschlag nicht verstellt werden.

Die Rückwandnut

Eine eingenutete Rückwand hat mehrere Vorteile: Sie muss weder verschraubt, noch verleimt werden. Sie wird erst eingebaut, nachdem der Korpus komplett fertiggestellt wurde. Das schließt auch die Oberflächenbehandlung mit ein. Sie können also die Rückwand als separates Teil behandeln und haben beim Korpus nicht so sehr damit zu kämpfen das Oberflächenmittel in die Ecken zu bekommen. Außerdem ist es mit einer eingeschobenen Rückwand möglich, den Korpus noch nach dem Verleimen ganz genau in den rechten Winkel zu bringen.

Die Rückwandnut wird gesägt, nachdem der Deckel und der Boden auf Breite geschnitten wurden. Das dabei eingestellte Maß ist auch ganz genau das Maß, das für die Rückwandnut benötigt wird. Es macht also sehr viel Sinn, die Rückwandnut zu sägen, bevor die Tischkreissäge umgestellt wird. So erreichen Sie eine sehr hohe Genauigkeit ganz mühelos.

► Zum Einstellen der Nuttiefe von zehn Millimetern kommt ein kleiner Trick zum Einsatz. Zeichnen Sie sich auf einem Reststück eine Linie im Abstand von zehn Millimetern zur Kante auf.

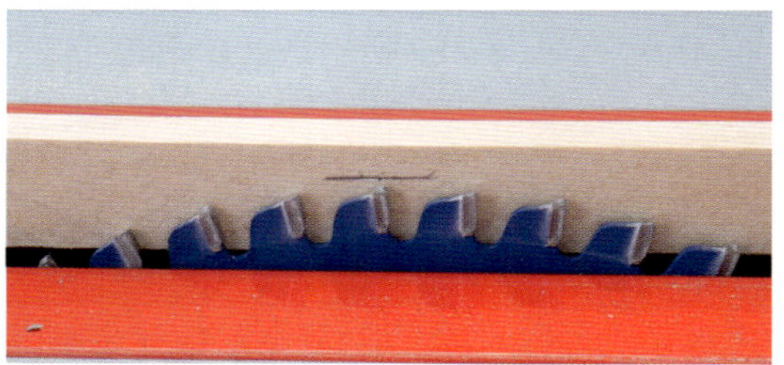

► Die Leiste mit dem Strich wird hinter das stehende Sägeblatt gelegt. Die Höhe des Sägeblattes kann jetzt so eingestellt werden, dass die höchste Zahnspitze ganz genau am Strich ausgerichtet wird. Auf diese Weise lassen sich ganz bequem und genau Nuttiefen an der Tischkreissäge einstellen.

► Mit dieser Einstellung werden jetzt die Seitenteile genutet. Zum Schutz der Finger wird wieder die Schiebehilfe verwendet. Die Vorderkante der Seitenteile liegt am Parallelanschlag an.

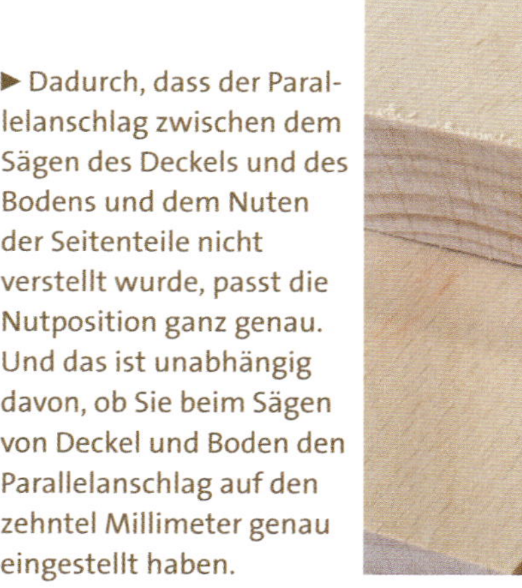

► Dadurch, dass der Parallelanschlag zwischen dem Sägen des Deckels und des Bodens und dem Nuten der Seitenteile nicht verstellt wurde, passt die Nutposition ganz genau. Und das ist unabhängig davon, ob Sie beim Sägen von Deckel und Boden den Parallelanschlag auf den zehntel Millimeter genau eingestellt haben.

▼ Durch das Verschieben des Parallelanschlages und weitere Schnitte, wird die Nut breiter gemacht. Nach jedem Schnitt prüfen Sie die Nutbreite anhand der Dicke des Sperrholzes, das für die Rückwand verwendet wird. Ist die Nut noch zu straff, verschieben Sie den Anschlag noch ein wenig.

Der Zuschnitt der weiteren Einzelteile

Nach dem Nuten der Seitenteile können Sie alle anderen Teile für das Schränkchen zuschneiden. Bei einem solch kleinen und überschaubaren Projekt mit nur wenigen Teilen können Sie bedenkenlos alle Teile bereits zu Beginn zuschneiden. Bei größeren Möbelstücken mit mehr und größeren Teilen ist es jedoch ratsam, nicht alles auf einmal zu sägen. Je mehr Teile Sie zeitgleich in Arbeit haben, umso schneller verlieren Sie den Überblick. Außerdem passiert es vor allem in kleinen Werkstätten sehr schnell, dass beim zwangsläufigen umräumen Teile beschädigt werden. Bei größeren Möbeln ist es ohnehin ratsam den Bau in mehrere Etappen zu gliedern. Dann können Sie auch den Zuschnitt entsprechend aufteilen.

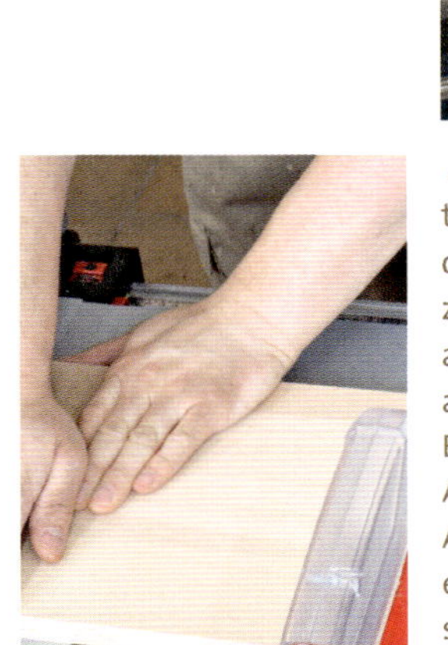

◀ Beim Zuschnitt der nur 60 Millimeter breiten Rahmenteile ist zwingend ein Schiebestock zu benutzen. Der Platz zwischen Parallelanschlag und Sägeblatt ist einfach zu gering, um noch mit der Hand dort zu arbeiten. Bei Schnitten mit einer Breite unter 150 Millimetern benutzt man immer einen Schiebestock.

▲ Die langen Rahmenteile werden wie bereits die Seitenteile auch zusammengespannt abgelängt. Zuvor wird aber an jeweils einem Ende der obligatorische Anschnitt gemacht. Der Anschnitt garantiert eine rechtwinklige und saubere Kante.

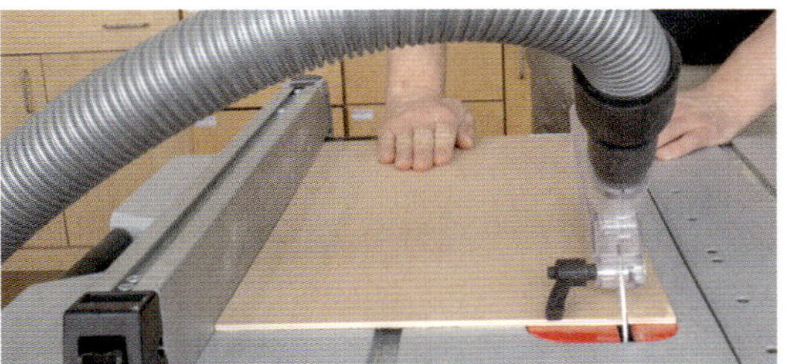

▲ Nach dem Nuten der Seitenteile kann auch die Rückwand zugeschnitten werden. Sie wird zunächst auf die benötigte Breite gesägt. Die Rückwand bekommt seitlich jeweils etwa einen Millimeter Luft. Die Breite errechnet sich also wie folgt: Breite des Deckels und des Bodens (250 Millimeter), zuzüglich 20 Millimeter (2x Nuttiefe), abzüglich zwei Millimetern (2x 1 Millimeter Luft). Das ergibt eine Breite von 268 Millimetern für die Rückwand.

▲ Die Teile mit der Bezeichnung „Platte“ sind recht breit. Sie können nach dem Schneiden auf die benötigte Breite und einem Anschnitt problemlos am Parallelanschlag auf die richtige Länge (Querschnitt) geschnitten werden.

▼ Die Rückwand wird zwei Millimeter kürzer Zugeschnitten, als die Seiten. Dadurch ist sichergestellt, dass die Rückwand nicht über die Seitenteile übersteht. Diesen kleinen Versatz der Rückwand zu den Seiten wird man später nicht sehen.

▼ Werkstücke wie die Rahmenteile, die kürzer als der Ablänganschlag der Tischkreissäge sind, müssen nicht zusammengespannt werden. Hier spannen Sie sich ein Klötzchen als Längenanschlag am Anschlaglineal fest oder Sie benutzen, wenn vorhanden, einen Ablänganschlag.

▶ Zum Sägen von Fasen brauchen Sie eine Holzleiste als Hilfsanschlag. Die Leiste muss sich sicher am Parallelanschlag befestigen lassen. benutzen Sie Hebelzwingen anstelle von Schraubzwingen. Hebelzwingen können sich durch Vibrationen nicht lösen.

Das Sägen großer Fasen

Die Platten, die den Korpus abschließen, bekommen eine Fase. Das macht die Teile optisch dünner und eleganter. Das ganze Möbelstück wirkt dadurch etwas leichter. Solche großen Fasen kann man natürlich auch Fräsen oder mit dem Handhobel machen. Das Sägen wie es hier gezeigt wird funktioniert aber auch sehr gut. Dabei entstehen viel weniger Späne als beim Fräsen, die Genauigkeit ist hervorragend und auch die Oberfläche der Fase braucht nur wenig Nacharbeit. Darüber hinaus können Sie bei der gleich gezeigten Methode den Fasenwinkel frei wählen und Sie können richtig große Fasen an Werkstücke anbringen.

▶ Das Sägeblatt wird auf 45° geschwenkt und die Höhe wird bis knapp unterhalb der Leiste eingestellt. Die Leiste selbst wird auf einer Höhe von etwa 15 Millimetern befestigt.

◀ Diese Art gesägte Fasen brauchen nur noch wenig Nacharbeit. Ein wenig Schleifen mit einem Schleifklotz genügt bereits. Voraussetzung hierfür ist allerdings ein nicht zu grobes und vor allem scharfes Sägeblatt.

▶ Mit dieser Einstellung werden nun je drei Kanten an den Teilen „Platte“ (Pos. 5) geschnitten, jeweils eine Längs- und zwei Querkanten. Beginnen Sie mit einer kleinen Fase von nur wenigen Millimetern.

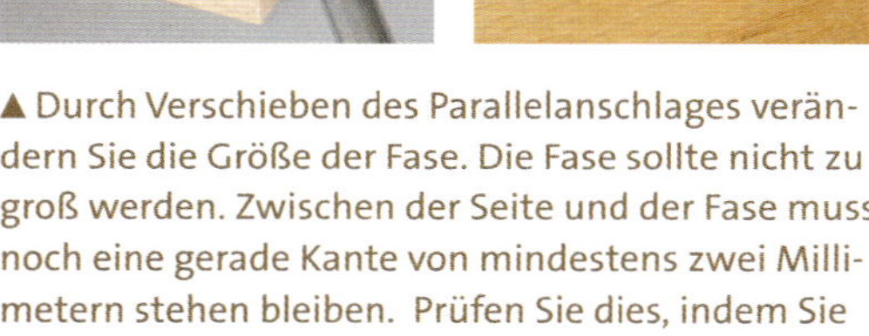

▲ Durch Verschieben des Parallelanschlages verändern Sie die Größe der Fase. Die Fase sollte nicht zu groß werden. Zwischen der Seite und der Fase muss noch eine gerade Kante von mindestens zwei Millimetern stehen bleiben. Prüfen Sie dies, indem Sie die Teile des Korpus auf der Platte aufstellen.

▶ Wenn alle Arbeiten an der Tischkreissäge abgeschlossen sind, stellen Sie sich das Hängeschränkchen einmal zusammen und legen auch die Rahmenteile und die Füllung zusammen. Eventuelle Fehler fallen dabei auf und Sie können kontrollieren, ob Sie alle benötigten Teile richtig geschnitten haben.

Frühzeitiges Schleifen der Einzelteile

Es macht Sinn, die Einzelteile so früh wie möglich zu schleifen. Das frühzeitige Schleifen hat viele Vorteile:

- Es findet nach dem Schleifen kein nennenswerter Materialabtrag mehr statt. Dadurch werden die Verbindungen präziser.
- Sie erkennen beim Schleifen Holzfehler und können im Notfall noch ein Teil neu machen.
- Geschliffene Teile lassen sich angenehmer verarbeiten.
- Sie werden ganz automatisch besser auf Ihre Werkstücke aufpassen.
- Schleifen ist keine sehr angenehme Arbeit, machen Sie das frühzeitig, haben Sie es hinter sich und können sich den angenehmeren Tätigkeiten widmen.

◀ Für die schmalen Teile der Rahmen ist ein Exzenterschleifer nicht geeignet. Er kippt zu schnell seitlich ab. Nehmen Sie dafür lieber einen kleinen Schwingschleifer oder einen Handschleifklotz.

◀ Um die schmalen Kanten zu glätten eignet sich am besten ein fein eingestellter Einhandhobel. Mit ihm können die Sägemarken der Tischkreissäge schnell entfernt werden, ohne dabei die Kanten ungewollt zu verrunden.

◀ Schleifen Sie die großen Leimholzflächen mit dem Exzenterschleifer. In der Regel sind Leimholzplatten nur grob vorgeschliffen. Beginnen sie mit Korn 80 und arbeiten Sie sich über Korn 120 und 180 bis Korn 240 hoch.

◀ Bei den Sperrholzplatten für die Rückwand und die Füllung dürfen sie nicht so grob schleifen. Diese Platten sind meist schon recht fein vorgeschliffen und haben nur eine dünne Furnierlage. Schleifen Sie daher nur mit Korn 180 und Korn 240.

▲ Eine Alternative zum Handhobel ist ein Schleifklotz. Nehmen Sie für Kanten aber unbedingt einen harten Holzklotz um den Sie das Schleifpapier legen. Damit können Sie auch die gesägten Fasen glätten, ohne die Kontur zu sehr zu verrunden.

Flachdübel als Eckverbindung

Flachdübel sind eine wirklich tolle Sache. Sie sind einfach zu verarbeiten, tolerieren auch mal Fehler und sie schaffen eine belastbare Verbindung. Im Vergleich zu anderen Verbindungssystemen sind Flachdübelfräsen auch eher günstig und ihre Bedienung stellt nur eine sehr geringe Verletzungsgefahr dar. Auch Einsteiger kommen in der Regel schnell mit einer Flachdübelfräse und dem Verbindungssystem zurecht. Überdies sind die Flachdübel selbst sehr günstig. Sie müssen damit also nicht geizen. Allerdings sollten die zu verbindenden Bauteile mindestens 70 Millimeter breit sein. Ansonsten passen nur sehr kleine Dübel hinein und die geben kaum Halt. Das ist auch der Grund dafür, warum die Eckverbindung am Türrahmen nicht damit gemacht wird. Für die Verbindungen am Korpus sind Flachdübel jedoch ideal.

► Die Flachdübel selbst sind sehr günstig. Sie benötigen zu ihrer Verarbeitung allerdings eine spezielle Maschine. Solche Flachdübelfräsen bekommen Sie in unterschiedlichen Qualitäten zu unterschiedlichen Preisen. Sehr günstige Maschinen bieten in der Regel leider nicht die nötige Präzision.

► Die einfachste Art herauszufinden, wie viele Dübel pro Ecke eingefräst werden sollen ist es, die Dübel einfach auf die Holzteile zu legen. Zwei Flachdübel je Ecke reichen aus, um die Korpusteile stabil zu verbinden.

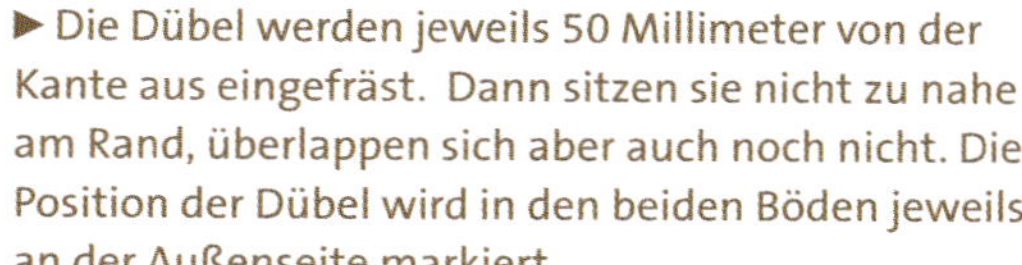

► Die Dübel werden jeweils 50 Millimeter von der Kante aus eingefräst. Dann sitzen sie nicht zu nahe am Rand, überlappen sich aber auch noch nicht. Die Position der Dübel wird in den beiden Böden jeweils an der Außenseite markiert.

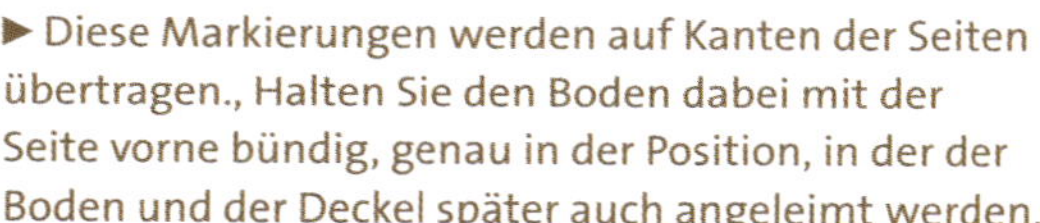

► Diese Markierungen werden auf Kanten der Seiten übertragen., Halten Sie den Boden dabei mit der Seite vorne bündig, genau in der Position, in der der Boden und der Deckel später auch angeleimt werden.

▲ Anschließend werden die Dübel in die Kanten der Böden eingefräst. Dabei fräsen Sie ins Hirnholz. Sie werden merken, dass sich Hirnholz viel schwerer fräsen lässt als Langholz. Spannen Sie daher die Werkstücke gut fest.

► Jetzt werden die Flachdübel Größe 20 zunächst in die Innenfläche der Seitenteile eingefräst. Die Seiten sind dabei hochkant eingespannt und die Fräse liegt mit dem Klappanschlag auf der Werkstückkante auf. Fräsen Sie nicht zu schnell, damit das Holz nicht zu sehr ausreißt.

► Nun sollten Sie die Korpusteile unbedingt einmal zur Probe zusammensetzen. Prüfen Sie, ob alle Teile genau zueinander passen. Minimale Überstände unter einem halben Millimeter sind nicht schlimm und werden beim Verleimen passend geklopft.

Das Bohren der Korpusteile

Die Korpusteile erhalten auf den Innenseiten unterschiedliche Bohrungen. Nach dem Verleimen lassen sich diese Bohrungen entweder gar nicht oder nur schlecht einbringen. Daher werden alle Bohrungen vor dem Verleimen gemacht.

Bohrer sind auch in guter Qualität nicht wirklich teuer. die ganz billigen rollgewalzten Bohrer sollten Sie dennoch nicht kaufen. Saubere Bohrungen bekommen Sie mit geschliffenen Bohrern. Im Handel sind diese Bohrer unter der Bezeichnung „HSS-G“ zu finden. Für das Bohren mit der Dübelleiste verwenden Sie einen Bohrer ohne Zentrierpitze. Die Zentrierspitze kann nämlich dazu führen, dass der Bohrer der Maserung nachläuft, statt durch die Bohrhülse geführt zu werden.

Und so praktisch Akkuschrauber auch sind, oftmals ist die gute alte Bohrmaschine doch noch im Vorteil. Vor allem durch die in der Regel höhere Drehzahl gegenüber dem Akkuschrauber. Eine hohe Drehzahl ist mit für saubere und ausrissarme Bohrungen verantwortlich.

Die Schrankseiten bekommen eine Lochreihe im System 32. Das ist ein System, das sich im Möbelbau etabliert hat. Es basiert auf einem Lochraster im Abstand von 32 Millimetern. Die Löcher selbst haben meist einen Durchmesser von 5 Millimetern und eine Tiefe von zwölf bis vierzehn Millimetern. Der Abstand von der Vorderkante beträgt 37 Millimeter (es gibt Ausnahmen, siehe Seite 218 „Einschlagend“). Das System 32 hat durchaus sein Tücken, daher sollten Sie es damit auch nicht übertreiben. Die Anwendung des Systems für die Befestigung der Topfbänder und die Einlegeböden ist aber sehr einfach.

◀ Die Dübelleiste (Hersteller: Wolfcraft) wird mit ihrer Kante bündig zur Werkstückkante angelegt. Dann beträgt der Abstand von der Bohrungsmitte zur Werkstückkante genau 37 Millimeter. Dieser Abstand wird zur Montage der Topfscharniere benötigt. Die Schablone wird mit einem Endanschlag bestückt. Achten Sie unbedingt darauf, diesen Anschlag immer an der Unterseite anzulegen, damit die Lochreihen später alle auf der gleichen Höhe sind.

▲ Zwischen der Bohrhülse und dem Holzklötzchen bleibt ein Abstand von 12 Millimetern. Dieser Abstand wird durch das Verschieben des Bohrers im Bohrfutter eingestellt. Der Abstand entspricht der Bohrtiefe.

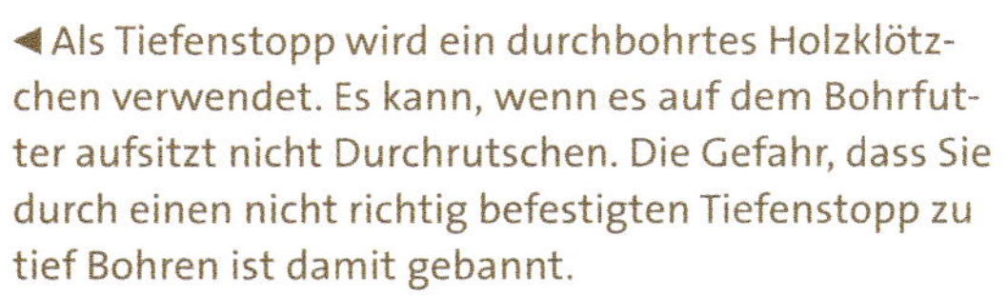

◀ Als Tiefenstopp wird ein durchbohrtes Holzklötzchen verwendet. Es kann, wenn es auf dem Bohrfutter aufsitzt nicht Durchrutschen. Die Gefahr, dass Sie durch einen nicht richtig befestigten Tiefenstopp zu tief Bohren ist damit gebannt.

► Jetzt wird die Lochreihe für die Bodenträger und die Montageplatten der Topfbänder gebohrt. Das Bohrbild sehen Sie auch auf der Zeichnung auf Seite 188. Bohren Sie mit hoher Drehzahl und geringem Vorschub. Dann werden die Bohrungen auch ausrissfrei.

▲ Nur eine der Seiten bekommt die Bohrungen für die Topfscharniere an der Vorderkante. Da der Schrank Symmetrisch ist, können Sie später immer noch entscheiden, ob die Schranktür nach rechts oder links zu öffnen sein soll.

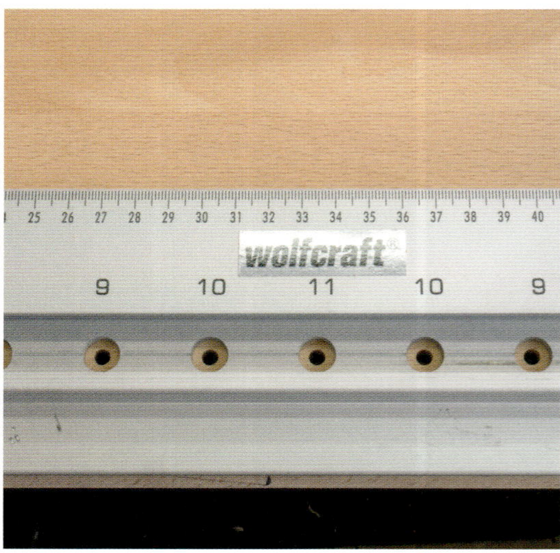

▲ Jeweils fünf Bohrungen in der Mitte reichen zum Verstellen des Einlegebodens aus. Sie werden in beide Seiten jeweils vorne und hinten mit dem gleichen Abstand (37 Millimeter) gebohrt.

◀ Alle Bohrungen werden von Hand minimal gesenkt. Die Senkung verhindert zuverlässig Ausrisse, wenn in die Bohrungen eine Schraube ein- und vor allem wieder ausgedreht wird.

▼ Das Malerkrepp hat gleich mehrere Vorteile: Es vermindert Ausrisse, der Bohrer kann besser angesetzt werden und die Bleistiftstriche müssen nicht weggeschliffen werden. Die Bohrungen haben einen Durchmesser von 4,5 Millimetern. Nach dem Bohren werden die Löcher auf der Innenseite passend für Senkschrauben mit einem Durchmesser von 3,5 Millimetern gesenkt.

◀ So müssen die beiden Seiten jetzt aussehen. Es sind nur die Löcher gebohrt, die unbedingt erforderlich sind. Das Bohren komplett durchlaufender Lochreihen wäre zwar auch möglich, sieht aber nicht so schön aus.

▲ Boden und Deckel bekommen beide Bohrungen, durch die später die gefasten Platten verschraubt werden. Diese Bohrungen werden jeweils 25 Millimeter von der Kante aus auf einem aufgeklebten Malerkrepp angezeichnet.

▶ Auch die Rückwand bekommt gesenkte Bohrungen für 3,5-Millimeter-Schrauben an den beiden kurzen Kanten. Sie werden mit einem Abstand von neun Millimetern zur Kante gebohrt. Drei Bohrungen, eine in der Mitte und zwei jeweils 50 Millimeter von der Ecke aus genügen.

Das Lackieren der Innenseiten

Das Lackieren eines verleimten Korpusses ist nicht einfach. Es gibt immer senkrechte Flächen, an denen der Lack herunterlaufen kann. Und es gibt Innenecken, die sich weder mit dem Pinsel, noch mit der Rolle gut erreichen lassen. Wesentlich einfacher ist es daher, die Korpusteile vor dem Verleimen zu lackieren. Sie müssen lediglich die Leimflächen abkleben, da der Lack die Haftung des Leimes enorm verschlechtert.

Der verwendete Wasserlack lässt sich auch in der heimischen Werkstatt gut verarbeiten, trocknet schnell und hat nach dem Aushärten kaum Eigengeruch. Das ist auch der Hauptgrund für die Wahl von Wasserlack für die Innenseiten. Würde man diese Ölen oder Wachsen, bliebe der intensive Geruch des Öls (oder des Wachses) im Schrankinneren sehr lange erhalten.

Die Rückwand wird nur auf der Innenseite (zum Schrankkorpus hin) lackiert. Die Rückseite wird nicht lackiert, da dort später noch die Keilleiste zum Aufhängen des Schränkchens angeleimt wird.

► Vor dem Lackieren der Korpusteile sollten Sie die zu lackierenden Flächen noch einmal kontrollieren und fein nachschleifen. Es reicht aus, wenn Sie von Hand mit Korn 320 Schleifen.

► Die Vorderkanten von Boden und Deckel werden leicht gebrochen. Lassen sie aber die Kanten der Seiten noch scharf. Sie werden erst später gebrochen, wenn der Korpus verleimt ist.

► Jetzt werden die Seiten, die Rückwand, der Einlegeboden sowie Boden und Deckel sorgfältig entstaubt. Saugen Sie auch die Lochreihe gründlich aus. Halten sie die Saugdüse ganz dicht ans Holz. so werden auch größere Holzporen vom Staub befreit und die Oberfläche wird viel schöner.

► Nach dem Absaugen reinigen Sie die Fläche noch zusätzlich mit einem Staubbindetuch. Vor dem Lackauftrag müssen auch die letzten Reste vom Holzstaub entfernt werden.

◄ Die Leimflächen werden vor dem Lackieren mit PE oder PVC- Klebeband abgeklebt. Das Band bekommen Sie im Baustoffhandel. Es haftet ausreichend, kann aber dennoch leicht und rückstandsfrei entfernt werden.

Die so vorbereiteten Teile können jetzt lackiert werden. Zwei Lackaufträge mit einem feinen Zwischenschliff sollten auf jeden Fall genügen. Wenn Ihnen beim Lackieren etwas Lack auf die Vorderkante gerät, schleifen Sie ihn nach dem Trocknen einfach weider weg. ►

► Wenn Sich Staubteilchen oder andere Partikel im Lack abgesetzt haben, können Sie diese ganz einfach entfernen, indem Sie die durchgetrocknete Lackoberfläche ganz leicht mit einem Schleifpapier Korn 2.000 nachschleifen.

Der Korpus wird verleimt

Die Korpusteile sind jetzt fertig, es ist alles gebohrt, geschliffen und lackiert. Es kann verleimt werden. Sie brauchen dazu keine schweren Schraubzwingen und davon auch nur wenige. Ideal sind Zwingen und Klemmen, deren Spannbacken mit Kunststoff oder Kork belegt sind. Dann benötigen Sie zum Schutz der Werkstücke keine Zulagen. Das hat dann den großen Vorteil, dass Sie diese Zulagen beim Verleimen nicht auch noch festhalten müssen.

Sie benötigen keinen speziellen Leim. Ein einfacher Weißleim vom Typ D2 oder D3 ist vollkommen ausreichend. Lassen Sie die Finger von Expressleimen. Sie binden viel zu schnell ab und setzen Sie beim Verleimen nur unnötig unter Druck. Auch normale Leime brauchen kaum länger als eine Stunde bis Sie die Zwingen lösen können.

◀ Geben sie etwas Leim an die Kanten der Schlitze für die Flachdübel und stecken Sie diese ein. Achten sie darauf, dass die Flachdübel gerade sitzen.

◀ An den Seitenteilen kommt der Leim ebenfalls in die Schlitze. Eine dünne Spur Leim wird außerdem oberhalb der Schlitze angegeben. Unterhalb der Schlitze geben Sie besser keinen Leim an, er wird sonst im Schrankinneren herauskommen.

▲ Bereiten Sie das Verleimen gut vor. Legen Sie alle Zwingen und Hilfsmittel bereit. Machen sie vor dem eigentlichen Verleimen erst einmal einen Trockenversuch. Dabei zeigt sich dann schnell, ob noch etwas fehlt und ob alles passt.

▲ Während des Verleimens ist die Rückwand lose in den Korpus eingesetzt. Die eingesetzte Rückwand verhindert zuverlässig, dass Boden und Deckel zu weit nach hinten rutschen.

► Bei nur jeweils einer angesetzten Zwinge können Sie Boden und Deckel noch gut ausrichten. Ihre Vorderkanten sollen genau bündig mit den Kanten der Seiten sein. die Flächen von Boden und Deckel müssen bündig mit den kurzen Kanten der Seiten sein.

▲ Jetzt können Sie auch die Vorderkanten der Seiten mit Schleifpapier brechen. Die Außenkanten von Boden und Deckel bleiben scharfkantig, damit nach dem Aufschrauben der gefasten Platten dort keine Fuge entsteht.

► Insgesamt vier Schraubzwingen geben Druck auf Boden und Deckel. Mit angesetzten Zwingen können noch letzte Korrekturen durch Hammerschläge gemacht werden. Damit der Hammer keine unschönen Dellen hinterlässt, verwenden Sie eine stabile und glatte Zulage.

▼ Beim Verleimen wurde nicht sonderlich auf die Rechtwinkligkeit des Korpus geachtet. Das ist auch nicht notwendig, da der Rechte Winkel beim Einbau der Rückwand entsteht. Das funktioniert aber nur, wenn die Rückwand auch ein wenig Luft in der Nut hat.

▲ Nachdem der Leim vollständig abgebunden hat, können Sie die Zwingen lösen und die Vorderkanten noch einmal kontrollieren. Kleine Überstände werden mit einem scharfen Einhandhobel entfernt.

▲ Die Rückwand wird zunächst an einem Ende befestigt. Damit die Schrauben nicht abreißen und genau zentriert in den gesenkten Bohrungen sitzen, bohren Sie mit einem Zentrierbohrer (Ø 2,75 mm) vor. Ein Zentrierbohrer wird durch die Senkung zentriert und Sie bohren automatisch immer genau in der Mitte einer Senkung. Ein Zentrierbohrer erleichtert auch die Montage vieler Beschläge. (siehe auch Seite 217 ff. Einbau der Topfbänder, dort ist der Zentrierbohrer auch noch einmal abgebildet)

▲ Mit der nur einseitig befestigten Rückwand wird der Korpus jetzt möglichst genau in den rechten Winkel gedrückt. Mit einer schräg angesetzten Schraubzwinge können Sie ganz gezielt Winkelkorrekturen machen.

▲ Nach dem Vorbohren wird die Rückwand mit drei Schrauben 3,5 x 25 Millimeter am Boden befestigt. Die Rückwand ist nur fünf Millimeter dick. Drehen Sie daher die Schrauben nicht zu tief ein. Der Schraubenkopf sollte sich nicht in das Sperrholz hineinziehen. Überstehen darf er aber auch nicht.

◀ Wenn Ihr Schrank im rechten Winkel ist, wird die Rückwand mit angesetzter Schraubzwinge auch am anderen Ende angeschraubt. Sind alle Schrauben eingedreht, können Sie die Zwinge lösen. Ihr Schrank wird im rechten Winkel bleiben, gehalten durch die Rückwand.

▶ Kontrollieren Sie vor dem Ölen noch einmal den verleimten Korpus. Brechen Sie scharfe Kanten und schleifen Sie die Außenseiten noch einmal von Hand fein in Maserrichtung nach. Und auch vor dem Ölen ist das sorgfältige Entstauben sehr wichtig.

Der Korpus wird fertiggestellt

Sie können jetzt den Korpus komplett fertigmachen. Das schließt auch die Oberflächenbehandlung mit ein. Auch bei kleinen Möbeln macht es durchaus Sinn, den Bau in Etappen aufzuteilen und diese Etappen abzuschließen. Die erste Etappe ist somit der Korpus, dann kommt die Tür als zweite Etappe. Wenn der Korpus ganz fertig ist und das Öl aushärtet, können sie die Tür bauen.

▶ Die gefasten Platten werden auch geölt. Brechen sie die Kanten der Platten nicht zu stark. Sie sollen zwar nicht mehr scharfkantig sein, aber auch nicht abgerundet.

▶ Beim Korpus werden nur die Vorderkanten und die Außenseiten geölt. Sollte Ihnen etwas Öl auf die lackierten Innenseiten gelangen, kann es einfach weggewischt werden. Die gefasten Platten werden rundum gölt.

▲ Wenn das Öl ganz trocken ist, werden die Platten an den Korpus geschraubt. Damit sie beim Anschrauben nicht verrutschen, fixieren Sie die Platten mit zwei kleinen Zwingen an der Vorderkante. Geschraubt wird nur dort, wo auch Klemmen sitzen.

◄ Sind die Platten vorne verschraubt, können Sie lange Zwingen ansetzen und die Platten damit auch hinten dicht an den Korpus ziehen. Erst dann werden auch die hinteren Schrauben eingedreht.

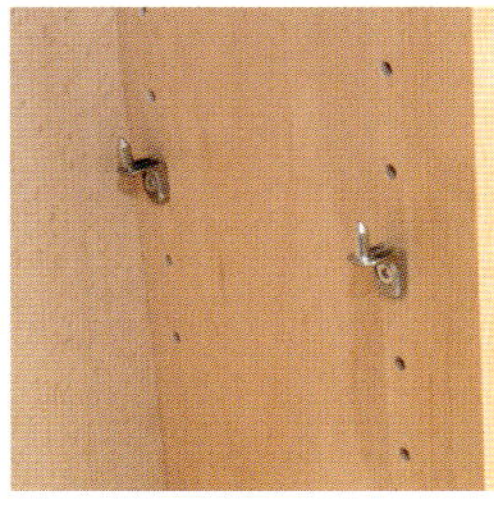

▲ Die Bodenträger (Hettich Sekura 7) werden mit Beschlagmontageschrauben 6,3 x 11 Millimeter in der Lochreihe befestigt. Diese Beschlagmontageschrauben finden Sie auch unter der Bezeichnung „Euroschrauben“ im gut sortierten Fachhandel.

▲ Der Einlegeboden wird jetzt einfach auf die Bodenträger aufgelegt. Klopfen Sie einmal kräftig auf den Einlegeboden, damit sich die Spitzen der Bodenträger etwas ins Holz drücken. Jetzt wissen sie ganz genau wie Sie bohren müssen.

◄ An den so markierten Punkten wird jeweils ein Loch mit einem Durchmesser von fünf Millimetern gebohrt. Diese Bohrungen sind ca. 12 Millimeter tief. Als Tiefenmarkierung dient ein Stück Klebeband auf dem Bohrer.

▲ Vor allem bei größeren Schränken haben diese Bodenträger einige Vorteile. Der Einlegeboden kann nicht nach vorne rutschen. Gleichzeitig bringen die in den Einlegeböden eingebohrten Spitzen noch einmal zusätzliche Stabilität in die Schrankseiten.

Fräsen der Rahmenteile für die Tür

Alle Fräsungen an den Teilen der Tür werden auf dem Frästisch gemacht. Bei solch kleinen und vor allem auch schmalen Werkstücken ist das wesentlich sicherer und genauer als der Versuch, das mit der handgeführten Oberfräse zu machen. Alternativ könnten Sie die Nuten auch auf der Tischkreissäge schneiden. Allerdings wird das Anfertigen der Nutzapfen auf einer Tischkreissäge nicht ganz so einfach werden.

Die angefrästen Nutzapfen bilden die Eckverbindung am Rahmen. Für kleine Rahmen reicht das auch vollkommen aus. Werden die Rahmen aber schwerer und die Türen größer, sollten die Ecken noch durch Dübel oder lose Zapfen verstärkt werden.

Der Grund für diese aufwändige Konstruktion mit einem Rahmen und einer Füllung ist der, dass Holz sich in verschiedene Richtungen unterschiedlich ausdehnt und zusammenzieht, wenn sich die Luftfeuchte ändert. Das Holz arbeitet. Das tut es in Maserrichtung wesentlich weniger als quer zur Maserung. Im Schrankinneren geschieht dies wesentlich langsamer als auf der Außenseite. Eine Leimholzplatte als Tür würde sich daher mit großer Wahrscheinlichkeit stark verziehen. Der Rahmen mit der Füllung tut das nicht. Es sind nur kleine Querschnitte längs auf quer verbunden und der Rahmen hält die Füllung, die nicht verleimt ist, gerade.

► Bevor Sie mit dem Fräsen der Rahmenteile beginnen, sollten sie auf jeden Fall die Materialstärken nachmessen. Denn ein fünf Millimeter Sperrholz muss nicht genau fünf Millimeter dick sein. In der Regel sind Sperrhölzer etwas dünner als angegeben.

► Auch Leimholz ist meist etwas dünner, als es die Hersteller angeben. Hinzu kommt noch, dass Sie ja zuvor die Rahmenteile geschliffen haben. Die exakten Maße zu wissen ist unerlässlich, um die Fräsungen genau einstellen zu können.

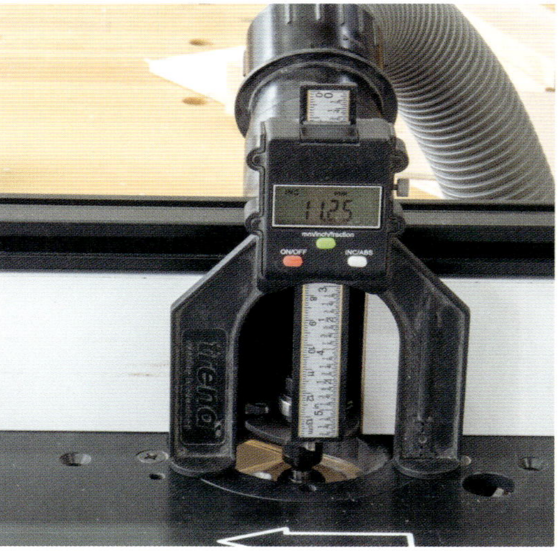

▲ Die genaue Fräserhöhe für die Nut in den Rahmenteilen errechnet sich nun wie folgt: Materialstärke der Rahmen abzüglich der Materialstärke der Füllung geteilt durch zwei plus Fräserdicke (vier Millimeter) . (18,6 – 4,6 / 2 – 4). Geben Sie zur Sicherheit noch zwei bis drei zehntel Millimeter hinzu.

▲ Die Nuttiefe beträgt 12 Millimeter. Wenn die Nuttiefe lediglich um wenige zehntel Millimeter abweicht, ist das kein Problem. Größere Abweichungen bei der Nuttiefe würden sich jedoch auf das Maß der Tür auswirken.
Je tiefer die Nut wird, umso schmaler wird die Tür und umgekehrt.

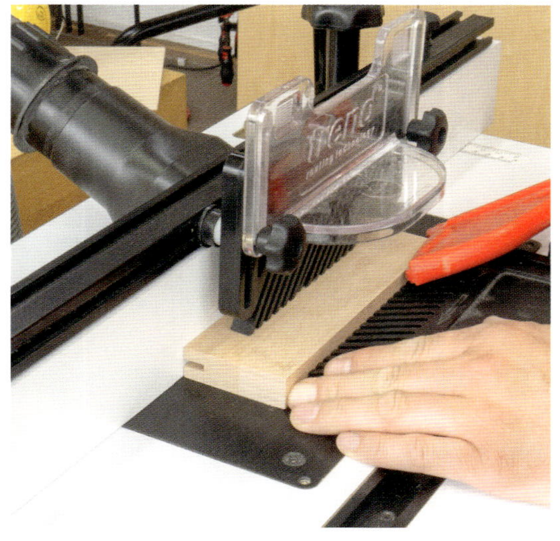

◀ Mit dem so eingestellten vier Millimeter dicken Scheibennut-Fräser können sie jetzt eine Probefräsung an einem Reststück machen, das genau so dick ist wie die Rahmenteile. Kontrollieren sie noch einmal die eingestellten Maße. Drehen Sie das Holz um die eigene Achse (Siehe S. 208, Bild oben links) und prüfen Sie, ob die Füllung sich leicht, aber ohne Spiel in die Nut einschieben lässt. Wenn nicht, müssen Sie die Höhe des Fräsers verstellen.

▲ Sie können diese Ausrisse vermeiden, indem Sie die Kante der Nut vorritzen. Ein Streichmaß mit Schneidrad eignet sich dazu ganz hervorragend. Bevor Sie Ihre Rahmenteile fräsen, stellen Sie Ihr Streichmaß anhand des Probestückes genau ein.

◀ Montieren Sie auch für Probefräsungen alle Sicherheitsvorrichtungen. Benutzen Sie einen Schiebestock um die schmalen Werkstücke am Ende am Fräser entlang zu schieben.

▲ Ein Scheibennut-Fräser kann aufgrund seiner Drehrichtung und Schneidengeometrie leichte Ausrisse an den Kanten der Nut hinterlassen. Die Ausrisse werden umso größer, je schneller Sie Ihr Werkstück am Fräser entlang schieben.

▲ Mit dem eingestellten Streichmaß ritzen Sie dann die Innenkanten der Rahmenteile beidseitig vor. Dieser Riss durchtrennt die Holzfaser genau dort, wo die Schneide des Fräsers aus dem Holz austritt. Das Ergebnis ist eine ausrissfreie Nut.

► Jetzt können Sie die Rahmenteile fräsen. Es werden alle vier Rahmenteile auf der Innenseite genutet. Schieben Sie die Teile je zweimal am Fräser vorbei. Erst mit einer Fläche (A) auf dem Tisch liegend.

▲ Damit die Fräsung des Nutzapfens an den Enden der beiden Querstücke gelingt, müssen Sie ein sogenanntes Vorsatzbrett, also ein dünnes Sperrholzbrett mit Klemmzwingen am Fräsanschlag befestigen. Die untere Kante des Vorsatzbrettes verläuft genau auf der Höhe Nutmitte.

► Dann drehen Sie die Teile um, sodass die andere Fläche (B) auf dem Tisch aufliegt. Auf diese Weise ist garantiert, dass die Nut exakt mittig zur Materialstärke gefräst wird.

▲ Die Frästiefe wird auf ca. 11,9 Millimeter eingestellt, also etwas kleiner als die Nuttiefe. Dadurch bekommt der Nutzapfen im Nutgrund minimal Luft. Das garantiert, dass die Eckverbindung außen schön dicht wird.

► Zum Absetzen des Nutzapfens stellen Sie einen möglichst großen Nutfräser so ein, dass seine Höhe zu den genuteten Rahmenteilen passt. Stellen Sie den Fräser einige zehntel Millimeter tiefer ein, um sich Stück für Stück durch Probefräsungen an die richtige Passung des Zapfens heranzutasten.

◀ Damit sich die kurzen Rahmenteile besser führen lassen, legen sie ein Schiebeholz hinter die zu fräsenden Rahmenteile. Dieses Schiebeholz ist nichts weiter als ein rechtwinkliges Reststück. Es verhindert, dass sich das eigentliche Werkstück verdreht und gibt ihnen eine bessere Handauflage. Auch das Ausreißen der Fräsung am Ende wird durch dieses Holz verhindert.

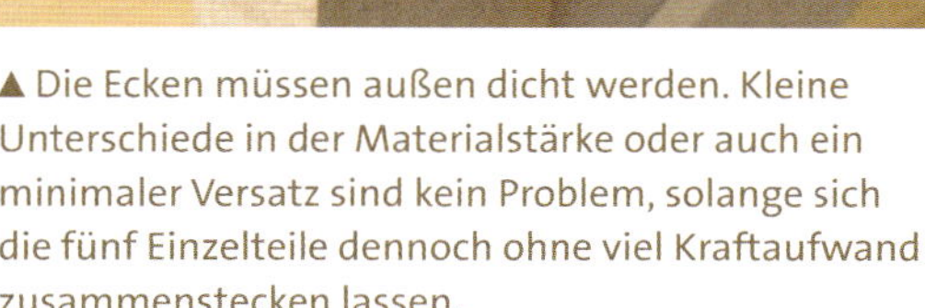

▲ Die Ecken müssen außen dicht werden. Kleine Unterschiede in der Materialstärke oder auch ein minimaler Versatz sind kein Problem, solange sich die fünf Einzelteile dennoch ohne viel Kraftaufwand zusammenstecken lassen.

◀ Zusammengesteckt sieht der Rahmen nun so aus. Man erkennt sehr deutlich, dass die Füllung etwas schmaler ist, als das Innenmaß des Rahmens.

◀ Bei einer solchen Verbindung kommt es darauf an, dass sie nicht zu locker und nicht zu straff ist. Die Teile müssen sich per Hand ohne Hammerschläge zusammenstecken lassen und sollten dennoch nicht auseinanderfallen.

▶ Bevor die Tür verleimt werden kann, muss die Füllung geölt werden. Das Öl verändert die Farbe des Holzes. Ein Teil der Füllung steckt in der Nut und die Füllung hat in der Nut auch Luft. Würde man die Oberfläche der Füllung nicht zumindest grundieren, könnte man helle Streifen sehen, sobald die Füllung im Rahmen arbeitet oder verrutscht.

Verleimen der Tür

Beim Verleimen der Tür ist Sorgfalt und gute Vorbereitung angesagt. Die Fläche, auf der Sie verleimen, mus eben sein. Ist sie das nicht, wird ihre Tür windschief und nicht richtig schließen. Wie bereits beim Korpus benötigen Sie auch hier keine schweren Schraubzwingen.

Machen Sie zur Sicherheit einen Trockenversuch. Das bedeutet, dass Sie den ganzen Ablauf einmal komplett, aber ohne Leim durchführen. Bei einem solchen Trockenversuch stellen Sie meist noch fest, dass etwas fehlt. Besser jetzt als später, wenn der Leim Sie unter Zeitdruck setzt.

▶ Alle Kanten an den Rahmenteilen bekommen eine kleine Fase. Stoßen zwei gefaste Kanten zusammen, ergibt dies eine sogenannte Schattenfuge. Schattenfugen kaschieren geringe Materialtolleranzen und kleine offene Fugen. Außerdem betonen sie die Kontur des Rahmens.

▶ Die Fasen können mit einem Einhandhobel gemacht werden. Damit sie gleichmäßig groß werden, zählen Sie einfach die Hobelzüge mit. An den Querstücken spielt der Handhobel seine Stärken voll aus. Denn auch die Querkanten oberhalb der Nutzapfen können mit ihm gefast werden.

▶ Das Verleimen muss gut vorbereitet werden. Als Unterlage dienen vier Kanthölzer. Sie erleichtern das Ansetzen der Zwingen und dienen dazu, die Tür exakt plan zu verleimen. Ein aufgeklebtes Packband verhindert, dass austretender Leim anhaftet.

▲ Legen Sie sich nicht nur die Zwingen und Werkzeuge zurecht, die Sie brauchen, sondern auch die Teile der Tür. Prüfen Sie vor dem Verleimen noch einmal alle Teile und stellen Sie sicher, dass sie genau so auf der Werkbank liegen, wie sie verleimt werden.

▲ Seien sie mit dem Leim nicht zu großzügig. Zu viel austretender Leim macht nur Probleme. Es reicht, wenn Sie den Leim an die drei Flächen des Nutzapfens angeben. Beim Zusammenschieben kommt dennoch ausreichend Leim an die Brüstungen der Zapfen.

◀ Mit vier kleinen Zwingen wird der Rahmen zunächst einmal auf die beiden Kanthölzer gezwingt. So stellt man sicher, dass der Rahmen plan und gerade verleimt wird.

▲ Bevor die beiden Schraubzwingen den Rahmen zusammendrücken, werden die einzelnen Teile noch zueinander ausgerichtet. Die Querstücke müssen absolut bündig zu den Enden der aufrechten Rahmenteile sein. Sind sie das nicht, wird der Rahmen nicht rechtwinklig.

◀ Erst wenn alle Teile exakt in Position sind, werden die Zwingen angesetzt, die Druck auf die Ecken bringen. Die Fugen müssen dicht werden. Wurden die Rahmenhölzer exakt rechtwinklig zugeschnitten und sind die Fugen dicht, sollte der Rahmen im rechten Winkel sein.

▲ Prüfen Sie dennoch die Rechtwinkligkeit des Rahmens indem Sie die beiden Diagonalen an den Innenkanten messen. Sind die Diagonalen gleich, stimmt auch der Winkel. Sind die Diagonalen nicht gleich, können Sie wie beim Korpus eine Zwinge schräg ansetzen und somit den Winkel verändern.

► Entfernen Sie ausgetretenen Leim erst, nachdem er etwas abgebunden hat. Mit einem breiten Stemmeisen schneiden Sie den Leim aus der Schattenfuge heraus. Das geht viel besser als den frischen Leim zu entfernen. Dabei würden Sie den Leim nur unnötig auf die Fläche schmieren.

▲ Zum Schluss werden noch die Kanten der Tür verschliffen. Nehmen Sie wieder einen harten Holzklotz als Schleifklotz, damit Sie die Kanten nicht unnötig verrunden. Wenn Sie beim Verleimen die Teile gut zueinander ausgerichtet haben, sollten Sie nur minimale Überstände wegschleifen müssen.

► Ihre Tür ist jetzt fertig und sollte zum Schrank passen. Prüfen sie alles noch einmal am Schrank, bevor Sie die Scharniere einsetzen.

Topfscharniere einsetzen

Es gibt bei jedem Beschlaghersteller eine schier unüberschaubare Vielzahl an Topfscharnieren (auch als Topfbänder bezeichnet). Lassen sie sich davon nicht einschüchtern. Sie brauchen erst einmal nur drei Grundtypen.

- Für aufschlagende Türen
- Für einschlagende Türen
- Für einem Mittelwandanschlag

Wie Sie auf der Zeichnung auf Seite 218 zu sehen ist, sind die Maße der Bohrungen bis auf die Innenliegende Tür immer gleich. Das kommt daher, dass es für diese drei Anwendungen passende Scharniere mit unterschiedlichen Drehpunkten gibt. Das macht den Einbau der Scharniere im Grunde genommen sehr einfach.

Dann gibt es bei jedem Hersteller noch unterschiedliche Qualitätsstufen. Sparen Sie hier nicht am falschen Ende. Auch richtig hochwertige Topfbänder sind nicht wirklich teuer. Und wenn es mal zu einer ganz speziellen Anwendung kommt (schräge Türen, dicke Türen, etc.), bleibt ihnen nichts anderes übrig, als im Katalog zu schauen, welche Scharniere es gibt, und sich bei der Möbelplanung ganz genau an die Herstellerangaben zu halten.

Ein Topfband kann in drei Richtungen verstellt werden. Das geschieht bei hochwertigen Bändern über Schrauben.

- Schraube (a) ist zum Verstellen der Türhöhe.
- Schraube (b) ist zum Verstellen des Abstandes der Tür zur Schrankseite.
- Schraube (c) ist zur Verstellung der Fugenbreite. und zur Ausrichtung parallel zur Schrankseite.
- Schalter (d) dient zum Ein- und Ausschalten der integrierten Dämpfung (die Dämpfung schließt die Tür langsam und geräuschlos)

▲ Ein Topfband mit Abdeckkappen und integrierter Dämpfung.

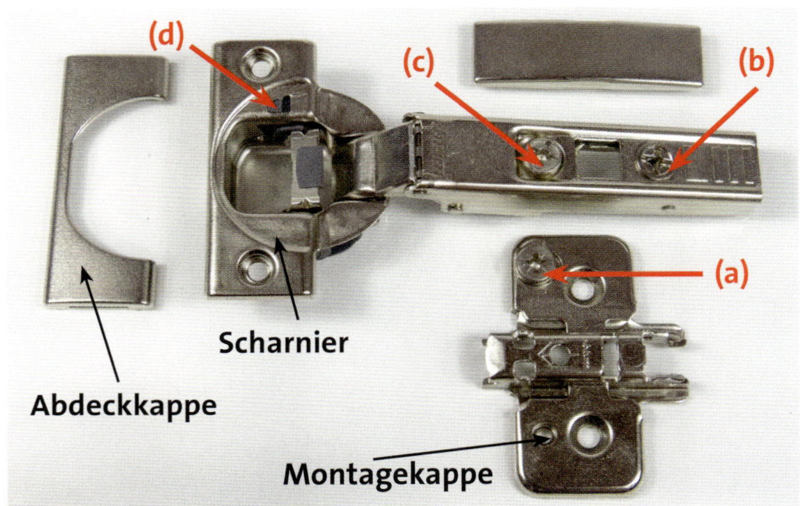

▲ Ein Topfband besteht aus mehreren Teilen. Sie benötigen auf jeden Fall eine Montageplatte und das Scharnier selbst. Viele Hersteller bieten zu ihren Scharnieren auch Abdeckkappen an. Sie werden für die Funktion nicht benötigt, sehen aber gut aus.

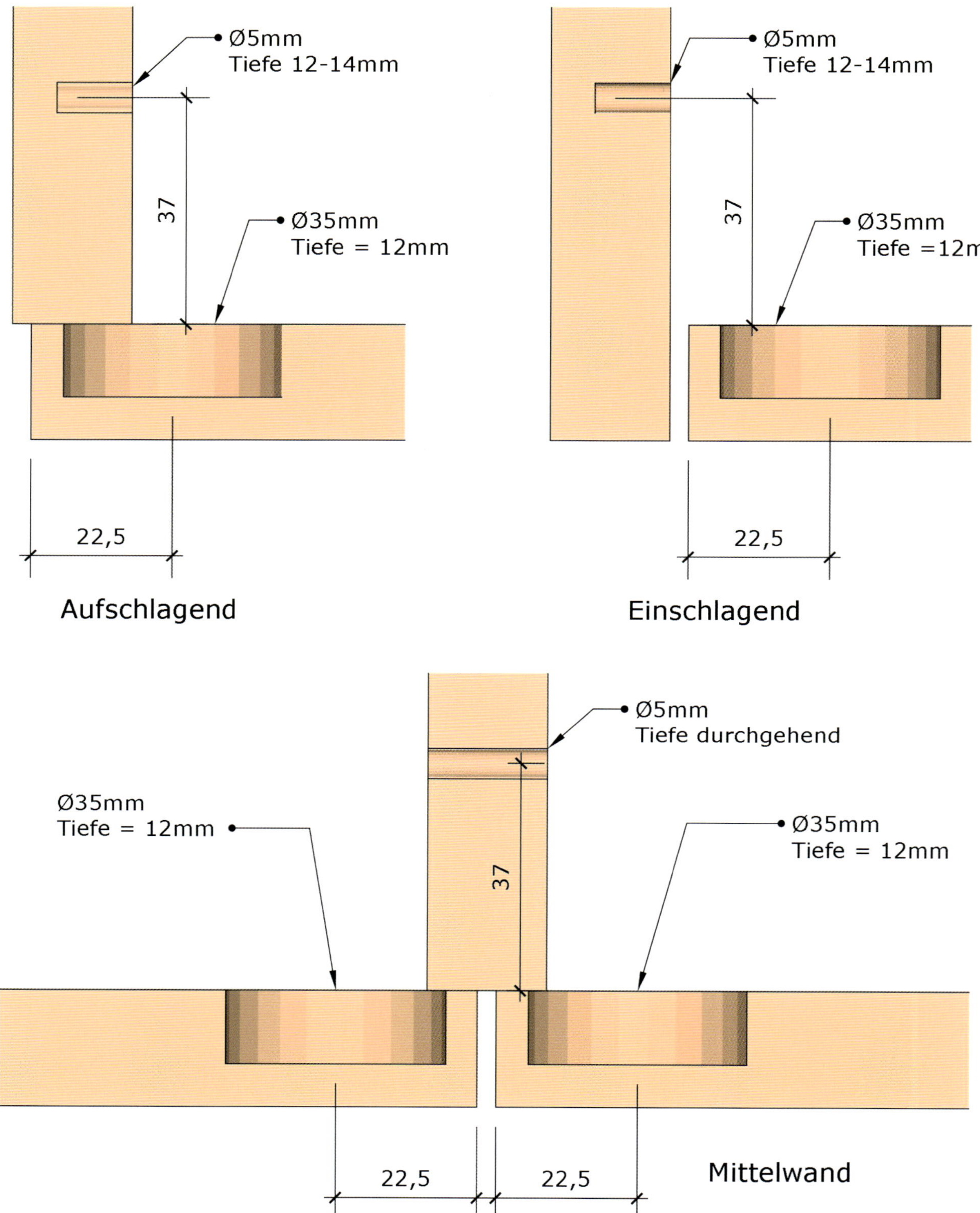
Ø5mm
Tiefe 12-14mm
37
Ø35mm
Tiefe = 12mm
22,5
Aufschlagend
Ø5mm
Tiefe 12-14mm
37
Ø35mm
Tiefe =12mm
22,5
Einschlagend
Ø5mm
Tiefe durchgehend
Ø35mm
Tiefe = 12mm
37
Ø35mm
Tiefe = 12mm
22,5
22,5
Mittelwand

▶ Die Tür wird an den Korpus angelegt. Zwei Ankörnschablonen (Hettich Multiblue) werden in die Bohrungen für die Montageplatten in der Seitenwand gesteckt. Der Steg an der Schablone hält die Tür im richtigen Abstand zur Schrankseite.

◀ Die Position für das 35-Millimeter Loch wird mit dem Zentrierbohrer angekörnt. Die Schablone hat zwei Punkte zum Ankörnen. Verwenden Sie den Punkt der mit „Ø35mm" beschriftet ist.

▲ Wählen Sie eine niedrige Drehzahl und bohren Sie langsam. Zwischendurch kontrollieren Sie immer wieder die Bohrtiefe. Für handelsübliche Topfscharniere müssen Sie 12 Millimeter tief bohren.

Ist die notwendige Bohrtiefe erreicht, liegt das Scharnier auf dem Holz auf. Wenn man nur gelegentlich solche Scharniere verwendet, funktioniert diese Methode sehr gut. Die Beschlag- und Zubehörhersteller bieten aber auch unterschiedliche Bohrschablonen an, die das Einbohren erleichtern. ▶

▲ In den so angekörnten Punkt wird die Zentrierspitze des Forstnerbohrers gesteckt. Verwenden Sie unbedingt einen Forstnerbohrer mit umlaufender Schneide, wenn Sie freihand und nicht auf einer Standbohrmaschine bohren. Die umlaufende Schneide verhindert das Verlaufen des Bohrers.

◀ Richten Sie das eingesetzte Scharnier mit einem Winkel aus und körnen Sie die Befestigungslöcher mit dem Zentrierbohrer vor. So sitzen die Befestigungsschrauben ganz genau mittig in den Löchern im Scharnier. Das Scharnier verdreht sich dann beim Anschrauben nicht.

► Befestigt werden die Scharniere mit Senkschrauben der Größe 3,5 x 17 Millimeter. Ziehen Sie die Schrauben aber nicht zu fest an, da sich ansonsten das Scharnier verbiegt.

► Jetzt können sie auch die Montageplatten in den Schrank schrauben. Die Montageplatten werden mit Beschlagmontageschrauben 6,3 x 11 Millimeter befestigt. Die Schrauben passen ganz genau in die bereits vorhandenen Bohrungen.

▲ Der Abstand zwischen den Schrauben ist in aller Regel ein mehrfaches von 32 Millimetern. Meist werden die Griffe mit Schrauben M4 in passender Länge befestigt. Diese Angaben finden Sie auf der Verpackung des Griffes, den Sie sich ausgesucht haben. Bohren sie die Löcher einen halben Millimeter größer als die Schrauben. Dann lässt sich der Griff viel einfacher befestigen. Zur Probe sollten Sie den Griff einmal anschrauben. Wenn alles passt, demontieren Sie den Griff und die Topfscharniere wieder.

► Jetzt ist es soweit, Sie können die Tür einhängen. Moderne Topfscharniere werden nur auf die Montageplatte aufgeclipst. Sie können die Tür jetzt auch schon genau ausrichten und die Spaltmaße zum Korpus hin einstellen.

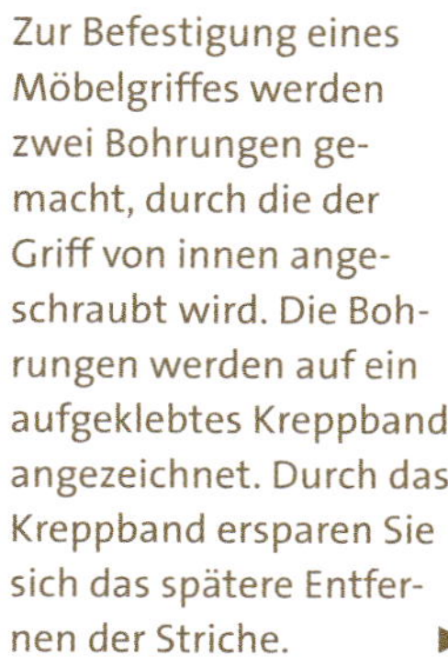

Zur Befestigung eines Möbelgriffes werden zwei Bohrungen gemacht, durch die der Griff von innen angeschraubt wird. Die Bohrungen werden auf ein aufgeklebtes Kreppband angezeichnet. Durch das Kreppband ersparen Sie sich das spätere Entfernen der Striche. ►

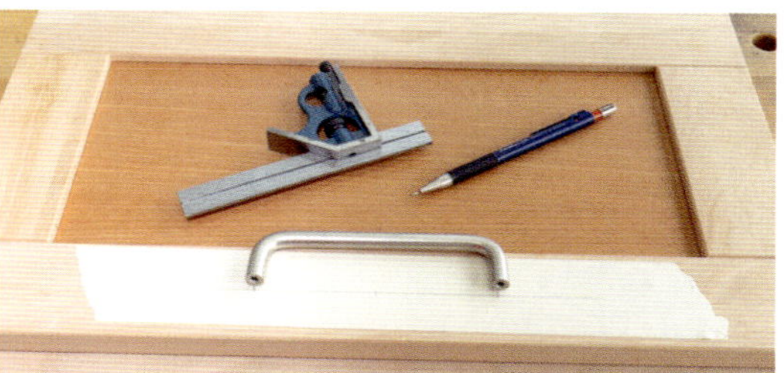

◄ Vor dem Ölen müssen die Scharniere wieder abgeschraubt werden. Wenn sie bei der ersten Montage der Tür am Korpus die Scharniere bereits genau eingestellt haben, markieren Sie sich, welches Scharnier wo montiert war. Dann müssen Sie die Scharniere später nicht noch einmal einstellen.

▲ Die Tür können Sie jetzt schon wieder einhängen und einstellen. Wenn sie sich zu den Topfbändern auch die passenden Abdeckkappen gekauft haben, werden auch diese jetzt aufgesteckt.

◄ Abschließend wird auch die Tür noch einmal fein nachgeschliffen und sorgfältig entstaubt. Erst dann wird auch sie geölt.

▲ Bei Ölen der Tür kommt zwangsläufig auch wieder Öl auf die bereits grundierte Füllung. Bei einem eindringenden Öl ist das kein Problem. Benutzen Sie allerdings ein schichtbildendes Öl, müssen Sie darauf achten, dass nur noch ganz wenig Öl auf die Füllung kommt.

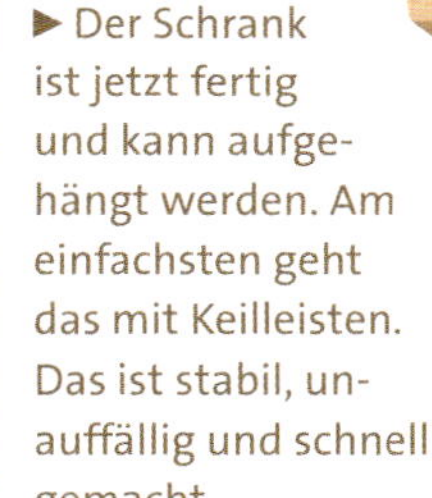

► Der Schrank ist jetzt fertig und kann aufgehängt werden. Am einfachsten geht das mit Keilleisten. Das ist stabil, unauffällig und schnell gemacht.

◄ Wenn das Öl durchgehärtet ist, können Sie die Topfbänder wieder anschrauben. Legen Sie zum Schutz der fertigen Oberfläche ein Tuch oder eine Decke unter.

Keilleisten zum Aufhängen

Keilleisten (in letzter Zeit oft als „French Cleat" bezeichnet) sind eine bewährte Methode um Hängeschränke an der Wand zu befestigen. Man sieht keine Schrauben oder Haken. Die Keilleiste kann große Lasten tragen und man kann sie bei nahezu jedem Wandaufbau benutzen. Sie können sich Ihre Keilleisten aus Holzresten schnell und einfach selbst anfertigen. Allerdings müssen Sie die Leisten bereits bei der Planung Ihrer Möbel berücksichtigen. Denn die Keilleiste benötigt hinter der Rückwand Platz. Die Rückwand muss soweit zurückspringen, dass Sie eine Keilleiste von mindestens zwölf Millimeter Stärke anbringen können.

Wenn sie ganz sicher gehen möchten, drehen Sie nach dem Aufhängen noch eine Schraube von innen, durch die Rückwand in die Wandleiste. Das verhindert, dass der Schrank angehoben werden kann und herunterfällt. Meist ist das aber nicht notwendig. Wer hebt schon einen Hängeschrank einfach so an?

► Für die Keilleisten benötigen Sie zwei Leisten mit einer Länge von 245 Millimetern, einer Stärke von 15 Millimetern und einer Breite von etwa 40 Millimetern. Sie können die Leisten auf die passende Stärke aushobeln, oder einfach mit der Tischkreissäge zuschneiden.

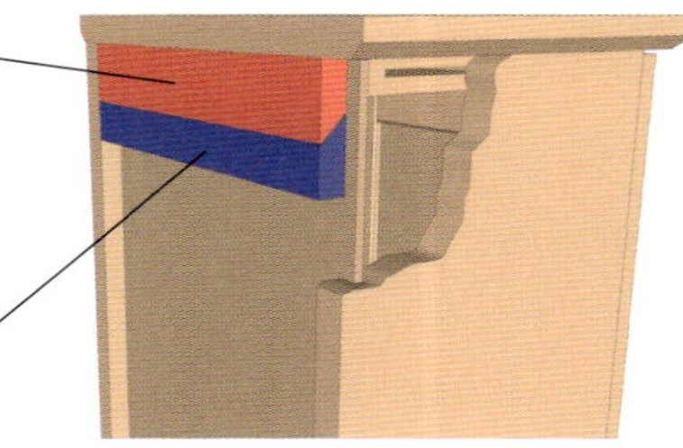

▲ Leimen sie eine Leiste fest an die Rückwand und die obere Platte an. Auf dieser Leiste lastet dann das Gewicht des Schränkchens samt Inhalt. Achten Sie unbedingt darauf, die Leiste richtig herum anzuleimen. Die Schräge muss zur Rückwand zeigen.

► Beide Leisten werden schräg geschnitten. Ein Winkel von 45° funktioniert sehr gut. Schneiden Sie den Winkel nicht ganz spitz. Lassen Sie ruhig einen Millimeter gerade Kante stehen.

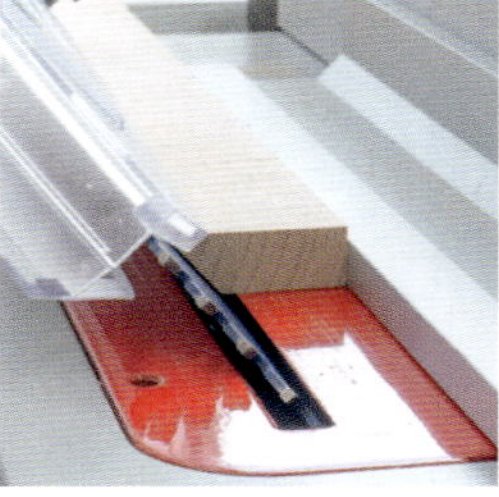

► Das Prinzip der Keilleiste ist sehr einfach. Eine der Leisten wird am Schrank befestigt, die andere an der Wand. Das Schränkchen kann dann einfach auf die an der Wand befestigte Leiste gehängt werden.

► Die zweite Leiste wird direkt an der Wand befestigt. Die Schräge zeigt zur Wand. Das fertige Hängeschränkchen wird dann einfach auf die Wandleiste gehängt. Diese Methode funktioniert auch bei größeren Schränken hervorragend und hat sich seit Jahrzehnten bewährt.

9 Projekt Schrank mit Schubladen

9 Schrank mit Schubladen

Wenn Sie in der Lage sind, selbst Möbel zu bauen, können Sie den Platz in Ihrer Wohnung optimal ausnutzen und mit Einbauschränken auch bisher ungenutzte Ecken in wertvollen Stauraum verwandeln. Ein solches Einbaumöbel ist der im folgenden beschriebene Schrank mit Schubladen. Es nutzt den Platz über einem Lüftungsauslass neben einer Tür perfekt aus.

Aber auch wenn Sie nicht gerade einen solchen Einbauschrank bauen möchten, gibt Ihnen dieses Projekt wertvolles Grundlagenwissen und vermittelt Ihnen noch weitere Arbeitstechniken. So zum Beispiel den Bau von Schubladen oder die Verwendung moderner Beschläge. Als Material wird Stabsperrholz verwendet, landläufig meist als Tischlerplatte bezeichnet (siehe Seite 37). Diese Platten lassen sich auch in der heimischen Werkstatt gut verarbeiten. Sie eignen sich hervorragend zum Bau schlichter Möbel, bei denen keine Rahmen oder sonstigen Hilfskonstruktionen sichtbar sein sollen.

Sie können die Maße deses Schrankes natürlich beliebig abändern, ohne dass es Einfluss auf die Grundkonstruktion hat. Mit vier Füßen oder einem einfachen Sockel versehen kann der Schrank auch auf den Boden gestellt und nicht wie hier gezeigt, aufgehängt werden. Er ist ein gutes Beispiel für die grundlegenden Techniken, die beim Bau von Schränken verwendet werden sollten.

Auf einige Arbeitsschritte, die bereits im vorangegangenen Teil detailliert gezeigt wurden, wird in dieser Bauanleitung nicht mehr eingegangen. Somit baut diese Anleitung auf der vorherigen auf. Wie die Anleitung zum kleinen Hängeschränkchen, ist auch diese hier in mehrere Teile gegliedert und kann daher auch als Nachschlagewerk genutzt werden.

▲ Wenn Sie Einbaumöbel selbst planen und gestalten können Sie den verfügbaren Platz mit Fächern und Schubladen optimal ausnutzen.

◀ Moderne Schubladenbeschläge sind nicht sichtbar. Weder bei geschlossener, noch bei offener Schublade. Darüber hinaus bieten Sie verschiedene Einstellmöglichkeiten und laufen sehr leise.

◀ Eine vorher ungenutzte Ecke können Sie mit einem selbst gebauten Einbaumöbel ganz individuell nutzen und verschönern.

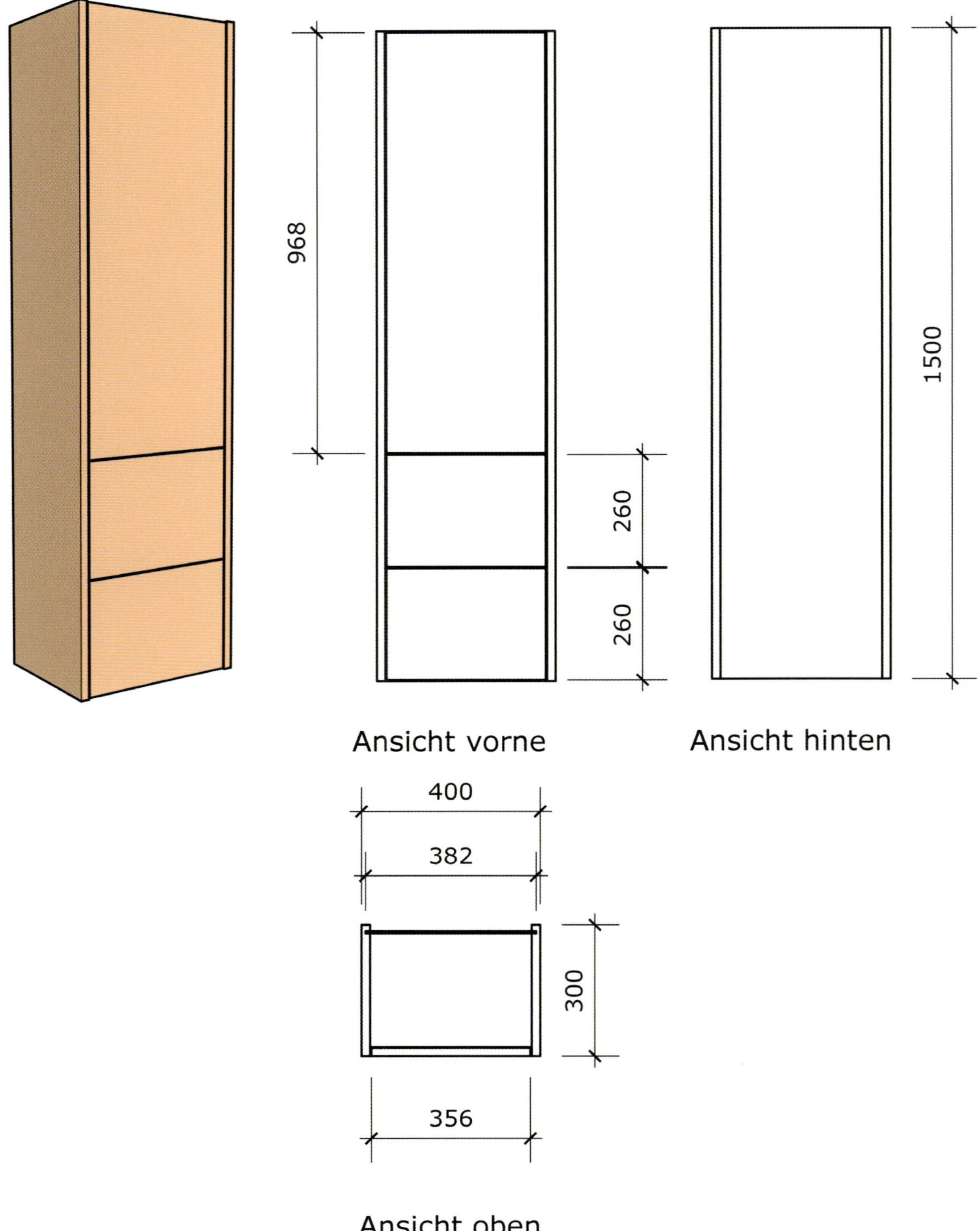
968
260
260
1500
Ansicht vorne
Ansicht hinten
400
382
300
356
Ansicht oben

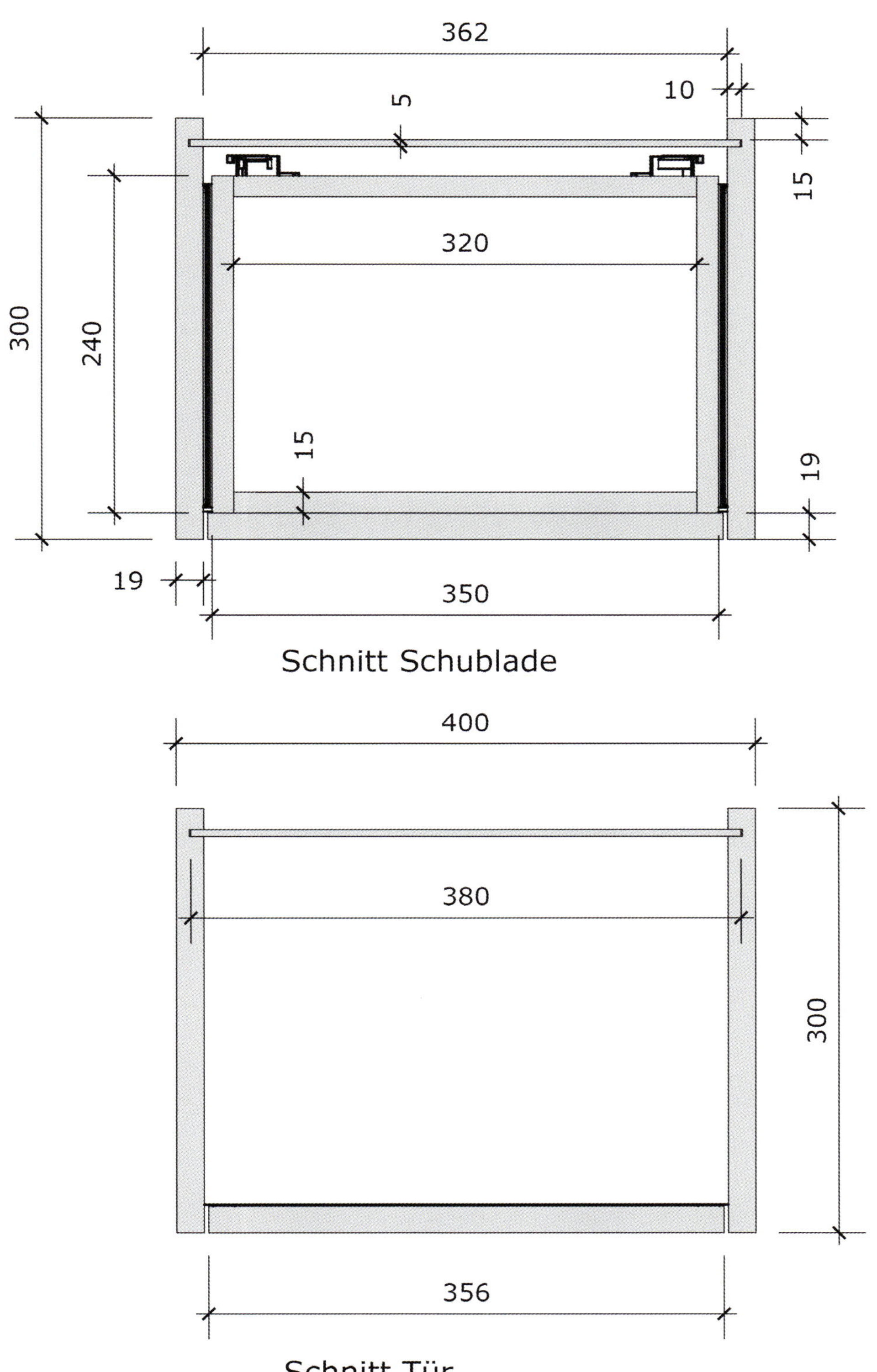
362
10
5
15
320
300
240
15
19
19
350
Schnitt Schublade
400
380
300
356
Schnitt Tür

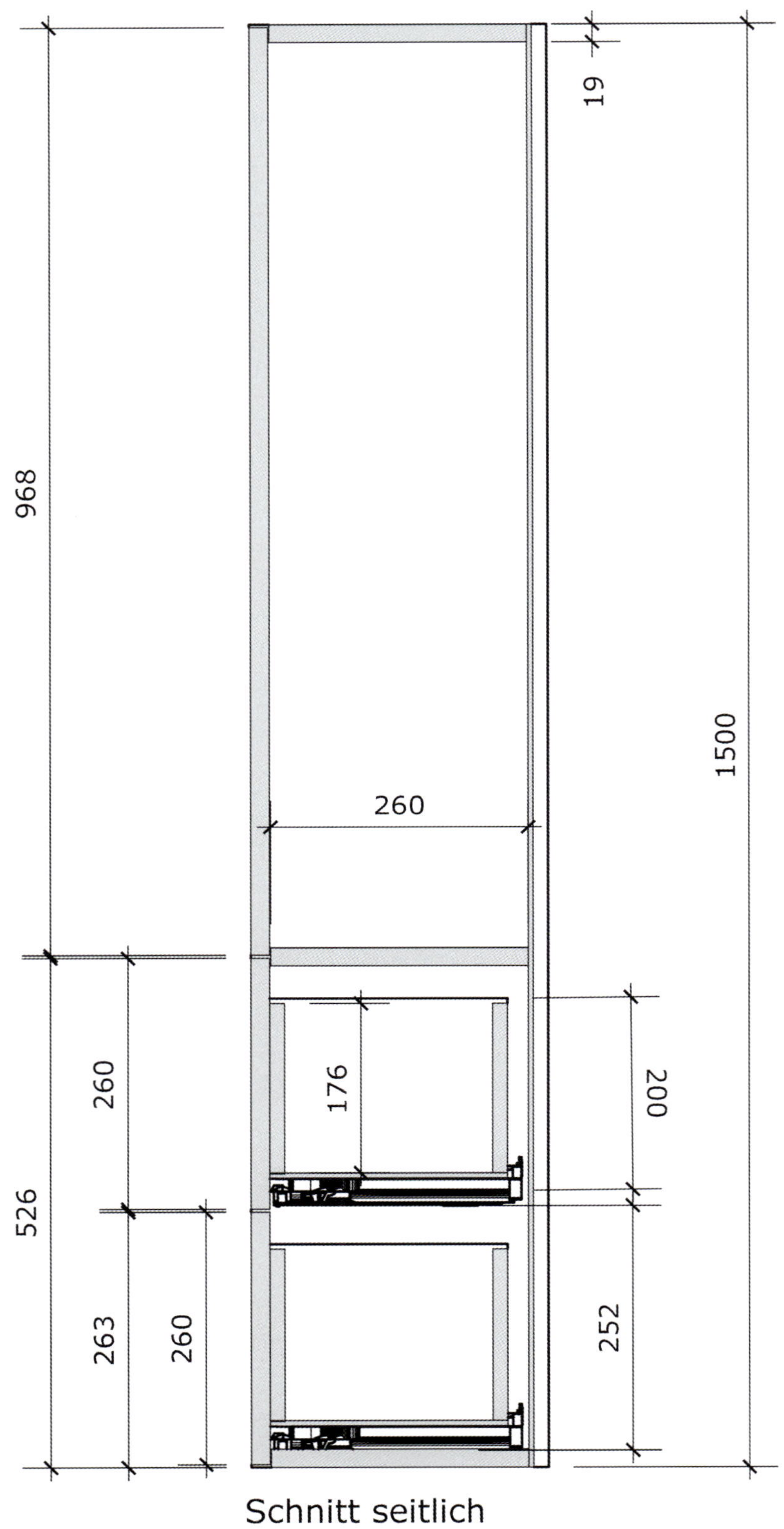

Schnitt seitlich

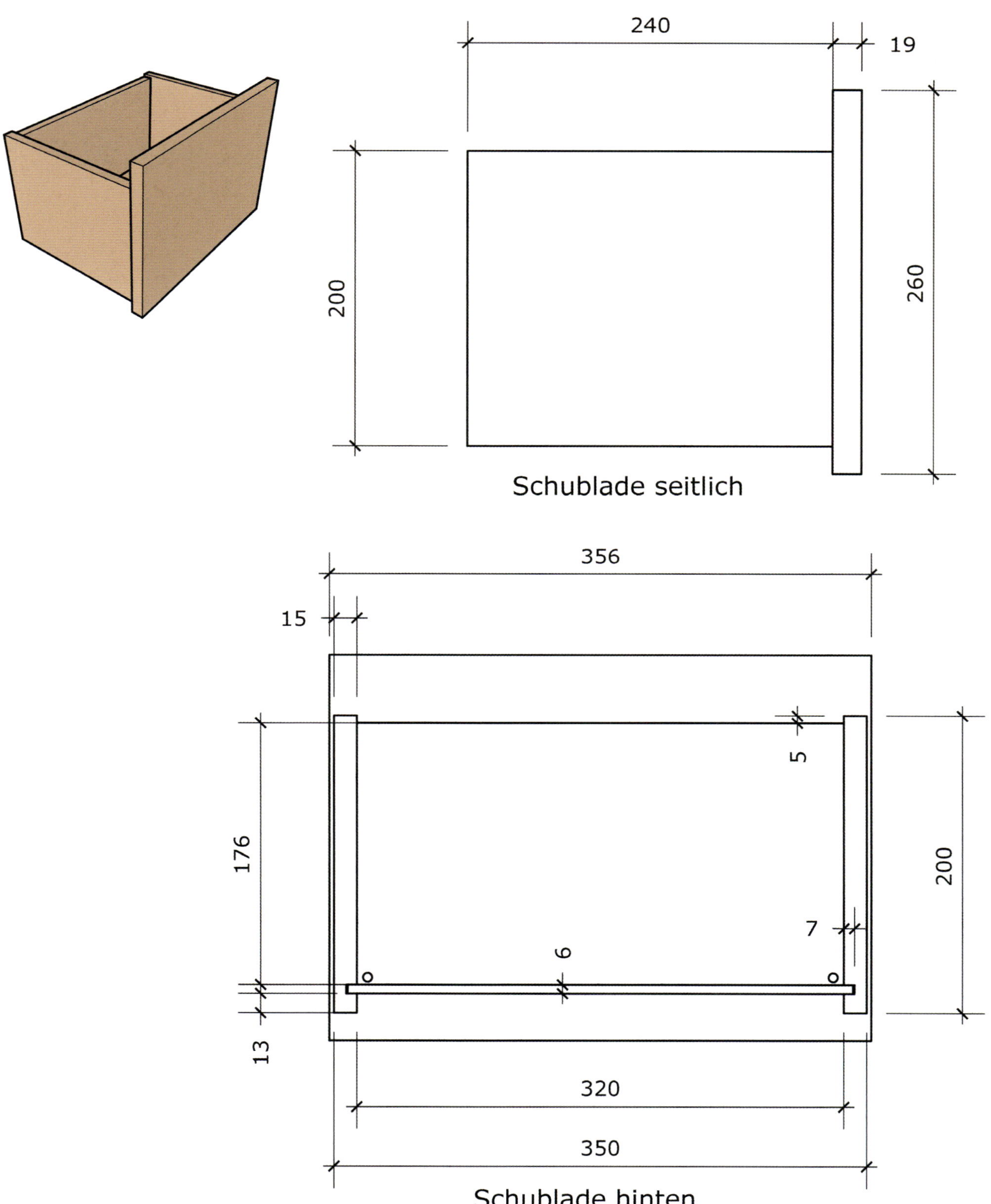
240
19
200
260
Schublade seitlich
356
15
5
176
200
7
6
13
320
350
Schublade hinten

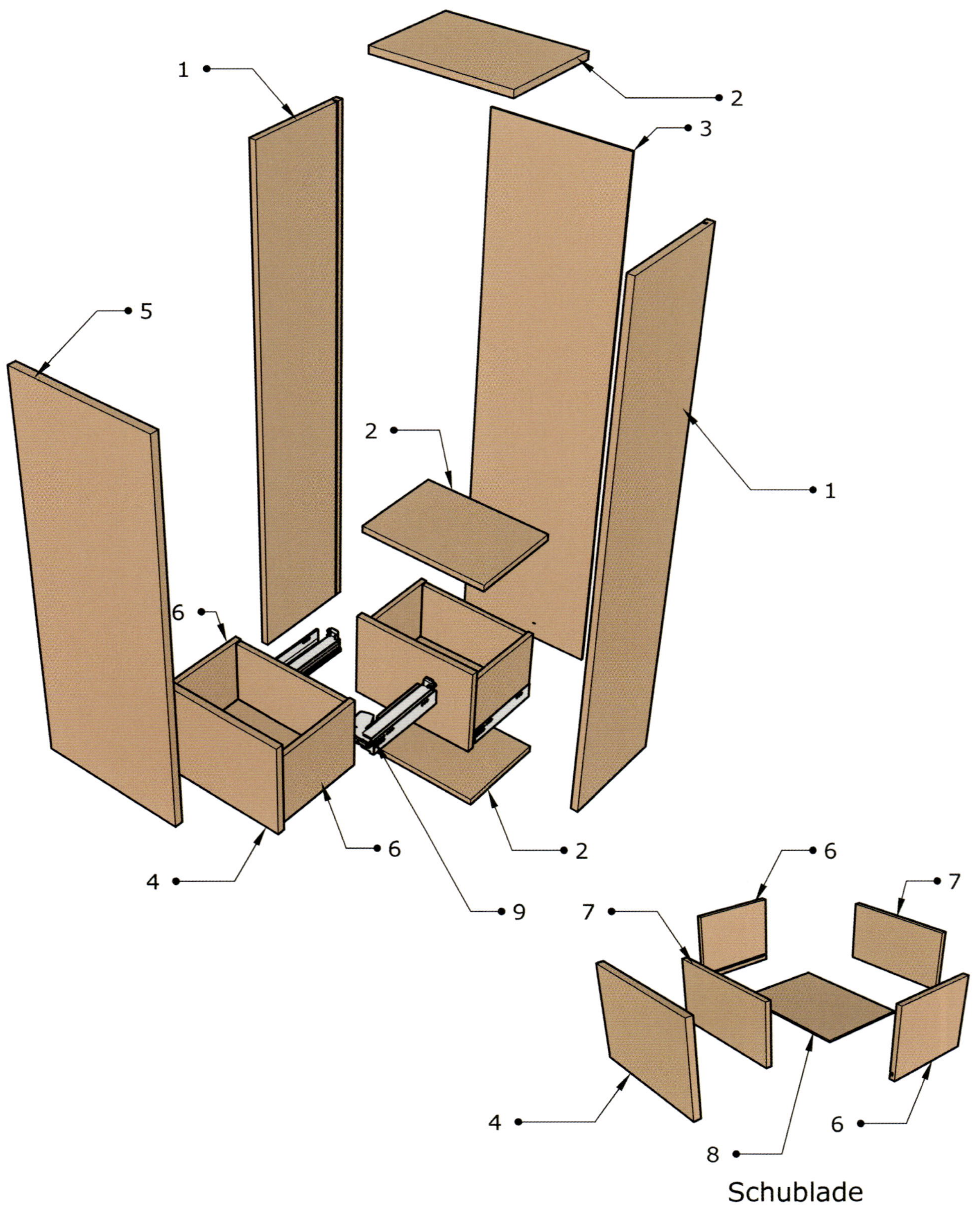
1
2
3
5
2
1
6
6
4
2
9
6
7
7
4
6
8
Schublade

Stückliste

Pos.	Bezeichnung	Länge	Breite	Stärke	Menge	Material
1	Seiten	1500	300	19	2	Tischlerplatte
2	Boden	362	260	19	3	Tischlerplatte
3	Rückwand	1498	380	5	1	Sperrholz
4	Schubladenfront	260	356	19	2	Tischlerplatte
5	Tür	968	356	19	1	Tischlerplatte
6	Seite Schublade	240	200	15	4	Sperrholz
7	Vorne/ hinten Schublade	320	176	15	4	Sperrholz
8	Boden Schublade	332	240	6	2	Sperrholz

alle Maße in Millimeter

Beschläge und Kleinteile

Pos.	Bezeichnung	Hersteller	Art. Nr.	Menge
9	Schubladenführung Movento	Blum	760H2500B	2 Paar
10	Movento Tiefensteller	Blum	298.7600	2 Paar
11	Topfscharnier für einschlagende Tür	Blum	7183750	2
12	Kreuzmontageplatte + Schraube (Höhe 11,5 mm Distanz 3 mm)	Blum	174H7130E	2
13	Bodenträger Hettich Secura 7	Hettich	0 053 012	8
14	Flachdübel Gr. 20			34
15	Systemschraube 6mm	Blum	661.1300.HG	16
16	Spanplattenschraube 3,5 x 17			16
17	Spanplattenschraube 3 x 25 Rundkopf			21
18	Griff nach Wahl			3

Die Kanten belegen

Bei Tischlerplatten müssen Sie sich um die sichtbaren Kanten kümmern. Das bedeutet, dass diese mit Furnier oder Massivholz in der gleichen Holzart wie die Plattenoberfläche beschichtet werden. Sie können diese sogenannten Anleimer selbst zuschneiden und aushobeln oder als Starkfurnierkanten im Holzhandel beziehen. Diese Starkfurnierkanten sind zwei Millimeter dick. Zum Beleimen der Kanten benötigen Sie einige Schraubzwingen. Alle 30 Zentimeter sollten Sie eine Schraubzwinge ansetzen. Bei großen Bauteilen benötigen Sie demnach ausreichend viele Zwingen. Oder andersherum: Die Anzahl Ihrer Zwingen gibt Ihnen die maximale Bauteilgröße vor.

Nehmen Sie zum Beleimen der Kanten einen herkömmlichen Weißleim (D2 oder D3). Es sollte kein Expressleim sein. Denn auch ohne einen extra schnell abbindenden Leim zu verwenden, reicht bei solch dünnen Kanten eine Presszeit von 30 Minuten vollkommen aus.

Beleimt werden alle sichtbaren Kanten. Das wären:

- Längskanten der Seitenteile
- Vorderkanten der Böden (auch Einlegeböden)
- Alle Kanten der Schubladenfronten und der Tür

Arbeiten Sie, so weit es Ihnen möglich ist, mit langen Streifen. So können Sie beispielsweise die drei Böden und die Fronten an einem Stück belassen, während Sie die Längs- beziehungsweise Vorderkanten belegen. Erst nachdem diese Kanten belegt wurden, längen Sie die Teile ab. Bei den Türen müssen Sie nach dem Ablängen auch noch die Querkanten mit einer Starkfurnierkante versehen.

► Zum Belegen der Kanten eignen sich Starkfurnierkanten sehr gut. Sie bekommen diese Kanten überall dort, wo Sie auch die Tischlerplatten kaufen können. Die Kanten sind in der Breite bereits passend zu den Platten und als 50-Meter-Rollen erhältlich.

► Diese dicken Kanten haben den großen Vorteil, dass Sie damit auch solche Fehlstellen in den Plattenkanten stabil überbrücken. Dünne Furnierkanten können das nicht.

► Schneiden Sie die Kanten in der Länge passend zur Länge Ihrer Platten mit einer Handsäge zu. Sie können in der Länge ruhig einige Zentimeter zugeben. Ganz genaues Zuschneiden ist hier nicht nötig.

► Zum Aufleimen der Kanten sind solche Korpuszwingen sehr nützlich. Sie bleiben von alleine auf der Werkbank stehen und Ihre rechtwinkligen mit Kunststoff belegten Spannbacken hinterlassen keine Abdrücke auf Ihren Werkstücken.

◄ Die aufsteckbaren Abstandsklötzchen sind im Lieferumfang der Zwingen enthalten. Auf Ihnen werden die Tischlerplatten aufgelegt. Das macht es Ihnen leichter die aufzuleimende Kante etwas über die Platten überstehen zu lassen.

▲ Damit sich der Pressdruck der Schraubzwingen gleichmäßig auf die dünne Kante verteilt benötigen Sie eine Zulage. Das ist nichts weiter als ein gerades Kantholz, das mit Klebeband belegt ist. Das Klebeband verhindert, dass Ihnen die Zulage am Werkstück anleimt.

◀ Bestreichen Sie die Rückseite mit Leim. Nicht zu dick, aber auch nicht zu wenig. Es muss ein gut sichtbarer Leimfilm auf der Kante sein, der nicht schon trocknet, während Sie den Leim auftragen. Zwei Federzwingen halten Ihre Kante auf der Zulage fest.

▲ Die Zulage muss mindestens so lang sein wie das zu leimende Werkstück. Sie darf auch nicht zu dünn sein, schließlich soll sie ja den Druck übertragen. Eine Stärke von mehr als 40 Millimetern muss die Zulage schon haben.

◀ Auf der Zulage können Sie auch gleich die Kante auflegen und mit Federklemmen fixieren. Es gibt bei den Kanten eine Vorder- und eine Rückseite. Die ungeschliffene Rückseite wird nach oben gerichtet.

◀ Die bestrichene Kante wird mitsamt der Zulage an die Platte angelegt. Sie können dann gleich die Federzwingen entfernen und die Schraubzwingen anziehen.

◀ Die Kante muss auf beiden Seiten über die Fläche der Platte überstehen. Es ist nicht wichtig, dass sie das gleichmäßig tut. Aber ein Überstand muss vorhanden sein. Kontrollieren Sie auch dass die Kante überall dicht an der Platte anliegt. Wenn nicht, setzen Sie dort noch gezielt Schraubzwingen an.

◀ Die Überständer der Anleimer gegenüber der Plattenfläche entfernen Sie am besten mit einem scharfen Einhandhobel. Im Gegensatz zum Fräsen hat das den Vorteil, dass weniger die Gefahr besteht, dass die Massivholzkante ausreißt. Stellen Sie am Hobel nur eine geringe Spanabnahme ein.

◀ Damit sie beim Hobeln die dünne Furnieroberfläche nicht beschädigen, halten Sie den Hobel ein wenig schräg. Übertreiben Sie es aber mit der Schräge nicht. Vor allem dort, wo ein weiteres Bauteil an die Kante stößt, würde eine zu starke Schräge zu einer Fuge werden.

► Kleinste, verbleibende Überstände schleifen Sie beim folgenden Schliff der Fläche einfach mit weg. Die furnierte Oberfläche dürfen Sie nicht zu grob schleifen. Beginnen Sie mit Korn 180 und schleifen Sie anschließend noch mit Korn 240 nach.

► Die Kanten schleifen Sie am besten von Hand mit einem Schleifklotz. Achten Sie darauf den Klotz gerade zu halten und die Kante nicht zu verschleifen. Brechen Sie hierbei auch gleich die scharfen Kanten.

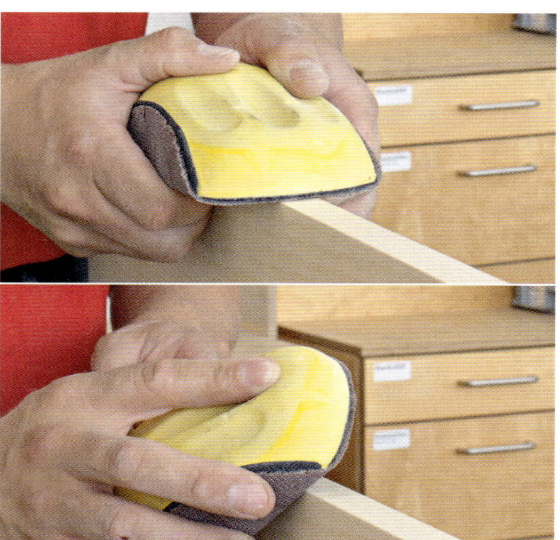

▲ Das Zuschneiden mit der Handkreissäge erfordert eine gute Vorbereitung. Mit einem großen Anschlagwinkel müssen Sie die Führungsschiene genau ausrichten. Außerdem müssen Sie die Länge der Bauteile genau anzeichnen.

► Wenn Sie keine oder nur eine kleine Tischkreissäge haben, können sie die Korpusteile auch mit der Handkreissäge ablängen. Beim Ablängen werden auch gleichzeitig die Anleimer in der Länge bündig zu den Tischlerplatten abgeschnitten.

▲ Damit beim Sägen auch bloß nichts verrutscht ist es notwendig, die Führungsschiene der Handkreissäge mit Schraub- oder Hebelzwingen am Werkstück zu befestigen. Das zu schneidende Werkstück legen Sie dazu am besten auf zwei Werkstattböcke auf.

Verbindungen und Lochreihe

Bei diesem Schrank gibt es einen Mittelboden. Er trennt den oberen Teil mit der Tür vom unteren mit den Schubladen. Die Verbindung zwischen Mittelboden und Seitenwand ist keine Eck-, sondern eine T-Verbindung. Mit einer Flachdübelfräse ist eine solche Verbindung einfach herzustellen. Die Verbindungen zwischen ober- und Unterboden sind wiederum einfache Eckverbindungen. Aufgrund der Länge der Seitenteile müssen diese aber etwas anders gefräst werden als beim Hängeschränkchen.

Das Bohren der Lochreihen unterscheidet sich in zwei Punkten von der Vorgehensweise beim Hängeschränkchen. Zum einen wird die Lochreihe nicht mit einem Abstand von 37 Millimetern zur Vorderkante gebohrt, zum anderen beginnt sie am Mittelboden und nicht am Ende der Schrankseite.

Die Tür und die Schubladenfronten liegen bei diesem Schrank zwischen den Seiten, Man spricht dann von einschlagenden oder innenliegenden Türen (oder Schubladen). Der genaue Abstand der Lochreihe zur Vorderkante der Seitenwand ergibt sich aus der Materialstärke der Tür zuzüglich den üblichen 37 Millimetern. Zum Positionieren der Bohrschablone wird der Mittelboden benötigt. Er wird mit den Flachdübeln auf die Seitenwand aufgesteckt. Die Bohrschablone kann dann am Mittelboden angelegt werden.

▲ Zeichnen Sie die Position der Flachdübel am Boden, dem Deckel und dem Zwischenboden an. Es werden je drei Flachdübel eingesetzt. Einer in der Mitte und zwei weitere jeweils 50 Millimeter von der Kante entfernt.

◀ Den Boden und Deckel stellen Sie dann genau so, wie sie später angeleimt werden, auf die Seitenteile. Achten Sie darauf, die hintere Kante von Boden und Deckel genau an die Kante der Rückwandnut anzulegen. Die Position der Flachdübel übertragen Sie dann auf die Kanten der Seiten.

◀ Zum Fräsen der Flachdübel in die Seitenteile legen Sie diese flach auf die Werkbank. Die Flachdübelfräse wird hochkant auf die Seite gestellt. Der Klappanschlag der Flachdübelfräse liegt an der Kante der Seite an.

Boden und Deckel legen Sie zum Fräsen ebenfalls flach auf die Werkbank. Gefräst wird allerdings in die Stirnseite und nicht in die Brettfläche. Der Klappanschlag der Flachdübelfräse liegt beim Fräsen auf der Brettfläche auf.

◀ Der Mittelboden wird etwas anders gefräst. Dazu zeichnen Sie zunächst die genaue Position des Bodens auf den Seiten an. Zeichnen Sie die Position nur an einer der beiden Seiten an und übertragen Sie diese dann mit einem Anschlagwinkel auf die zweite Seite.

► Stellen Sie nach dem Anzeichnen den Mittelboden auf die Seite. Genau an die Position, an der dieser später eingeleimt werden soll.

▲ Legen Sie jetzt die Flachdübelfräse mit der Grundplatte an den Mittelboden an. Der Klappanschlag bildet die Auflagefläche für die Maschine, mit der sie auf der Schrankseite aufliegt. So werden die Flachdübel in die Seitenwand eingefräst.

► Jetzt klappen Sie den Boden um und legen ihn auf die Seitenwand. Aber wieder ganz genau an die Markierungen. Spannen Sie den Boden in dieser Position auf der Seite fest. Zwei untergelegte Leisten werden Ihnen das Festspannen erleichtern.

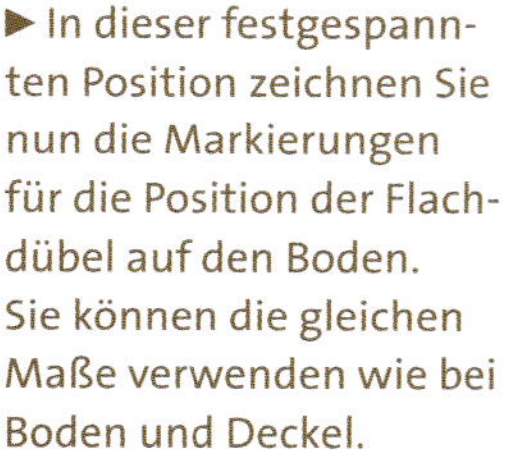

► In dieser festgespannten Position zeichnen Sie nun die Markierungen für die Position der Flachdübel auf den Boden. Sie können die gleichen Maße verwenden wie bei Boden und Deckel.

▲ Die drei Flachdübel in den Mittelboden fräsen Sie mit der auf der Seite aufliegenden Flachdübelfräse ein. Auf diese Weise passen die Flachdübel und alle Abstände ganz perfekt.

▲ Zum Bohren der Lochreihe wird die Bohrschablone am Mittelboden angelegt. Dadurch können Sie ganz einfach alle vier Lochreihen auf der gleichen Höhe bohren. Als Abstandhalter zur Vorderkante hin nehmen Sie ein Reststück Tischlerplatte. Es schafft genau den benötigten Rücksprung, entsprechend der Türstärke.

◀ Die Lochreihen sind länger als die Schablone. Zum passgenauen Weiterbohren stecken Sie einfach einen 5-Millimeter-Bohrer durch die Bohrhülse der Schablone. Das Ende des Bohrers stecken Sie in eines der letzten Löcher der gebohrten Lochreihe. So wird die Schablone wieder genau im 32-Millimeter-Raster positioniert.

◀ Am Ende wird die Bohrschablone wieder mit Hilfe eines Reststückes als Abstandhalter festgezwingt. Die Lochreihen werden in beide Seiten jeweils vorne und hinten gebohrt. Alle vier Lochreihen werden gleich gebohrt.

▲ Die Lochreihe muss nicht direkt am Mittelboden beginnen. Lassen Sie das unterste Loch weg. In die beiden ersten und die letzten beiden Bohrungen der Lochreihe werden später die Montageplatten für die Topfbänder eingesetzt. die Bohrtiefe beträgt 14 Millimeter.

◀ Die Lochreihen an der Hinterkante der Seiten werden genau so gebohrt wie die an den Vorderkanten. Statt die Schablone mit einem Reststück zu positionieren, legen Sie diese jedoch direkt an der Rückwandnut an.

Lackierung und Zusammenbau des Korpus

Auch bei diesem Möbelstück macht es Sinn, die Innenseiten vor dem Verleimen des Korpus zu lackieren. Wenn sie sich dazu entschließen, auch die Außenseite mit diesem Lack zu behandeln, spricht nichts dagegen, auch dies vor dem Verleimen zu machen.

Anders als beim kleinen Hängeschränkchen benötigen Sie zum Verleimen dieses Korpus mehrere große Schraubzwingen. Sogenannte Korpuszwingen sind zwar teurer als herkömmliche Schraubzwingen, bieten aber gleich mehrere Vorteile: Sie benötigen keine Zulagen, um Ihre Werkstücke vor Druckstellen zu schützen. Korpuszwingen sind viel einfacher gerade anzusetzen und sie neigen weniger dazu, einen Korpus aus dem rechten Winkel zu drücken. Mit sechs dieser Zwingen in einer Länge von 100 Zentimetern sind Sie bereits gut ausgestattet.

Die Rückwand besteht aus einem fünf Millimeter dicken Sperrholz und ist wie beim Hängeschränkchen seitlich eingenutet. Auch sie wird erst nach dem Verleimen des Korpus eingesetzt und Sie drücken mit Ihr den Schrank in den genauen rechten Winkel. So weit also nichts Neues.

► Die Innenseiten des Korpusses werden mit Wasserlack behandelt. Wie bereits beim Hängeschränkchen müssen Sie die Leimflächen abkleben.

► Das Verleimen des Korpusses müssen Sie gut vorbereiten. Dazu gehört auch, dass Sie die Flachdübel in die Böden einleimen. Überschüssiger Leim muss abgewischt werden. Die Flachdübel müssen mittig in den Schlitzen sitzen.

▲ Geben Sie den Leim dort an, wo er nicht stört, wenn er austritt. In die Fräsungen für die Flachdübel müssen Sie ebenfalls Leim geben. Die Rückwand wird nicht eingeleimt, aber beim Verleimen des Korpus eingesteckt.

◀ Um den Korpus in den rechten Winkel zu bekommen setzen Sie eine Zwinge schräg an, bis der Winkel stimmt. In dieser Position schrauben Sie dann die Rückwand auch am Deckel fest. Nach dem Lösen der Zwinge bleibt der Korpus im Winkel.

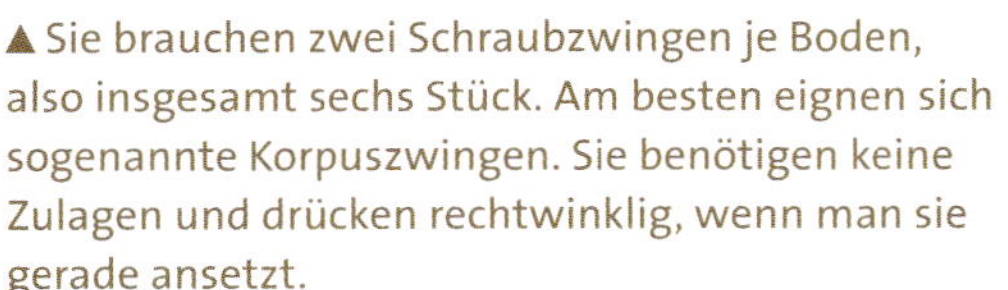

▲ Sie brauchen zwei Schraubzwingen je Boden, also insgesamt sechs Stück. Am besten eignen sich sogenannte Korpuszwingen. Sie benötigen keine Zulagen und drücken rechtwinklig, wenn man sie gerade ansetzt.

▲ Wenn der Leim ausgehärtet ist, können Sie die Rückwand verschrauben. Sie wird vorgebohrt und am Boden festgeschraubt. Besonders gut hält die Rückwand, wenn Sie Flachkopfschrauben verwenden. Wenn sie den Schrank mit Keilleisten an die Wand hängen funktioniert das mit den Flachkopfschrauben jedoch nicht, dann müssen Sie Senkkopfschrauben verwenden.

▲ Die genaue Position der Schrauben für die Mittelwand müssen Sie sich anzeichnen und dann vorbohren. Anschließend verschrauben Sie die Rückwand auch mit diesem Boden. Drei Schrauben je Boden reichen aus, um die Rückwand fest mit dem Korpus zu verbinden.

Bau der Schubladen

Wenn Sie sich die Konstruktion der Schubladen ansehen, stellen sie fest, dass die Schubladen genau so gebaut werden wie der Korpus. Die Bauweise mit der seitlich eingenuteten Rückwand (bei der Schublade ist das der Boden) hat sich bewährt, ist einfach und effektiv. Es spricht also einiges dafür, dass Sie Ihre Schubladen genau so bauen wie die Korpusse.

Die in der Zeichnung angegebenen Maße für die Schublade passen genau zum angegebenen Beschlag. Wenn sie einen anderen Beschlag verwenden, müssen Sie eventuell die Maße der Schubladen anpassen. Die genauen Planungsangaben erhalten Sie beim Beschlaghersteller, in dessen Katalogen oder Montageanleitungen. Kaufen Sie im Zweifelsfall erst die Beschläge, prüfen Sie noch einmal alle Maße und legen Sie erst dann die Details Ihrer Konstruktion und die Abmessungen der Schubladen fest.

Und genau wie beim Korpus ist es auch bei den Schubladen viel einfacher, wenn Sie die Einzelteile lackieren und erst dann verleimen.

► Die Teile für die Schubladen werden zunächst auf die passende Breite geschnitten. Trennen Sie die Einzelteile aber noch nicht auf, sondern lassen Sie diese noch in Streifen von ca. 1300 Millimetern Länge. Diese Streifen lassen sich einfacher schleifen als kurze Einzelteile. Schleifen sie alle Teile bis zur Körnung 240.

► Auch die Kanten können Sie vor dem Ablängen der Schubladenteile an den langen Streifen glatt schleifen und die scharfen Kanten brechen. Erst danach bringen Sie die Schubladenteile auf die richtige Länge.

► Die Einzelteile der beiden Schubladen verbinden sie wieder mit Flachdübeln. Der Abstand der Dübel zu den Kanten der Vorder- und Hinterstücke beträgt 50 Millimeter. So passen je zwei Flachdübel in jede Ecke.

▼ Die Position der beiden Flachdübel übertragen Sie auf die Seitenteile. Halten sie dabei die Vorder- und Hinterstücke bündig mit der Bodennut. So müssen Sie die Nut selbst beim Verbinden nicht berücksichtigen. Der richtige Abstand ergibt sich von ganz alleine.

▲ Zum Fräsen der Vorder- und Hinterstücke legen Sie den Klappanschlag der Flachdübelfräse auf die Außenseite der Teile auf. Zum Verbinden kommen Flachdübel der Größe 20 zum Einsatz. Stellen Sie die Frästiefe entsprechend ein.

▲ Die Schubladenteile lackieren Sie vor dem Verleimen. Die Leimflächen werden abgeklebt. Lackieren Sie die Schubladenteile innen und außen je zwei mal. Zwischen den beiden Lackaufträgen müssen Sie einen Zwischenschliff mit Korn 320 machen.

◀ Die Seitenteile spannen Sie am einfachsten hochkant ein. So können Sie die Fräse ebenfalls mit dem Klappanschlag auflegen. Je nach Modell können Sie an Ihrer Flachdübelfräse einen Zusatzanschlag montieren, der eine bessere Auflage der Fräse bei diesem Arbeitsgang ermöglicht.

▲ Nachdem auch die zweite Schicht Lack getrocknet ist, können Sie die Schubladen verleimen. Den Boden sollten Sie dabei unbedingt auch mit einbauen, aber nicht verleimen. Der eingebaute Boden verhindert, dass die Vorder- und Rückteile verrutschen.

Einbau der Schubladen

Der Einbau der Schubladenbeschläge ist im Prinzip sehr simpel. Die Schienen werden einfach an die Seitenwand geschraubt. Sie müssen keine Bohrlöcher ausmessen, sondern arbeiten direkt mit der Schiene. Das funktioniert aber nur dann, wenn Sie einen Zentrierbohrer benutzen. Er kam bereits beim kleinen Hängeschränkchen zum Einsatz. Für die Verarbeitung der Beschlagmontageschrauben (Euroschrauben) gibt es solche Bohrer mit einem Durchmesser von fünf Millimetern. Sie können aber auch einen dünneren Zentrierbohrer benutzen um die Löcher genau vorzukörnen. Anschließend bohren Sie noch mit einem Holzbohrer mit fünf Millimetern Durchmesser nach.

An den Schubladen werden noch Bohrungen zur Befestigung der Kupplungen und der hinteren Rastung benötigt. Die meisten Hersteller von Beschlägen bieten hierfür passende Bohrschablonen an. Es ist durchaus ratsam ein paar Euro in den Kauf dieser Schablonen zu investieren. Mit den Schablonen stellen Sie sicher, dass die Löcher und damit Ihre Schubladen, auch wirklich passen. Wie die Schablonen genau verwendet werden, ist je nach Hersteller unterschiedlich. Den Schablonen liegen in der Regel genaue Bedienungsanleitungen bei.

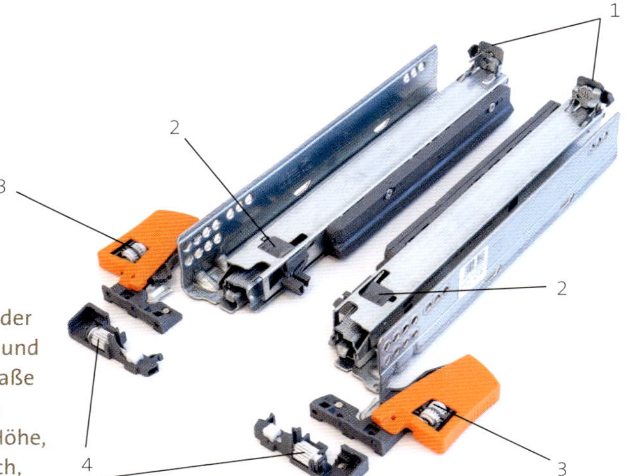

► An modernen Beschlägen kann man die Position der Schubladenfront und somit die Spaltmaße genau einstellen: (1) Neigung, (2) Höhe, (3) Position seitlich, (4) Tiefe

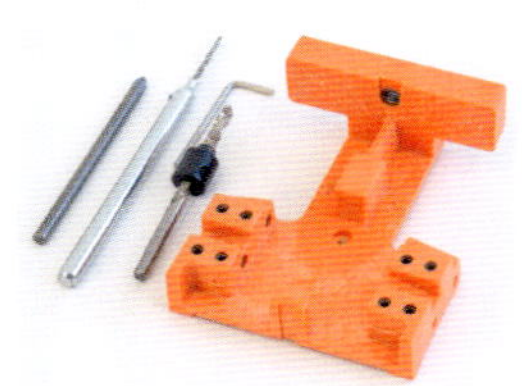

◄ Die Bohrschablone passend zu den Auszügen (Blum, Art.Nr. T65.1000.02) erleichtert die Montage der Schubladen sehr.

▲ Die Beschläge werden jetzt in den Schrankkorpus geschraubt. Das untere Paar legen Sie auf den Schrankboden auf und bohren die Befestigungslöcher mit einem 5-Millimeter-Zentrierbohrer 14 Millimeter tief vor.

▲ Die Vorderkante des Beschlages liegt bündig mit der Vorderkante des Schrankbodens. Befestigt werden die Beschläge mit Beschlagmontageschrauben (Euroschrauben) 6,3 x 14 Millimater

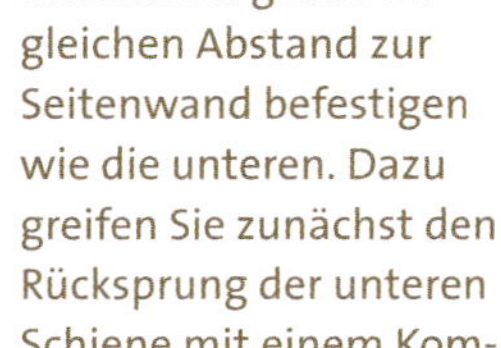

► Die oberen Schienen müssen Sie genau im gleichen Abstand zur Seitenwand befestigen wie die unteren. Dazu greifen Sie zunächst den Rücksprung der unteren Schiene mit einem Kombiwinkel ab.

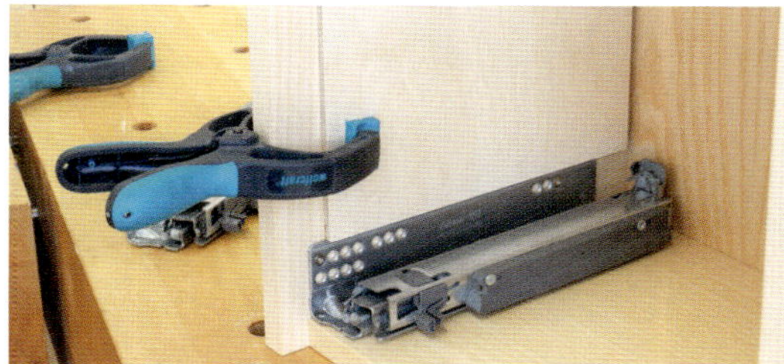

◄ Für den korrekten Abstand (208 Millimeter) der Schubladenbeschläge zueinander sorgt ein passend zugeschnittenes Stück Sperrholz. Klemmen Sie es mit einer Federklemme an der Schrankseite fest.

◄ Mit dem eingestellten Kombiwinkel als Abstand zur Vorderkante legen Sie nun den Beschlag auf das Sperrholz auf. Mit einer Federklemme fixieren Sie den Beschlag und befestigen Ihn wieder mit Hilfe des Zentrierbohrers und den Euroschrauben.

▲ Gehen Sie beim Einbau der Schubladenböden genau so vor, wie beim Einbau der Rückwand in den Korpus. Drücken sie die Schublade bei Bedarf mit einer Zwinge in den rechten Winkel, während Sie den Boden verschrauben.

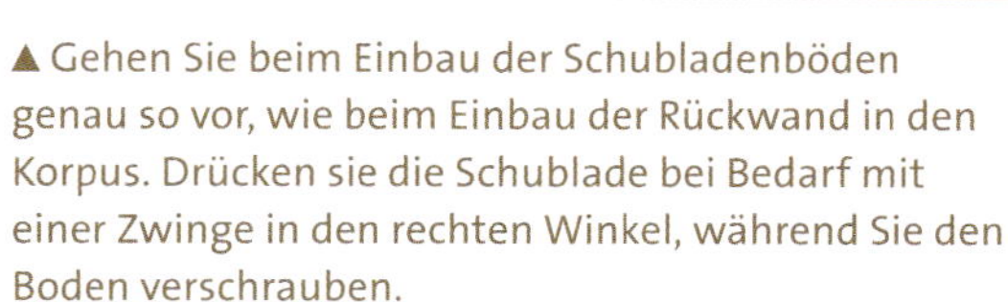

▲ Die Schraubenlöcher im Schubladenboden müssen Sie vorbohren. Bleiben Sie mit den beiden äußeren Schrauben etwa 80 Millimeter von der Schrankseite weg. Diesen Abstand brauchen Sie, damit sich die beiden Kupplungsstücke gut befestigen lassen.

Für den Einbau der hier verwendeten Beschläge ▲ benötigen Sie eine passende Bohrschablone. Mit dieser Schablone bohren Sie zwei Löcher für die Neigungsverstellung in das Hinterstück der Schublade. Die Bohrtiefe beträgt 12 Millimeter und wird am Tiefenstopp des Bohrers eingestellt.

▶ Die gleiche Schablone wird verwendet, um die Schrauben zur Befestigung der Kupplungsstücke vorzubohren. Ein spezieller Halter für einen dünnen Bohrer liegt der Schablone bei. Die Schablone wird bündig mit der Front der Schublade und dicht an die Seite gehalten.

▶ Anschließend können Sie die Kupplungsstücke mit je zwei Schrauben 3,5 x 17 in den vorgebohrten Löchern befestigen.

▲ Die Montage der Schubladen im Schrank ist jetzt ganz einfach: Sie müssen die Schublade nur auf die Beschlagschienen aufsetzen und nach hinten schieben. Die Schublade rastet in den Kupplungsstücken ein.

▶ Zum Schluss werden noch die Tiefensteller auf die Kupplungsstücke aufgesteckt und mit einer Schraube 3,5 x 17 befestigt. Diese Tiefensteller sind besonders wichtig, wenn die Schublade wie hier zwischen die Seiten schlägt. Mit diesen Einstellern können Sie die Schublade später genau bündig zur Seitenwand des Schrankes einstellen.

Einbau der Tür

Wie die Schubladenfronten liegt auch die Tür zwischen den Seiten des Schrankes. Daher kann zum Übertragen der Position der Türen die beim Bau des kleinen Hängeschrankes verwendete Schablone nicht verwendet werden. Sie müssen die genaue Position messen und übertragen. Bei diesem Projekt kommt auch eine Schablone zum Bohren der Löcher für die Topfbänder zum Einsatz. Solche Schablonen machen den Einbau der Scharniere um einiges leichter. Sie lohnen sich dann, wenn man diese Scharniere öfter verwendet. Die hier gezeigte Schablone kann unabhängig vom Hersteller der Scharniere verwendet werden.

▲ Nun legen Sie die Tür so an die Schrankseite, wie sie später auch befestigt werden soll. Zwei untergelegte Kanthölzer erleichtern das und schützen gleichzeitig den Schrank und die Tür vor Beschädigungen.

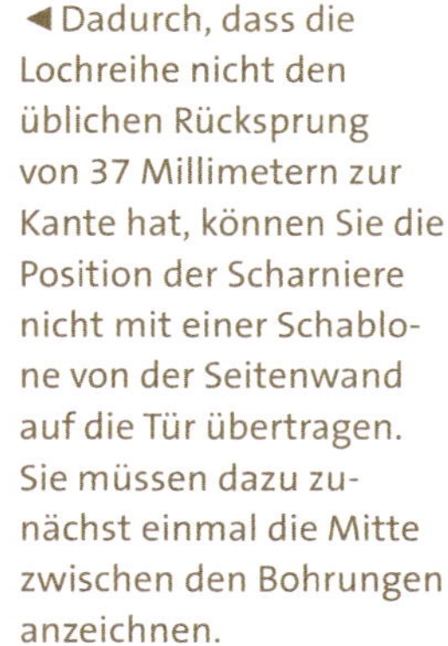

◄ Dadurch, dass die Lochreihe nicht den üblichen Rücksprung von 37 Millimetern zur Kante hat, können Sie die Position der Scharniere nicht mit einer Schablone von der Seitenwand auf die Tür übertragen. Sie müssen dazu zunächst einmal die Mitte zwischen den Bohrungen anzeichnen.

▲ Anschließend ziehen Sie sich diesen Mittelpunkt mit einem Winkel auf die Kante. Damit Sie die Bleistiftstriche nicht auf der frisch lackierten Oberfläche haben, kleben Sie den Bereich zuvor mit Malerkrepp ab.

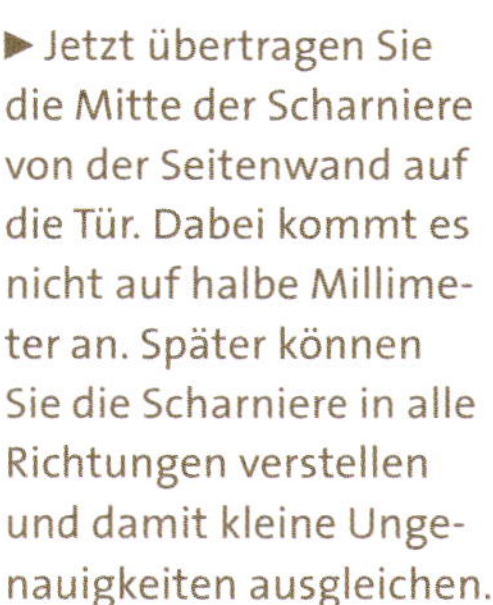

► Jetzt übertragen Sie die Mitte der Scharniere von der Seitenwand auf die Tür. Dabei kommt es nicht auf halbe Millimeter an. Später können Sie die Scharniere in alle Richtungen verstellen und damit kleine Ungenauigkeiten ausgleichen.

► Wie bereits bei der Bauanleitung zum kleinen Hängeschränkchen gezeigt wurde, können Sie nun die Bohrung für das Scharnier anzeichnen und mit einem Forstnerbohrer einbringen. Oder Sie benutzen eine solche Bohrschablone (Hersteller: Kreg).

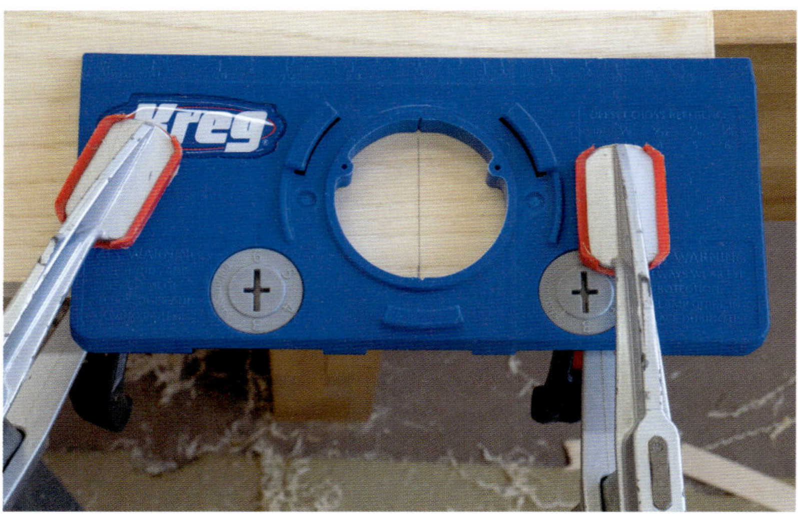

▲ Die Scharniere montieren Sie genau so wie beim kleinen Schränkchen. Damit Sie sicher sein können, dass alles passt, hängen Sie die Tür einmal ein.

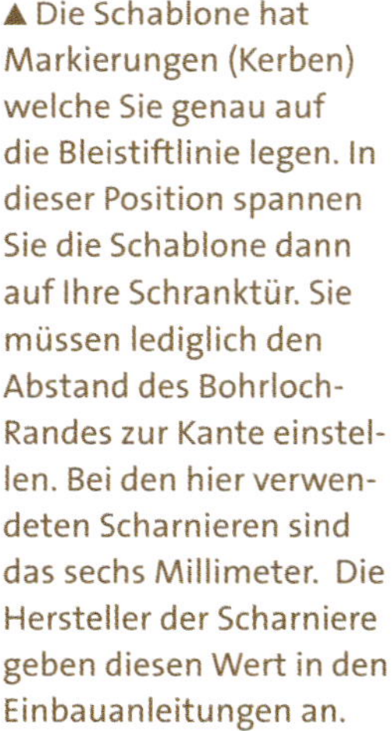

▲ Die Schablone hat Markierungen (Kerben) welche Sie genau auf die Bleistiftlinie legen. In dieser Position spannen Sie die Schablone dann auf Ihre Schranktür. Sie müssen lediglich den Abstand des Bohrloch-Randes zur Kante einstellen. Bei den hier verwendeten Scharnieren sind das sechs Millimeter. Die Hersteller der Scharniere geben diesen Wert in den Einbauanleitungen an.

◄ Jetzt müssen Sie nur noch den Bohrer mit einer Art Bohrglocke mit einem Bajonettverschluss an die Schablone koppeln und bis zum Tiefenanschlag bohren – Fertig.

Anbringen der Schubladenfronten

Die Schubladenfronten werden nach dem Einbau der Schubladen und der Montage der Tür angebracht. Sie müssen genau ausgerichtet und von innen verschraubt werden. Ein sehr gutes Hilfsmittel für das Ausrichten und positionieren der Fronten sind sogenannte Glaserklötze. Sie bekommen diese Kunststoffklötzchen (hier rot) in unterschiedlichen Stärken im Baustoffhandel oder im Baumarkt.

Die Schubladen bekommen natürlich auch Griffe, die Sie am besten montieren, bevor Sie die Schubladenfronten anschrauben. Sie können die Front dann einfach am Griff festhalten. Bei hohen Schubladenfronten hat es sich bewährt, die Schubladengriffe genau ein Drittel der Gesamthöhe von der Oberkante aus zu befestigen. Das ergibt eine schöne Optik. Seitlich werden die Griffe dann vermittelt. Da die Fronten samt Griffen auf die Schubladen geschraubt werden, dürfen die Befestigungsschrauben der Griffe natürlich nicht überstehen und müssen versenkt werden.

◀ Mit sogenannten Glaserklötzen unterlegen sie die Schubladenfront um drei Millimeter, während der Schrank selbst auf einer ebenen Unterlage steht. Stecken Sie solche Klötze auch als Abstandhalter zwischen Schubladenfront und Seitenwand. Ihre Front ist dadurch ganz genau positioniert und Sie können Sie mit zwei Klemmzwingen an der Schublade fixieren.

◀ Jetzt verschrauben Sie die Schubladenfront von innen mit der Schublade. Dazu nehmen Sie die Schublade am besten aus dem Korpus heraus. Wenn Sie Schrauben 3x 30 Millimeter mit Rundkopf verwenden können, Sie die Front auch nach dem Verschrauben noch minimal verschieben, sollte es notwendig sein.

▲ Bevor Sie die Schubladenfronten anbringen, montieren Sie noch die Griffe. Die Befestigungsschrauben dürfen nicht überstehen. Verwenden Sie Senkschrauben, die Sie bündig mit der Rückseite der Fronten versenken.

◀ Die zweite Front wird anhand der untersten positioniert. Ziehen Sie die untere Schublade heraus, legen Sie Abstandklötze auf die Front und vor allem auch wieder unter die Front. Ziehen Sie die zweite Schublade jetzt auch heraus.

◀ Die zweite Front stellen Sie jetzt auf die Klötze auf der unteren auf. Achten Sie darauf, dass beide Fronten seitlich genau fluchten. Die Front können Sie nun wieder mit Zwingen an der Schublade befestigen, die Schublade herausziehen und die Front verschrauben.

◀ Zur Befestigung der Schubladenfronten müssen Sie vier Bohrungen mit einem Durchmesser von 3,5 Millimetern in die Vorderstücke der Schubladen machen. Bohren Sie nicht zu weit in den Ecken. Sie müssen später von innen her Schrauben und brauchen Platz für den Akkuschrauber.

► Ölen Sie die Fronten und die Außenseiten des Korpus. Lassen Sie die Oberflächen gut aushärten, bevor Sie den Schrank mit allen seinen Teilen wieder zusammenbauen.

Die letzten Arbeiten am Schrank

Nachdem der ganze Schrank einmal komplett zusammengebaut und die Schubladen ausgerichtet wurden, wird er auch schon wieder zerlegt. Die Außenseiten des Korpus und die Fronten müssen schließlich noch geölt werden. Prüfen Sie vor der Oberflächenbehandlung noch einmal alle Teile nach. Gegebenenfalls müssen Sie noch den einen oder anderen Bleistiftstrich entfernen oder Kanten brechen.

Erst wenn die Oberflächen richtig getrocknet sind, montieren Sie wieder die Schubladen, die Tür und die Fronten.

Wenn Sie einen solch großen Schrank mit Keilleisten an die Wand hängen möchten, reicht nur eine solche Leiste, wie beim kleinen Hängeschrank gezeigt, nicht aus. Sie benötigen dann noch eine zweite Leiste, die Sie mit dem Mittelboden verschrauben können. Zwei Keilleisten helfen nicht nur dabei das Gewicht gleichmäßig zu verteilen, sie halten den Schrank auch dicht an der Wand. Vor allem bei nicht ganz geraden Wänden spielt das eine wichtige Rolle.

► Zum Aufhängen bekommt der Schrank gleich zwei Keilleisten. Eine wie beim kleinen Hängeschrank auch, am oberen Boden und eine weitere in Höhe des Mittelbodens. Die Position der zweiten Leiste müssen Sie genau ausmessen.

► Übertragen Sie sich das Maß auf die Rückwand und bringen Sie die Leiste so an, dass die Befestigungsschrauben in den Mittelboden gedreht werden. Mit zwei solcher Keilleisten können Sie problemlos auch Schränke mit hohem Gewicht an die Wand hängen.

► Zum Schluss montieren Sie die Griffe und Scharniere. Die Schubladenfronten schrauben Sie wieder von innen an die Schubkästen. Drehen Sie die Schrauben dazu einfach wieder in die bereits vorhandenen Löcher.

Zum Weiterlesen

Heiko Rech schreibt einen Blog auf seiner eigenen Website: https://kurswerkstatt-saar.de
Sein inzwischen beendeter Blog bei HolzWerken ist weiterhin abrufbar:
http://www.holzwerken.net/Blog/Heiko-Rech

Die **Zeitschrift HolzWerken** bietet in 7 Ausgaben pro Jahr umfangreiche Informationen rund um die Themen Möbelbau und Drechseln. Wissensartikel, Produkttests, Werkstattberichte und natürlich Projekte zum Nachbauen sorgen dafür dass dem Leser die Ideen nicht ausgehen.

Alle genannten Titel sind bei Holzwerken erschienen, ein Imprint von Vincentz Network. Erhältlich überall im Buchhandel und in unserem Online-Shop: www.holzwerken.net/shop

Holz

Terry Porter, Holz erkennen und benutzen.
Ein Nachschlagewerk für die Praxis
bietet ausführliche Informationen zu 200 Holzarten und weitere 200 Arten in tabellarischer Form dar.

Werkzeuge

Guido Henn, Handbuch Elektrowerkzeuge.
Sägen, schleifen, bohren.
Eine sehr ausführliche Darstellung der nicht-stationären Elektrowerkzeuge. Enthält auch ein Kapitel über die nötigen Handwerkzeuge.

Roland Johnson, Bandsägen.
Einrichten – beherrschen – ausreizen.
Eine ausführliche und herstellerunabhängige Darstellung der Möglichkeiten der Bandsäge.

Guido Henn, Handbuch Oberfräse.
Auswählen – bedienen – beherrschen.
Ausführliche Darstellung des vielseitigsten Elektrowerkzeuges.

Möbelbau

Andy Rae, Möbelbau.
Grundlagen, Konstruktionen, Tricks & Kniffe.
Auf über 300 Seiten zeigt dieses Buch alle relevanten Konstruktionen, die im Möbelbau immer wiederkehren: Korpuskonstruktionen, Türen, Rahmenkonstruktionen, Tischplatten sowie Sockel und Füße.

John Bullar, Perfekte Verbindungen.
34 stabile und formschöne Lösungen für den handwerklichen Möbelbau.

Doug Stowe, Kästen und Schachteln.
Perfekt konstruieren und bauen.
Kastenbau ist Möbelbau im Kleinen: Korpus- und Deckelkonstruktionen, Einlagen, Schubladen, Beschläge.

Oberfläche

Heiko Rech, Melanie Kirchlechner, Werkstatt-Kurs Oberfläche.
Ein 120-Minuten Video-Kurs

Melanie Kirchlechner, Oberflächen behandeln.
Grundwissen, Materialien, Techniken.
Bietet eine Darstellung aller gängigen Behandlungsmittel und eine kritische Übersicht über die am Markt angebotenen Produkte.

Register

A

B

D

E

F

G

f. bzw ff. = folgende bzw. fortfolgende Seiten

H

J

K

L

M

N

O

P

Q

R

S

T

V

W

Z

Das Magazin für den Holzwerker:
HolzWerken
Wissen. Planen. Machen.
Lust auf mehr HolzWerken?
7 Ausgaben im Jahr – auch als
Kombi-Abo Print + Digital!
Lesen Sie auf 64 Seiten, was in der Werkstatt hilft – von Grundlagen bis zu fortgeschrittenem Handwerk mit Holz:
• Anleitungen und Pläne zum Bau von Möbeln und Vorrichtungen
• Werkzeug-, Maschinen- und Materialkunde
• Tipps und Tricks von erfahrenen Praktikern
• Reportagen aus den Werkstätten kreativer Holzwerker
• Veranstaltungstermine und Produktneuheiten
Jetzt bestellen!
T +49 (0)511 9910-025
www.holzwerken.net
Schwebende Kuben
Neues vom Multidübler: Jetzt wird's groß!
Schnell gebaut, gerne verschenkt
Alles drin
für Ihre Werkstatt!
Vincentz Network GmbH & Co. KG HolzWerken Plathnerstr. 4c · 30175 Hannover · Deutschland